（2024年版）

国网西藏电力有限公司配电网工程通用设计

电缆分册

国网西藏电力有限公司　国网河北省电力有限公司　组编

内容提要

为进一步统一西藏地区配电网建设标准、统一设备规范、统一设计标准、方便招标及维护，提高整体效率，根据国网西藏电力有限公司设备部工作安排，开展《国网西藏电力有限公司配电网工程通用设计（2024年版）》（共4个分册）修订完善工作。

本分册为《国网西藏电力有限公司配电网工程通用设计　电缆分册（2024年版）》，分为两篇11章，第一篇总论，包括概述、通用设计工作过程、通用设计依据，第二篇10kV电缆线路通用设计，包括设计技术原则、各模块技术组合、直埋敷设方案（A模块）、排管敷设方案（B模块）、非开挖敷设方案（L模块）、电缆沟敷设方案（C模块）、电缆隧道敷设方案（D模块）和电缆井敷设方案（E模块）。

本书可供电力系统各设计单位，以及从事电力建设工程规划、管理、施工、安装、生产运行等专业人员使用，也可供大专院校有关专业的师生参考。

图书在版编目（CIP）数据

国网西藏电力有限公司配电网工程通用设计．电缆分册：2024年版 / 国网西藏电力有限公司，国网河北省电力有限公司组编．-- 北京：中国电力出版社，2025. 6.
ISBN 978-7-5198-9762-8

Ⅰ. TM727

中国国家版本馆CIP数据核字第2025ZW8155号

出版发行：中国电力出版社
地　　址：北京市东城区北京站西街19号
邮政编码：100005
网　　址：http://www.cepp.sgcc.com.cn
责任编辑：罗　艳（010-63412315）　高　芬
责任校对：黄　蓓　李　楠
装帧设计：张俊霞
责任印制：石　雷

印　　刷：三河市航远印刷有限公司
版　　次：2025年6月第一版
印　　次：2025年6月北京第一次印刷
开　　本：880毫米×1230毫米　横16开本
印　　张：11.5
字　　数：412千字
印　　数：0001—1100册
定　　价：180.00元

《国网西藏电力有限公司配电网工程通用设计　电缆分册（2024 年版）》
编　委　会

《国网西藏电力有限公司配电网工程通用设计　电缆分册（2024 年版）》
工　作　组

牵头单位　国网西藏电力有限公司
国网河北省电力有限公司

成员单位　国网西藏电力有限公司经济技术研究院
国网河北省电力有限公司经济技术研究院
国网西藏电力有限公司电力科学研究院
国网西藏电力设计咨询有限公司
中国电建集团河北省电力勘测设计研究院有限公司
中国能源建设集团江苏省电力设计院有限公司
中国能源建设集团湖南省电力设计院有限公司
四川华煜电力设计咨询有限公司

《国网西藏电力有限公司配电网工程通用设计　电缆分册（2024 年版）》
编　制　人　员

第一篇　总论

第 1 章　概述

编制单位　国网河北省电力有限公司经济技术研究院

审核　宁首先　肖　征　关　巍　杨宏伟　王丽欢

设计总工程师　刘　建

校核　李　渊　任亚宁　郜　帆

编写　马　聪　郭计元　李　楚

第 2 章　通用设计工作过程

编制单位　国网河北省电力有限公司经济技术研究院

审核　宁首先　肖　征　关　巍　杨宏伟

设计总工程师　刘　建

校核　李　渊　任亚宁　任　雨

编写　马　聪　郭计元　李　楚

第 3 章　通用设计依据

编制单位　国网西藏电力有限公司经济技术研究院

审核　李　斌　陈玉州

设计总工程师　加央拉姆　许志伟

校核　马寿龙　王国波　高温骁　杨春光

编写　喻正春　文　钰　孙承志　杜　娟

第二篇　10kV 电缆线路通用设计

第 4 章　设计技术原则

编制单位　国网西藏电力设计咨询有限公司

审核　李　斌　陈玉州

设计总工程师　加央拉姆　许志伟

校核　马寿龙　王国波　高温骁　杨春光

编写　喻正春　文　钰　孙承志　杜　娟

第 5 章　各模块技术组合

编制单位　中国能源建设集团江苏省电力设计院有限公司

审核　贾振宏　周元强　朱东升　钱　康　陈显兵

设计总工程师　王　旗

校核　晏　阳　周　冰　张　曌

编写　戴　炜　蔡博戎　陈　淳

第 6 章　直埋敷设方案（A 模块）

编制单位　中国能源建设集团江苏省电力设计院有限公司

审核　贾振宏　周元强　朱东升　钱　康　董俊虎　朱　斌
　　　吴耀华　段　昕

设计总工程师　王　旗

校核　晏　阳　周　冰　张　曌

编写　戴　炜　何梦雪　鹿峪宁

第 7 章　排管敷设方案（B 模块）

编制单位　中国能源建设集团江苏省电力设计院有限公司

审核　贾振宏　周元强　朱东升　钱　康　达瓦珠久　关　巍
　　　刑田伟　沈宏亮

设计总工程师　王　旗

校核　晏　阳　周　冰　张　曌

编写　戴　炜　何梦雪　鹿峪宁

第 8 章　非开挖敷设方案（L 模块）

编制单位　中国能源建设集团江苏省电力设计院有限公司

审核　贾振宏　周元强　朱东升　钱　康　邱　振　曾　凯
　　　刘文安　杨德山

设计总工程师　王　旗

校核　晏　阳　周　冰　张　曌

编写　戴　炜　马亚林　赵　阳

第 9 章　电缆沟敷设方案（C 模块）

编制单位　中国能源建设集团江苏省电力设计院有限公司

审核　贾振宏　周元强　朱东升　钱　康　尼玛泽旺　李军阔
　　　黄爱军　李　坚

设计总工程师　王　旗

校核　晏　阳　周　冰　张　曌

编写　戴　炜　马亚林　赵　阳

第 10 章　电缆隧道敷设方案（D 模块）

编制单位　中国能源建设集团江苏省电力设计院有限公司

审核　贾振宏　周元强　朱东升　钱　康　代鸿丞

设计总工程师　王　旗

校核　晏　阳　周　冰　张　曌

编写　戴　炜　马亚林　赵　阳

第 11 章　电缆井敷设方案（E 模块）

编制单位　中国能源建设集团江苏省电力设计院有限公司

审核　贾振宏　周元强　朱东升　钱　康　杨　超

设计总工程师　王　旗

校核　晏　阳　周　冰　张　曌

编写　戴　炜　马亚林　赵　阳

前　　言

《国网西藏电力有限公司配电网工程通用设计　电缆分册（2024 年版）》是国网西藏电力有限公司标准化建设成果体系的重要组成部分。在省公司领导的关心指导下、在公司各职能部门的大力支持下，国网西藏电力有限公司设备部牵头组织相关科研单位和设计院，在广泛调研的基础上，经专题研究和专家论证，历时一年编制完成《国网西藏电力有限公司配电网工程通用设计　电缆分册（2024 年版）》。

本书涵盖了国网西藏电力有限公司供电范围内电缆敷设形式模块、电缆井模块等设计内容，该研究成果是进一步统一西藏地区配电网建设标准、统一设备规范、统一设计标准、方便招标及维护提高整体效率，是国网西藏电力有限公司标准化体系建设的又一重大研究成果，对指导西藏自治区配电网工程建设、提高电网建设的质量和效率都将发挥积极推动和技术引领作用。

本书在编制过程中得到了国网西藏电力有限公司相关部门的大力支持，在此谨表感谢。

由于编者水平有限，书中难免存在不足之处，敬请广大读者给予指正。

编　者

二〇二五年二月

目　录

第一篇

总 论

第 1 章 概 述

为进一步深化西藏地区配电网建设标准、统一设备规范、统一设计标准、方便招标及维护，提高整体效率，2023 年国网西藏电力有限公司设备部结合西藏地区配电网建设需要和规程规范调整，在现行通用设计基础上，组织编制了《国网西藏电力有限公司配电网工程通用设计（2024 年版）》，提高西藏配电网工程设计建设质量、技术水平。

1.1 编制内容

《国网西藏电力有限公司配电网工程通用设计（2024 年版）》（简称本通用设计）是在《国家电网公司配电网工程典型设计（2016 年版）》《国家电网公司 220/380V 配电网工程典型设计（2018 年版）》典型设计方案基础上，针对西藏地区特殊的高海拔地理环境、高寒条件下施工安全和工艺质量等特点，结合西藏地区配电网现状及城网配电自动化、简易变、用户专变模块、线路大档距等设计需求，进行精细化（深化）设计，编制完成国网西藏电力有限公司配电网工程通用设计技术导则，力求贴近西藏地区配电网建设改造实际需求，具有更强的针对性和实用性。

《国网西藏电力有限公司配电网工程通用设计（2024 年版）》由《国网西藏电力有限公司配电网工程通用设计 架空线路分册（2024 年版）》《国网西藏电力有限公司配电网工程通用设计 配电站房分册（2024 年版）》《国网西藏电力有限公司配电网工程通用设计 电缆分册（2024 年版）》和《国网西藏电力有限公司配电网工程通用设计 低压分册（2024 年版）》四部分组成。

1.2 目的和意义

编制本通用设计的目的是贯彻实施国家电网有限公司品牌战略，深入贯彻集约化管理思想，一是统一建设标准，统一材料规范；二是规范设计程序，加快设计、评审、材料加工的进度，提高工作效率和工作质量；三是统一设备规范，方便物资招标，方便运行维护，控制工程造价，提高投资效益；四是降低建设和运行成本，发挥规模优势，提高整体效益。

1.3 编制原则

按照国家电网有限公司配电网标准化建设目标、顺应智能配电网建设和发展的要求，编制配电网工程通用设计应遵循安全可靠、坚固耐用、先进适用、标准统一、覆盖面广以及提高效率、注重环保、节约资源、降低造价的原则，做到统一性与适用性、可靠性、先进性、经济性和灵活性的协调统一。

（1）统一性。通用设计基本方案统一，设计原则统一，建设标准统一。

（2）适用性。通用设计应综合考虑西藏地区实际情况，具有广泛的适用性，并能在一定时间内，对不同规模、不同形式、不同外部条件均能基本适用。

（3）可靠性。以实现坚固耐用为目标，保证模块设计安全可靠，通过模块拼接得到的技术方案安全可靠。

（4）先进性。推广应用成熟适用的新技术、新设备和新材料，符合电网技术发展趋势，通用设计各项技术经济指标先进。

（5）经济性。按照全寿命周期设计理念和方法，在保证高可靠性的前提下，进行技术经济综合分析，实现工程全寿命周期内功能匹配、寿命协调、费用平衡。

（6）灵活性。通用设计模块划分合理，组合方案多样，工程应用灵活方便。

1.4 工作方式

按照“统一组织、统筹规划、充分调研、严格把关”的原则，加强协调、团结合作、控制进度、按期完成；本通用设计以应用为重点，以工程设计为核心，采用模块化设计手段，推进标准化设计，不断更新、补充和完善通用设计。

（1）统一组织，分工负责。本通用设计工作由国网西藏电力有限公司设备部统筹指导，国网西藏经研院、国网河北经研院牵头组织，中国能源建设集团湖南省电力设计院有限公司、中国电建集团河北省电力勘测设计研究院有限公司、中国能源建设集团江苏省电力设计院有限公司、四川华煜电力设计咨询有限公司等单位共同参加编写。国网西藏电力有限公司设备部提出统一的配电网工程通用设计指导性意见，统一协调进度安排，统一组织推广应用，统一组织滚动修订。

（2）广泛调研，征求意见。国网西藏电力有限公司设备部统一组织，结合西藏地区配电网发展实际状况，采用实地考察、印发调研函、召开座谈会等方式，组织开展调研工作。在国网通用设计的基础上，结合西藏配电网应用情况，优化确定技术方案组合，并征求各市公司意见。

（3）严格把关，保证质量。国网西藏电力有限公司设备部牵头成立工作组，把控工作进度，分阶段开展通用设计成果方案审查，确保工作质量，保证按期完成。

第 2 章　通用设计工作过程

2023 年 7 月，根据国网西藏电力有限公司设备部工作安排，为进一步深化西藏配电网标准化建设成果，提出开展《国网西藏电力有限公司配电网工程通用设计（2024 年版）》修编工作。在《国家电网公司配电网工程典型设计（2016 年版）》《国家电网公司 380/220V 配电网工程通用设计（2018 年版）》通用设计方案基础上，深入调研，总结西藏配电网典型设计应用经验，保持技术原则的连续性，保留应用成熟的设计方案和技术条件，精简安全风险高、运维困难、可替代设计方案，合并技术参数差别较小的方案，将部分应用率高、适用面广的方案纳入增补方案。

本通用设计修编工作共分为需求调研、技术原则编制、通用设计方案编制三个阶段。

2023 年 7 月，国网西藏电力有限公司设备部启动《国网西藏电力有限公司配电网工程通用设计（2024 年版）》修编工作，开展配电网设计需求调研工作。

2023 年 10 月，召开通用设计修订讨论会，确定配电网通用设计系列要求及技术方案，明确设计分工及进度要求。

2023 年 12 月，完成通用设计技术导则及设计方案编制工作初稿。

2023 年 12 月～2024 年 5 月，开展通用设计交叉互审、内部审查及修改完善工作。

2024 年 5 月，完成通用设计成果评审。

2024 年 7 月，完成通用设计成果统稿。

2.1　需求调研

2023 年 7 月，通过调研座谈会、现场调研方式调研国网西藏电力各市公司配电网通用设计方案应用需求，根据应用情况确定通用设计方案。

2023 年 9 月，向各市公司征求意见，经讨论后确定配电网通用设计各分册主要设备选型、布置方式、技术方案组合等主要技术条件。

2.2　技术原则编制

2023 年 10 月，各专业明确通用设计具体要求，统一主要设计原则，经国网西藏电力有限公司、设计单位的专家研讨和评审，完成配电网通用设计技术导则，确定了设计内容、深度要求，同时向各市公司征求修改意见。针对反馈意见，各专业进一步讨论确定主要设计原则，确保技术合理先进。

2.3　通用设计方案编制

2023 年 10～11 月，各参编单位根据通用设计编制大纲开展本通用设计编制工作。

2023 年 11 月 11～20 日，经编制单位内部校核、交叉互查、统稿，形成通用设计初稿。

2023 年 12 月，在河北石家庄召开第一阶段内审会，对通用设计进行集中审查。

2024 年 1～3 月，依据内审意见修改完善通用设计方案，完成校核、统稿。

2024 年 5 月，在四川成都召开通用设计评审会，编制组根据审查意见对通用设计内容再次进行修改、完善。

2024 年 7 月，完成国网西藏电力有限公司配电网通用设计成果。

第3章 通用设计依据

3.1 设计依据性文件

国家电网运检〔2013〕1323 号《国家电网公司关于印发全面开展配电网标准化建设工作意见的通知》

国网西藏电力有限公司运检发〔2015〕116 号《国网西藏电力有限公司运检部关于印发〈国网西藏电力有限公司 10 千伏及以下城市配电网建设与改造技术原则〉的通知》

国家电网设备〔2018〕979 号《关于印发〈国家电网有限公司十八项电网重大反事故措施〉（修订版）的通知》

国家电网企管〔2023〕71 号《国家电网有限公司关于印发〈国家电网有限公司电力安全工作规程 第 8 部分：配电部分〉企业标准的通知》

Q/GDW 13001—2014 《高海拔外绝缘配置技术规范》（2014 年版）

《国家电网公司配电网工程典型设计（2016 年版）》

3.2 主要设计标准、规程规范

GB/T 2952.1 电缆外护层 第 1 部分：总则

GB/T 2952.2 电缆外护层 第 2 部分：金属套电缆外护层

GB/T 2952.3 电缆外护层 第 3 部分：非金属套电缆通用外护层

GB/T 3048 电线电缆电性能试验方法

GB/T 6995 电线电缆识别标志方法

GB/T 11032 交流无间隙金属氧化物避雷器

GB 55007 砌体结构通用规范

GB 50009 建筑结构荷载规范

GB 55008 混凝土结构通用规范

GB 50016 建筑设计防火规范（2018 年版）

GB 50034 建筑照明设计标准

GB/T 50065 交流电气装置的接地设计规范

GB 50116 火灾自动报警系统设计规范

GB 50168 电气装置安装工程 电缆线路施工及验收标准

GB 50217 电力工程电缆设计标准

GB 50229 火力发电厂与变电站设计防火标准

GB 50330 建筑边坡工程技术规范

GB/T 18380 电缆和光缆在火焰条件下的燃烧试验

GB/T 11836 混凝土和钢筋混凝土排水管

GB/T 50064 交流电气装置的过电压保护和绝缘配合设计规范

GB 29415 耐火电缆槽盒

DL/T 401 高压电缆选用导则

DL/T 802.1 电力电缆导管技术条件 第 1 部分：总则

DL/T 802.2 电力电缆用导管 第 2 部分：玻璃纤维增强塑料电缆导管

DL/T 802.3 电力电缆导管技术条件 第 3 部分：实壁类塑料电缆导管

DL/T 802.4 电力电缆用导管技术条件 第 4 部分：波纹类塑料电缆导管

DL/T 802.5 电力电缆用导管技术条件 第 5 部分：纤维水泥电缆导管

DL/T 802.6 电力电缆用导管技术条件 第 7 部分：承插式混凝土预制电缆导管

DL/T 1253 电力电缆线路运行规程

DL/T 5221 城市电力电缆线路设计技术规定

DL/T 5222 导体和电器选择设计规程

Q/GDW 10738 配电网规划设计技术导则

CJJ 37 城市道路工程设计规范（2016 年版）

JGJ 118 冻土地区建筑地基基础设计规范

DLGJ 154 电缆防火措施设计和施工验收标准

JB/T 10181 电缆载流量计算

IEC 60502 Power cables with extruded insulation and their accessories for rated voltages from 1 kV（U_m=1，2 kV）up to 30 kV（U_m=36 kV）

IEC 60754-1 Test on gases evolved during combustion of 2-2011materials from cables

IEC 61034-1 Measurement of smoke density of cables burning under defined conditions Part 1：Test apparatus

IEC 61034-2 Measurement of smoke density of cables burning under defined conditions Part 2：Test procedure and requirements

第二篇

10kV 电缆线路通用设计

第 4 章　设计技术原则

4.1　概述

《国网西藏电力有限公司配电网工程通用设计　电缆分册（2024 年版）》适用于西藏自治区内交流额定电压 10kV 的电力电缆线路接入工程，包括电缆本体、附件与相关的建（构）筑物、排水、防火、防水等。

10kV 电缆线路通用设计应遵循统一规划、安全运行、经济合理的原则。

设计原则为安全可靠、技术先进、标准统一、控制成本、环保节约、提高效率。

10kV 电缆线路通用设计分直埋敷设、排管敷设、非开挖敷设、电缆沟敷设、隧道敷设和电缆井敷设 6 个模块。

A～E 类供电区域的划分主要依据行政级别或规划水平年的负荷密度，以行政区对应的供电分区为基础，参考经济发达程度、用户重要程度、用电水平、GDP 等因素适当调整，确定最终供电分区。

按照《西藏城市配电网规划设计技术指导手册（2023 年版）》和《西藏农牧区配电网规划设计技术指导手册（2023 年版）》的要求，供电区域划分见表 4－1；按照《西藏 10kV 及以下配电网工程建设改造技术原则（2020 年版）》的要求，行政区对应的供电区域划分情况见表 4－1。

表 4－1　　国网西藏电力有限公司供电区域划分表

供电区域		划分范围（行政区域）	划分范围［饱和负荷密度 σ（MW/km^2）］
A		省会城市核心区（老城区）、国家经济开发区	$\sigma \geq 15$
B	B1	省会城市中心区、其他城市核心区、国家经济开发区	$10 \leq \sigma < 15$、经济开发区 $\sigma \geq 15$
	B2	省会城市一般市区、其他城市市区、省级经济开发区	$6 \leq \sigma < 10$、经济开发区 $6 \leq \sigma < 15$
C	C1	省会城市郊区、其他城市郊区	$1 \leq \sigma < 6$
	C2	城市中心城区以外市辖区	
	C3	一般县城	
	C4	边境乡镇	
D	D1	特色乡镇	$0.1 \leq \sigma < 1$
	D2	一般乡镇、小型县城	
E		农区、林区、牧区	$\sigma < 0.1$

注　1. σ 为供电区域的饱和负荷密度。
2. 供电区域面积一般不大于 $5km^2$。
3. 计算负荷密度时，应扣除 110kV 专线负荷，以及高山、戈壁、荒漠、水域、森林等无效供电面积。

4.2　电气部分

4.2.1　运行条件选择

本通用设计采用的运行条件见表 4－2。

表 4-2　　运 行 条 件

项目	参数
系统额定电压（kV）	10
系统最高运行电压（kV）	12
系统频率（Hz）	50
系统接地方式	中性点不接地或经消弧线圈接地系统

注　对于经小电阻接地系统，应按照规程规范进行相应调整。

4.2.2　电缆路径选择

（1）电缆线路应与城镇总体规划相结合，应与各种管线和其他市政设施统一安排，且应征得规划部门认可。根据发展趋势及统一规划，有条件的地区可考虑政府主导的地下综合管廊。

（2）电缆敷设路径应综合考虑路径长度及施工、运行、维护方便等因素，统筹兼顾，做到经济合理、安全适用。

（3）应避开可能挖掘施工的地方，避免电缆遭受机械性外力、过热、腐蚀等危害。

（4）应便于敷设与维修，有利于电缆接头及终端的布置与施工。

（5）在符合安全性要求下，电缆敷设路径应有利于降低电缆及其构筑物的综合投资。

（6）供敷设电缆用的土建设施宜按电网远期规划并预留适当裕度一次建成。

（7）电缆在任何敷设方式及其全部路径条件的上下左右改变部位，均应满足电缆允许弯曲半径要求。本通用设计电缆允许最小弯曲半径采用 15 倍电缆外径。如遇冻土等特殊地质应进行相应的地基处理。

4.2.3　电缆选择原则

（1）电力电缆的选用应满足负荷要求、热稳定校验、敷设条件、安装条件、对电缆本体的要求、运输条件等。

（2）电缆线路所接电力用户数量应依据负荷性质、用户容量和供电可靠性要求等因素综合确定。

（3）电力电缆应选用采用交联聚乙烯绝缘电缆。

（4）电缆截面的选择，应在不同敷设条件下电缆额定载流量的基础上，综合考虑环境温度、并行敷设、热阻系数、埋设深度等因素。

（5）西藏自治区平均海拔 4000m 以上，由于温度过低，会使电气设备内某些材料变硬、变脆，影响设备的正常运行。因而，电缆设备选型应结合地区的运行经验提出相应的特殊要求，需要校验其电气参数或选用高原型的电气设备产品，交联聚乙烯绝缘电力电缆的最低长期使用温度为 -40℃。

（6）10kV 电缆的截面积宜采用 50、70、120、150、240、300、400mm^2。在 A、B、C 供电区域内，10kV 电缆主干线截面积宜选用 300、400mm^2，分支截面积宜选用 120、150、240mm^2。结合西藏地区实际情况，各地市 10kV 主线以及变电站出线电缆不应低于 300mm^2。

4.2.4　电缆型号及使用范围

10kV 电力电缆线路一般选用三芯电缆，电缆型号、名称及其适用范围见表 4-3。

表 4-3　　10kV 电缆型号、名称及其适用范围

型号（铜芯）	名称	适用范围	适用环境
YJV	铜芯交联聚乙烯绝缘聚氯乙烯护套电力电缆	适用于室内、隧道、电缆沟中，能承受一定牵引拉力，但不能承受机械外力作用	没有额外的保护层，通常用于不需要承受机械外力或环境应力较大的场所
YJY_{22}	铜芯交联聚乙烯绝缘钢带铠装聚乙烯护套电力电缆	适用于室内、隧道、排管、电缆沟中、人员密集场所或低毒性要求的场所，可直埋于地下，能承受机械外力作用，但不能承受大的拉力	适用于需要承受一定机械外力或需要防止老鼠等小动物咬噬的场合，如直埋土壤敷设。低温环境场所
YJV_{22}	铜芯交联聚乙烯绝缘钢带铠装聚氯乙烯护套电力电缆	适用于室内、隧道、电缆沟中，可直埋于地下，能承受机械外力作用，但不能承受大的拉力	适用于需要承受机械外力或直埋土壤敷设的场合，低温场所不适应

4.2.4.1　电缆导体材质选择

电缆导体应选用铜材质。

4.2.4.2　电缆绝缘屏蔽或金属护套、铠装、外护套选择

电缆绝缘屏蔽或金属护套、铠装、外护套宜按表 4-4 选择。

表 4-4　　电缆绝缘屏蔽或金属护套、铠装、外护套选择

敷设方式	绝缘屏蔽或金属护套	加强层或铠装	外护套
直埋	软铜线或铜带	铠装（三芯）	聚氯乙烯或聚乙烯
排管、拉管和顶管、电缆沟、隧道、电缆井	软铜线或铜带	铠装/无铠装（三芯）	

（1）在潮湿、含化学腐蚀环境或易受水浸泡的电缆，宜选用聚乙烯等材料类型的外护套。

（2）在保护管中的电缆应具有挤塑外护层。

（3）在电缆夹层、电缆沟、电缆隧道等防火要求高的场所，宜采用阻燃外护套，根据防火要求选择相应的阻燃等级。

（4）有白蚁危害的场所应采用金属套或钢带铠装，或在非金属外护套外采用防白蚁护套。

（5）有鼠害的场所宜在外护套外添加防鼠金属铠装，或采用硬质护套。

（6）有化学溶液污染的场所，应按其化学成分采用相应材质的外护套。

4.2.4.3 电缆截面选择

（1）导体最高允许温度按表 4－5 选择。

表 4－5　　导体最高允许温度选择

绝缘类型	最高允许温度（℃）	
	持续工作	短路暂态
交联聚乙烯	90	250

（2）电缆导体最小截面的选择，应同时满足规划载流量和通过可能的最大短路电流时热稳定的要求。

（3）连接回路在最大工作电流作用下的电压降，不得超过该回路允许值。

（4）电缆导体截面的选择应结合敷设环境来考虑，10kV 常用电缆可根据表 4－6 中 10kV 交联电缆载流量，结合不同环境温度、不同土壤热阻系数及多根电缆并行敷设等各种载流量校正系数来综合计算，分别见表 4－6～表 4－10。

（5）多根电缆并联时，各电缆应等长，并采用相同材质、相同截面的导体。

表 4－6　　10kV 交联电缆载流量　　（A）

绝缘类型		交联聚乙烯			
钢铠护套		无		有	
缆芯最高工作温度（℃）		90			
敷设方式		空气中	直埋	空气中	直埋
缆芯截面（mm²）	70	178	152	173	152
	120	251	205	246	205
	150	283	223	278	219
	240	378	292	373	292
	300	433	332	428	328
	400	506	378	501	374
环境温度（℃）		40	25	40	25
土壤热阻系数（℃·m/W）		—	2	—	2

注　1. 表中载流量为铝芯电缆的参数，铜芯电缆的允许载流量可乘以 1.29。

2. 缆芯工作温度大于 90℃，计算持续允许载流量时，应符合下列规定：

（1）数量较多的该类电缆敷设于未装机械通风的隧道、竖井时，应计入对环境温升的影响。

（2）电缆直埋敷设在干燥或潮湿土壤中，除实施换土处理能避免水分迁移外，土壤热阻系数取值不小于 2.0℃·m/W。

（3）应充分考虑海拔对电缆允许载流量的影响，结合实际条件进行相应折算。

表 4－7　　不同环境温度时 10kV 电缆载流量的校正系数

缆芯最高工作温度（℃）	环境温度（℃）							
	空气中				土壤中			
	30	35	40	45	20	25	30	35
60	1.22	1.11	1	0.86	1.07	1	0.93	0.85
65	1.18	1.09	1	0.89	1.06	1	0.94	0.87
70	1.15	1.08	1	0.91	1.05	1	0.94	0.88
80	1.11	1.06	1	0.93	1.04	1	0.95	0.9
90	1.09	1.05	1	0.94	1.04	1	0.96	0.92

表 4－8　　不同土壤热阻系数时 10kV 电缆载流量的校正系数

土壤热阻系数（℃·m/W）	分类特征（土壤特性和雨量）	校正系数
0.8	土壤很潮湿，经常下雨。如湿度大于 9%的沙土；湿度大于 10%的沙—泥土等	1.05
1.2	土壤潮湿，规律性下雨。如湿度大于 7%但小于 9%的沙土；湿度为 12%～14%的沙—泥土等	1
1.5	土壤较干燥，雨量不大。如湿度为 8%～12%的沙—泥土等	0.93
2	土壤干燥，少雨。如湿度大于 4%但小于 7%的沙土；湿度为 4%～8%的沙—泥土等	0.87
3	多石地层，非常干燥。如湿度小于 4%的沙土等	0.75

表 4－9　土中直埋多根并行敷设时 10kV 电缆载流量的校正系数

根数		1	2	3	4	5	6
电缆之间净距（mm）	100	1	0.9	0.85	0.8	0.78	0.75
	200	1	0.92	0.87	0.84	0.82	0.81
	300	1	0.93	0.9	0.87	0.86	0.85

表 4－10　空气中单层多根并行敷设时 10kV 电缆载流量的校正系数

并列根数		1	2	3	4	5	6
电缆中心距	$s=d$	1	0.9	0.85	0.82	0.81	0.8
	$s=2d$	1	1	0.98	0.95	0.93	0.9
	$s=3d$	1	1	1	0.98	0.97	0.96

注　1. s 为电缆中心间距离，d 为电缆外径。
2. 本表按全部电缆具有相同外径条件考虑，当并列敷设的电缆外径不同时，d 值可近似地取电缆外径的平均值。

4.2.5　电缆附件选择

（1）电缆附件的绝缘屏蔽层或金属护套之间的额定工频电压（U_0）、任何两相线之间的额定工频电压（U）、任何两相线之间的运行最高电压（U_m）以及每一导体与绝缘屏蔽层或金属护套之间的基准绝缘水平（BIL）应满足表 4－11 要求。

表 4－11　电 缆 绝 缘 水 平 表　（kV）

系统中性点	非有效接地	有效接地
	10kV	
U_0/U	8.7/10	6/10
U_m	11.5	11.5
BIL	95	75
外护套冲击耐压	20	20

（2）敞开式电缆终端的外绝缘必须满足所设置环境条件的要求，并有一个合适的泄漏比距。在一般环境条件下，外绝缘的爬距在污秽等级最高情况下户外采用 400mm，户内采用 300mm，并不低于架空线绝缘子的爬距。干闪距离需要根据西藏地区海拔进行校正，电缆终端的外绝缘高海拔校正表见表 4－12。

表 4－12　外绝缘高海拔校正表

海拔（m）	海拔校正系数	参考尺寸（mm）
2500	1.17	290
3000	1.25	310
3500	1.33	330
4000	1.43	355
4500	1.54	382
5000	1.67	414

（3）电缆终端的选择。外露于空气中的电缆终端装置类型应按下列条件选择：

1）不受阳光直接照射和雨淋的室内环境应选用户内终端。

2）受阳光直接照射和雨淋的室外环境应选用户外终端。

3）对电缆终端有特殊要求的，选用专用的电缆终端。

（4）电缆中间接头的选择。三芯电缆中间接头应选用直通接头。中间接头需要做电缆井，不同截面电缆不能使用中间接头搭接，不同材质电缆不能直接搭接。

（5）电缆设备终端电气要求参考敞开式电缆终端要求。

4.2.6　避雷器的特性参数选择

避雷器的主要特性参数应符合下列规定：

（1）冲击放电电压应低于被保护电缆线路的绝缘水平，并留有一定裕度。

（2）冲击电流通过避雷器时，两端子间的残压值应小于电缆线路的绝缘水平。

（3）当雷电过电压侵袭电缆时，电缆上承受的电压为冲击放电电压和残压，两者之间数值较大者称为保护水平 U_p，基本绝缘电压 $BIL=$（120%～130%）U_p。

（4）10kV 避雷器的持续运行电压，对于中性点不接地和经消弧线圈接地的接地系统，应分别不低于最大工作线电压的 110%和 100%；对于经小电阻接地的接地系统，应不低于最大工作线电压的 80%。

（5）一般采用无间隙复合外套金属氧化物避雷器。

4.2.7　电缆线路系统的接地

电缆的金属屏蔽和铠装、电缆支架和电缆附件的支架必须可靠接地，接地电阻应不大于 10Ω。冻土地区接地应考虑高土壤电阻率和冻胀灾害。高原冻土的平均土壤电阻率一般为 3000～5000Ω·m，应根据当地运行情况进行处理。采取降阻措施时，可采用换土填充等物理性降阻剂进行，禁止使用化学类降阻剂。

4.2.8 电缆金属护层的接地方式

电力电缆金属屏蔽层必须直接接地。交流系统中三芯电缆的金属屏蔽层，应在电缆线路两终端和接头等部位实施接地。当三芯电缆具有塑料内衬层或隔离套时，金属屏蔽层和铠装层宜分别引出接地线，且两者之间宜采取绝缘措施。

4.2.9 直埋敷设电缆与其他电缆或管道、道路、构筑物等间距

直埋敷设电缆与其他电缆或管道、道路、构筑物等最小间距应符合表 4－13 的规定。

表 4－13　电缆与其他电缆或管道、道路、构筑物等最小间距

电缆直埋敷设时的配置情况		平行（m）	交叉（m）
电力电缆之间或与控制电缆之间	10kV 及以下	0.2	0.5*
	10kV 以上	0.25**	0.5*
不同部门使用的电缆之间		0.5**	0.5*
电缆与地下管沟及设备	热力管沟（尽量避免）	2.5***	1.0*
	油管及易燃气管道	1	0.5*
	其他管道	0.5	0.5*
电缆与铁路	非直流电气化铁路路轨	3	1
	直流电气化铁路路轨	10	1
电缆建筑物基础		0.6***	
电缆与公路边		1.0***	
电缆与排水沟		1.0***	
电缆与树木的主干		0.7	
电缆与 1kV 以下架空线电杆		1.0***	
电缆与 1kV 以上架空线杆塔基础		4.0***	

*用隔板分隔或电缆穿管时可减少一半值。

**用隔板分隔或电缆穿管时可为 0.1m。

***特殊情况可酌减且最多减少一半值。

4.3 土建部分

4.3.1 荷载分类

本通用设计建（构）筑物外部荷载按表 4－14 分类。

表 4－14　荷载分类表

序号	荷载类别	简称	含义	实例
1	永久荷载	恒荷载 G_k	在构件使用期间，其值不随时间变化或其变化值可忽略不计的荷载	结构自重、土重、土侧压力
2	可变荷载	活荷载 Q_k	其值随时间变化，且其变化值与平均值相比不可忽略的荷载	地面活荷载、地面堆积活荷载、车辆荷载、水压力、水浮力
3	偶然荷载		在构件使用期间，不一定出现，而一旦出现，其值很大且持续时间较短的荷载	爆炸力、冲击力等

4.3.2 荷载选定

本通用设计按以下荷载考虑：

（1）一般地面活动荷载、堆积荷载取 4.0～10kN/m^2。

（2）电缆排管、电缆沟、隧道、电缆井等结构件处于道路人行道等小型车通行区域时，应考虑以 35kN 为标准轴载进行结构设计；处于城市车行道时，应考虑以 100kN 为标准轴载进行结构设计；电缆管道处于公路时，应以双轮组 2×140kN 为标准轴载进行结构设计。

（3）一般地面活荷载和车辆荷载不考虑同时作用，按地震烈度七度设防，在计算地震作用时，应计算结构等效重力荷载产生的水平地震作用和动土压力作用。

（4）其他荷载情况，使用前应自行校验。

4.3.3 地质条件

本通用设计按表 4－15 所列地质条件进行结构设计。

表 4－15　地质条件表

项目	条件值
地基承载力特征值（kPa）	≥100
地下水位距地面（mm）	≥500
土的重度（kN/m^3）	18
土的内摩擦角	26°～38°
土的黏聚力（kPa）	40

其他地质条件，使用前应自行校验。

土质边坡的坡率允许值应根据经验，按工程类比的原则并结合已有稳定边坡的坡率值分析确定。当无经验且土质均匀良好、地下水位低、无不良地质现象和地质环境条件简单时，可按表 4－16 确定。

表 4－16　土质边坡的坡率允许值

边坡土体类别	状态	坡率允许值（高宽比）	
		坡高小于 5m	坡高 5～10m
碎石土	密实	1:0.35～1:0.50	1:0.50～1:0.75
	中密	1:0.50～1:0.75	1:0.75～1:1.00
	稍密	1:0.75～1:1.00	1:1.00～1:1.25
黏性土	坚硬	1:0.75～1:1.00	1:1.00～1:1.25
	硬塑	1:1.00～1:1.25	1:1.25～1:1.50

注　1. 标准碎石土的填充物应该为坚硬或硬塑状态的黏性土。
2. 对于沙土或填充物为沙土的碎石土，其边坡坡率允许值应按自然休止角确定。

4.3.4　构件等级

本通用设计混凝土构件按二 a、二 b 等级设计，其他使用环境使用前应按《混凝土结构设计规范》（GB 50010—2010）自行校验。

4.3.5　电缆敷设一般规定

根据电缆敷设工艺要求，采用人员下井工作模式时，电缆井深度应不小于 1.9m，其井盖尺寸应满足人员上下井要求；当采用人员不下井工作模式时，电缆井深度可适当调整，其盖板应全部可开启。不同敷设方式的电缆根数宜按表 4－17 进行选择。

表 4－17　不同敷设方式的电缆根数

敷设方式	电缆根数
直埋	4 根及以下
开挖排管	20 根及以下
非开挖（拉管）	7 根及以下
非开挖（顶管）	36 根及以下
电缆沟	24 根及以下
电缆隧道	20 根以上

4.3.6　电缆防火

一般情况下宜选用阻燃电缆，站室电缆沟槽（夹层）、竖井、管沟等非直埋敷设的电缆，应选用阻燃电缆。

4.3.6.1　电缆通道的防火设计

（1）电缆总体布置的规定。敷设于电缆支架上的电力电缆，在敷设时应逐根固定在电缆支架上，所有电缆走向按出线仓位顺序排列，电缆相互之间应保持一定间距，不得重叠，尽可能少交叉。敷设于电缆支架上的通信线缆，宜放入耐火电缆槽盒并固定。

（2）防火封堵。为了有效防止电缆因短路或外界火源造成电缆引燃或沿电缆延燃，应对电缆及其构筑物采取防火封堵分隔措施。防火墙两侧电缆涂刷防火涂料各 1m。电缆穿越楼板、墙壁或盘柜孔洞以及管道两端时，应用防火堵料封堵。防火封堵材料应密实无气孔，封堵材料厚度不应小于 100mm。

（3）电缆接头的表面阻燃处理。电缆接头应采用防火涂料进行表面阻燃处理，即在接头及其两侧 2～3m 和相邻电缆上绕包阻燃带或涂刷防火涂料，涂料总厚度应为 0.9～1.0mm。

4.3.6.2　电缆沟、隧道和竖井的防火设计

对电缆可能着火导致严重事故的回路、易受外部影响波及火灾的电缆密集场所，应有适当的阻火分隔。阻火分隔包括设置防火门、防火墙、耐火隔板与封闭式耐火槽盒。防火门、防火墙用于电缆沟、隧道以及上述通道分支处及出入口。

4.3.7　电缆构筑物防洪、排水、通风措施

4.3.7.1　防洪措施

合理规划路径走廊，宜避免多条重要线路在同一走廊内敷设，降低局部洪涝灾害带来的电网安全风险。通过河流的电缆线路，应敷设于河床稳定及河岸很少受到冲损的地方。电缆与建筑物平行敷设时，电缆应敷设在建筑物的散水坡外。

4.3.7.2　排水措施

电缆隧道排水宜采用机械防水方式，电缆隧道内应设置排水沟和集水井，地面坡度应不小于 0.5%，在集水井处设置自动水位排水泵。排水接入市政排水系统。

电缆井需设置集水坑，泄水坡度不小于 0.5%。

4.3.7.3 通风措施

电缆隧道一般采用自然通风，特殊情况时可考虑机械通风。

4.3.8 标志

电缆路径沿途应设置统一的警示带、标识牌、标识桩、标识贴等电力标志。

4.3.8.1 警示带

警示带主要用于直埋、排管和电缆沟敷设电缆的覆土层中，应在外力破坏高风险区域电缆通道宽度范围内两侧设置，如宽度大于 2m 应增加警示带数量。警示带颜色宜为黄底红字，并需留有服务电话，样式见图 4－1。

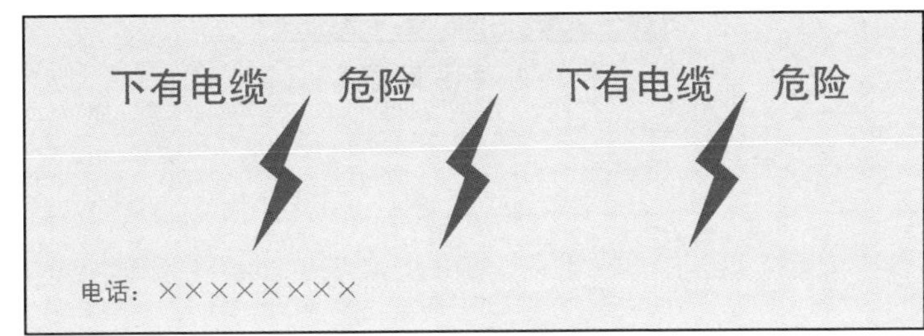

图 4－1 警示带样式

4.3.8.2 标识牌

在电缆终端头、电缆接头、拐弯处、夹层内及竖井的两端、人井内等地方的电缆上应装设标识牌。电缆沟内电缆本体上，应每间隔 50m 加挂电缆标识牌。电缆排管进出井口处，应加挂电缆标识牌。标识牌的字迹应清晰不易脱落，规格应统一，材质应能防腐，挂装应牢固。并联使用的电缆应有顺序号。

标识牌规格宜为 80mm×150mm，白底黑字，在其长边两端打孔。采用塑料扎带、捆绳等非导磁金属材料牢固固定。电缆标识牌样式见图 4－2。

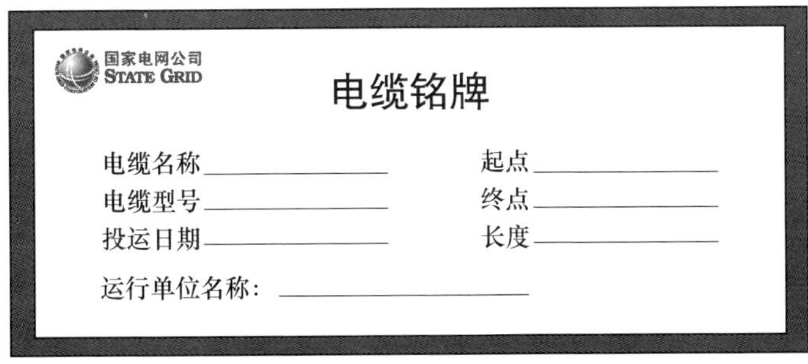

图 4－2 电缆标识牌样式

电缆终端头标识牌在电杆下线时，应绑扎（粘贴）在电缆保护管顶端（电缆保护管宜高 2.5m），箱体内电缆终端标识牌绑扎在电缆终端头处。电缆中间接头标识牌置于电缆中间接头两侧 1.5m 处。电缆终端头和电缆中间接头标识牌样式一样，电缆终端头标识牌样式见图 4－3。

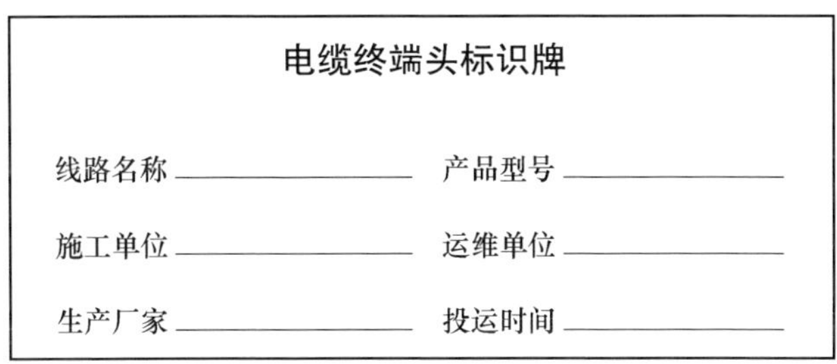

图 4－3 电缆终端头标识牌样式

4.3.8.3 标识桩、标识贴

标识桩一般为普通钢筋混凝土预制构件，表面喷涂料，颜色宜为黄底红字。敷设路径起、终点及转弯处，以及直线段每隔 20m，应设置一处，当电缆路径在绿化隔离带、灌木丛等位置时，可延至每隔 50m 设置一处。标识桩样式见图 4－4，标识桩参数见表 4－18，具体根据周边环境决定尺寸及埋深。

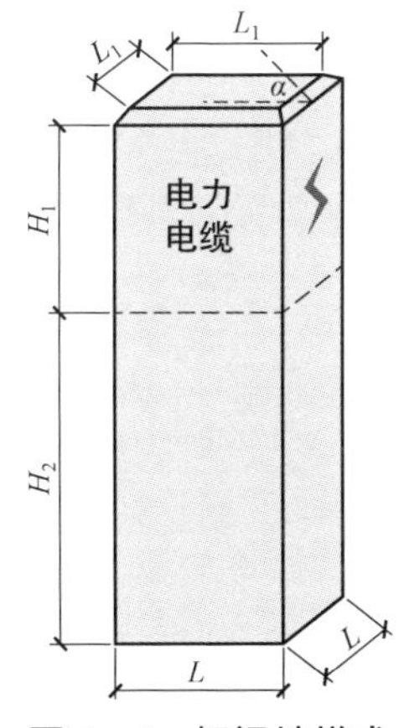

图 4－4 标识桩样式

表 4-18　　标识桩参数

参数	参数（mm）
L_1	80
H_1	150
H_2	250
L	100
α	45°

直埋电缆在人行道、车行道等不能设置高出地面的标志时，可采用平面标识贴。电缆标识贴应牢靠固定于地面，宜选用树脂反光或不锈钢等耐磨损耐腐蚀的材料。树脂反光材料背面用网格地胶固定；不锈钢材料背面做好锚固件。

标识贴规格宜为 120mm×80mm，形状、大小可根据地面状况适当调整；标识贴上应有电缆线路方向指示，电缆井周围 1m 范围内，各方向通道上均应设置标识贴，样式见图 4-5。

图 4-5　标识贴样式

第5章 各模块技术组合

5.1 模块分类

本通用设计按敷设方式分为 6 个模块，按照敷设规模、断面形式、外部荷载等不同因素划分为 13 个子模块。模块分类见表 5－1。

表 5－1 模块分类表

敷设方式	子模块编号	电缆根数	电缆截面［芯数×截面（mm^2）］	模块特征描述
直埋	A－1	电缆根数≤2	3×（70～400）	穿电缆保护管
	A－2	电缆根数≤2	3×（70～400）	砖砌槽盒
排管	B－1	电缆根数≤20	3×（70～400）	管外混凝土包封 管顶深≥0.5m （冻土层以下）
非开挖	L－1	电缆根数≤7	3×（70～400）	非开挖拉管
	L－2	电缆根数≤36	3×（70～400）	非开挖顶管
电缆沟	C－2	支架层数：3～4 9≤电缆根数≤20	3×（70～400）	现浇混凝土侧墙
电缆隧道	D－1	支架层数：6 电缆根数≥20	3×（70～400）	2.0（1.65）m×2.1m （明开挖）
	D－2	支架层数：6 电缆根数≥20	3×（70～400）	2.0（1.65）m×2.3m （浅埋暗挖）
电缆井	E－1	电缆根数≤20	3×（70～400）	直线井
	E－2	电缆根数≤20	3×（70～400）	转角井
	E－3	电缆根数≤20	3×（70～400）	三通井
	E－4	电缆根数≤20	3×（70～400）	四通井
	E－5	电缆根数≤20	3×（70～400）	八角形四通井

5.2 使用说明

5.2.1 适用区域及范围

各敷设方式适用区域表见表 5－2。

表 5－2 适用区域表

供电区域	通道型式选择原则				
	直埋	排管	非开挖	电缆沟	电缆隧道
A	不推荐	推荐	推荐	不采用	不推荐
B	不推荐	推荐	推荐	可采用	不推荐
C	不推荐	推荐	推荐	可采用	不推荐
D	推荐	不推荐	不推荐	不采用	不采用
E	推荐	不推荐	不推荐	不采用	不采用

5.2.2 使用环境

A 模块（直埋）、B 模块（排管）、L 模块（非开挖）、C 模块（电缆沟）、D 模块（电缆隧道）、E 模块（电缆井）适用于不同场合、不同敷设方式的电缆线路设计。

（1）A 模块适用于电缆数量较少、敷设距离短（不宜超过 50m）、地面荷载比较小、地下管网比较简单、不易经常开挖和没有腐蚀土壤的地段，不适用于城市核心区域及向重要用户供电的情况。

A－1 子模块：同一路径电缆根数不超过 2 根，适用于具备直埋条件的地段。

A－2 子模块：同一路径电缆根数不超过 2 根，且电缆敷设的距离不长时，可采用砖砌槽直埋敷设方式。

（2）B 模块适用于地下管网密集的城市道路或挖掘困难的道路通道，城镇人行道开挖不便且电缆分期敷设地段，规划或新建道路地段，易受外力破坏区域，电缆与公路、铁路等交叉处，城市道路狭窄且交通繁忙的地段。

B－1 子模块：适用于新建或改建道路上管位较紧张、与其他管线冲突多的地段。

（3）遇道路、河流等特殊地段无法进行明挖施工的可采用 L－1 子模块，但原则上不宜使用非开挖拉管，禁止全线使用非开挖拉管。少量无法进行明挖施工的地段采用 L－2 子模块。

（4）C 模块适用于道路、厂区、建筑物内电缆出线集中且不需采用电缆隧道的区域，城镇人行便道或绿地等区域。在盖板不可开启的区域，不应选择电缆沟。

C－2 子模块：适用于外部荷载较大，可能有单轴荷载 100kN 以下载重车通行的区域。

（5）D 模块适用于规划集中出线或走廊内电缆线路 20 根及以上、重要变电站、发电厂集中出线区域、局部电力走廊紧张且回路集中区域。

D－1 子模块：适用于具备明开挖施工条件的情况。

D－2 子模块：适用于不具备明开挖施工条件的情况。

（6）E 模块适用于电缆排管、电缆沟敷设中电缆接头、电缆分支、电缆施工等情况。

E－1 子模块：用于电缆通道的直线段检查或布置中间接头处。

E－2 子模块：用于电缆通道的转角处。

E－3 子模块：用于电缆通道的直线加转角处。

E－4 子模块：用于两个电缆通道的交叉处。

E－5 子模块：用于两个电缆通道的交叉，场地尺寸受限制处。

电缆工程在施工中常遇到市政管线交叉密集、通道狭窄等许多问题，严重阻碍工程的进展。在电缆根数较多的情况下，可与 380V 同路径敷设。特殊场合可采用电缆桥架敷设方式，具体桥架型式需根据现场实际情况自行设计，并应满足《电力工程电缆设计标准》（GB 50217）中的相关要求。

5.2.3 模块组合使用

实际工程设计中，应从各模块中选取子模块，通过子模块拼接、调整得到合适的方案，以适应实际要求。模块组合条件见表 5－3。

表 5－3　　模 块 组 合 条 件 表

敷设方式	电缆根数	外部荷载	保护方式	子模块编号	检查、接头	转角	分支、交叉
直埋	电缆根数≤2	地面活载≤10kN/m²	穿电缆保护管	A－1－1 A－1－2	—	—	—
	电缆根数≤2	地面活载≤10kN/m²	砖砌槽盒	A－2－1 A－2－2	—	—	—
排管	电缆根数≤20	地面活载≤10kN/m² 标准轴载≤100kN	管外混凝土包封 管顶深≥0.5m	B－1	E－1－11 E－1－15 E－1－18 E－1－20	E－2－3 E－2－5 E－2－7 E－2－8	E－3－3～E－3－8 E－4－5 E－4－11 E－5－1 E－5－2
非开挖	电缆根数≤7（拉管）	地面活载≤10kN/m²标准轴载≤2×140kN	非开挖拉管	L－1	—	—	—
	电缆数≤36（顶管）	地面活载≤10kN/m²标准轴载≤2×140kN	非开挖顶管	L－2	—	—	—
电缆沟	支架层数：3～4 9≤电缆根数≤20	地面活载≤10kN/m² 标准轴载≤100kN	现浇	C－2－1 C－2－4 C－2－5	—	E－2－3 E－2－5 E－2－7 E－2－8	E－3－3～E－3－8 E－4－5 E－4－11 E－5－1 E－5－2
隧道	支架层数：6 电缆根数≥20	地面活载≤10kN/m² 标准轴载≤100kN	明开挖，现浇	D－1	—	—	—
	支架层数：6 电缆根数≥20	地面活载≤10kN/m² 标准轴载≤100kN	暗挖，现浇	D－2	—	—	—

注　1. 直埋不设专用的检查、接头、转角、分支、交叉模块。
　　2. 电缆沟、井在盖板开启时，沟、井侧壁应做好支撑防护措施，以防沟壁倒塌。

第6章　直埋敷设方案（A模块）

6.1　概述

电缆直埋敷设方案（A模块）采用2个子模块，即A－1（穿电缆保护管直埋）和A－2（砖砌槽盒直埋）。

电缆直埋敷设一般用于电缆数量少、敷设距离短、地面荷载比较小的地方。路径应选择地下管网比较简单、不易经常开挖和没有腐蚀土壤的地段。

电缆直埋敷设的优点是电缆敷设后本体与空气不接触，防火性能好，有利于电缆散热，且容易实施，投资少；缺点是抗外力破坏能力差，电缆敷设后如进行电缆维修及更换，则难度较大。

6.2　模块适用范围

A－1子模块：同一路径电缆根数不超过2根，且适用直埋的情况。

A－2子模块：同一路径电缆根数不超过2根，且电缆敷设的距离不长时，可采用砖砌槽盒直埋敷设方式。

优先选用A－1子模块。

6.3　模块设计说明

6.3.1　A模块

A模块为电缆直埋敷设方式，按不同电缆回路、敷设根数、保护方式和敷设间距等要求，设计2种断面，A模块技术参数一览表见表6－1。

表6－1　　A模块技术参数一览表

序号	电缆根数	保护方式	电缆截面 [芯数×截面（mm^2）]	断面规模 [沟底宽（m）]	断面编号
1	1	穿电缆保护管	3×（70～400）	$0.3+d$	A－1－1
2	2	穿电缆保护管	3×（70～400）	$0.4+d$	A－1－2
3	1	砖砌槽盒	3×（70～400）	0.64	A－2－1
4	2	砖砌槽盒	3×（70～400）	0.84	A－2－2

注　d为电缆保护管外径。

6.3.2　A－1子模块

电缆应敷设于壕沟内，沿电缆全长的上、下、侧面应铺以厚度不小于100mm的软土或砂层，电缆全程应穿电缆保护管。

电缆壕沟底应位于原状土层，地基承载力特征值f_{ak}≥100kPa。如建设地点有孔穴、虚土坑，或土层分布不均匀，应先进行地基处理，达到要求后再施工。

敷设前应将沟底铲平夯实。电缆埋设后回填土应分层夯实，压实系数应不小于0.94。地面恢复形式应满足市政要求，不得造成路面塌陷。

使用于非黏土土质时，壕沟的边坡系数按表4－16所示系数换算后确定。

6.3.3　A－2子模块

A－2子模块设计条件为位于普通黏土层，地下水位不影响土方的开挖，地基承载力特征值f_{ak}≥100kPa，场地为同一标高。当具体工程中实际情况有所变化时，应对有关项目进行相应的调整。

电缆直埋敷设于砖砌槽盒中，电缆敷设完成后，应在砖砌槽盒中填充砂或细土，并盖上盖板。

砖砌槽的垫层采用不低于C15的混凝土，槽壁用不低于MU15的普通砖，不低于M10的水泥砂浆砌筑，需做防水的地段另做防水处理。

盖板采用C20细石混凝土预制，现场安装。

A－2子模块不宜设置电缆接头，不推荐敷设在与其他管线交叉的地方。

6.3.4　附属设施

在敷设路径沿线、起点、终点及转弯处，应设置标识桩，当不便设置标识桩时，可采用标识贴。标识桩间距沿道路时宜小于20m。

6.3.5　使用说明

直埋电缆的覆土深度不应小于0.7m，农田中覆土深度不应小于1.0m。

直埋电缆连续敷设距离不应超过20m。

电缆进入电缆沟、电缆井、建筑物以及配电屏、开关柜、控制屏时，应做阻火封堵。

直埋敷设应避开含有酸、碱强腐蚀或杂散电流电化学腐蚀严重影响的地段。

未采取防护措施时，应避开白蚁危害地带、热源影响和易遭外力损伤的地段。

禁止电缆与其他管道上下平行敷设，电缆与管道、地下设施、铁路、公路平行交叉敷设时，应参照《电力工程电缆设计标准》（GB 50217）中相关规定执行。

6.4 设计图

A 模块设计图清单见表 6-2，图中标高单位为 m，尺寸未注明单位者均为 mm。

表 6-2　A 模块设计图清单

图序	图名	图纸编号
图 6-1	电缆直埋敷设断面图（一）	A-1-1
图 6-2	电缆直埋敷设断面图（二）	A-1-2
图 6-3	电缆砖砌槽直埋敷设断面图（一）	A-2-1
图 6-4	电缆砖砌槽直埋敷设断面图（二）	A-2-2
图 6-5	电缆直埋保护板	A-T-2
图 6-6	电缆直埋标识贴及标识桩	A-T-3

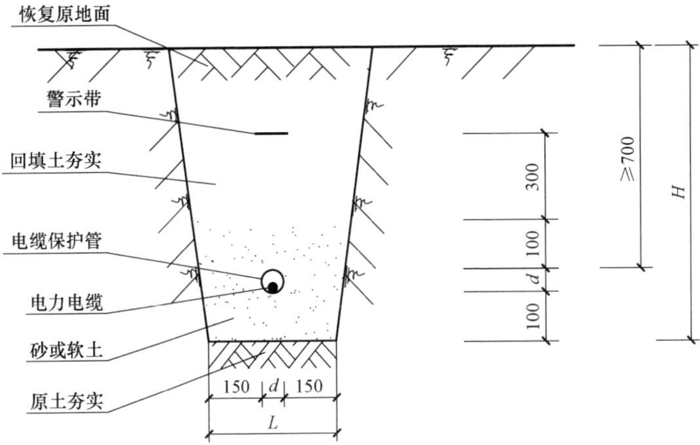

说明：1. *L*、*H* 为电缆壕沟的宽度和深度，应根据电缆根数和外径确定。

2. *d* 为电缆保护管外径。

3. 电缆穿越农田时的最小埋深为1000mm。

图6-1　电缆直埋敷设断面图（一）A-1-1

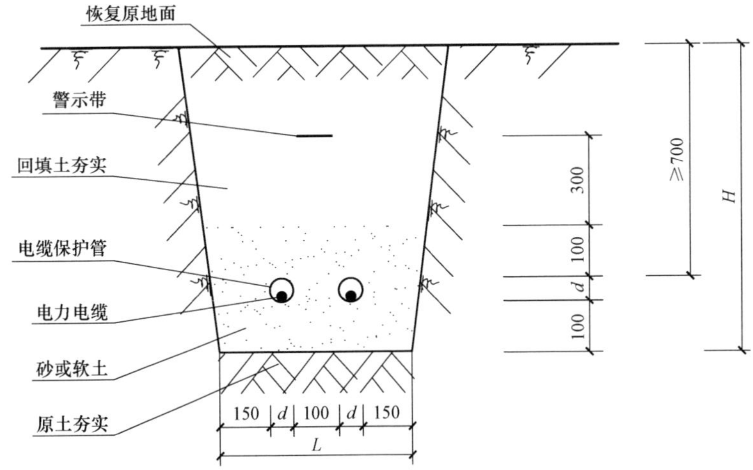

说明：1. *L*、*H* 为电缆壕沟的宽度和深度，应根据电缆根数和外径确定。

2. *d* 为电缆保护管外径。

3. 电缆穿越农田时的最小埋深为1000mm。

图6-2　电缆直埋敷设断面图（二）A-1-2

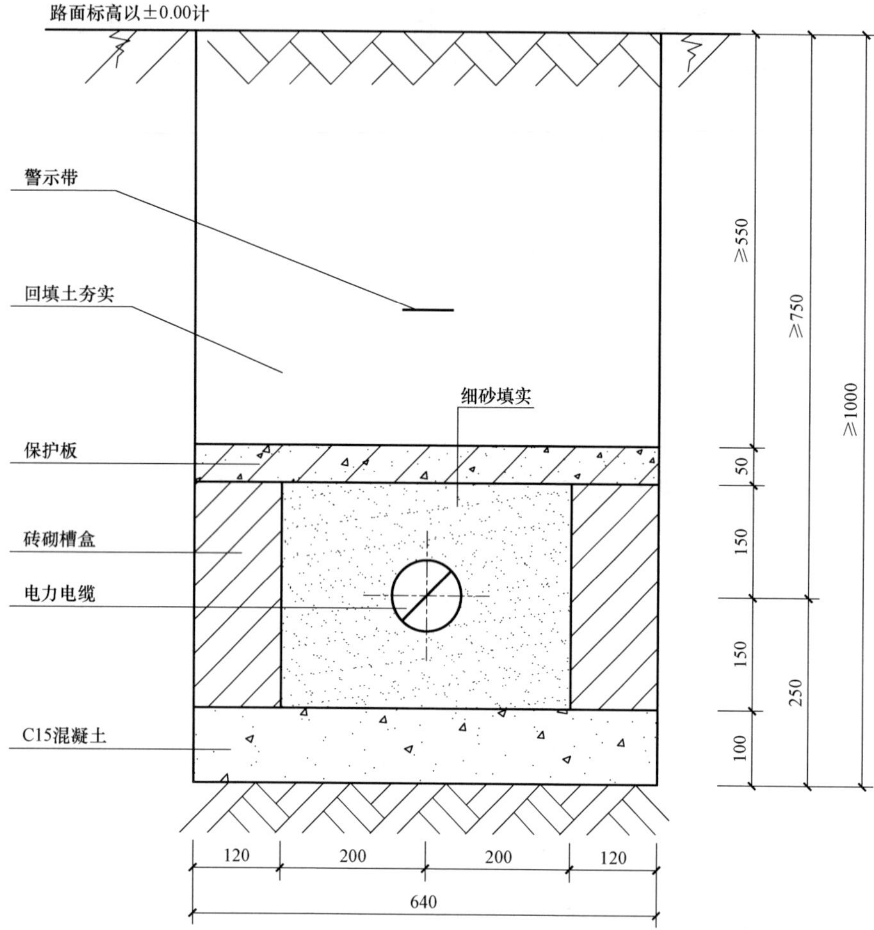

说明：1. 普通砖 MU15、水泥砂浆 M10 砌筑。

2. 保护板材料：C20 细石混凝土，HPB300 级钢筋、HRB400 级钢筋。

图 6-3　电缆砖砌槽直埋敷设断面图（一）A-2-1

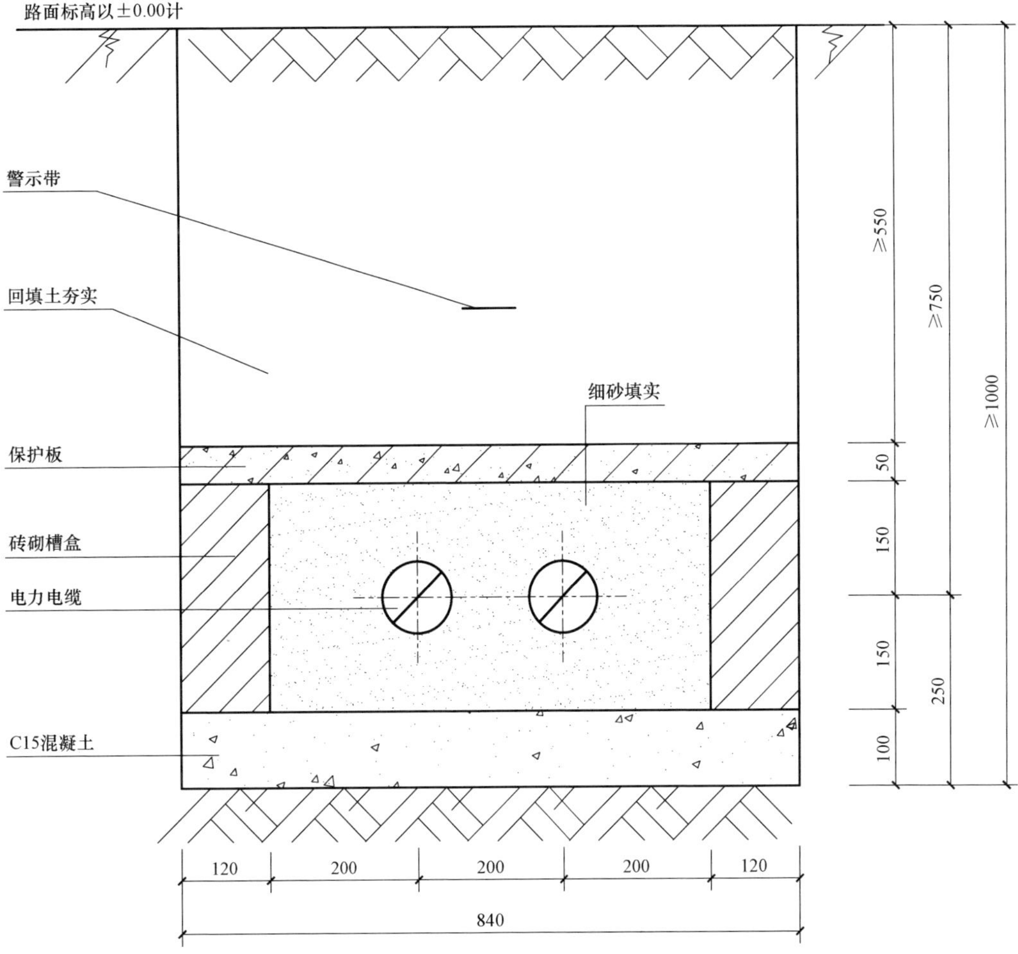

说明：1. 普通砖 MU15、水泥砂浆 M10 砌筑。

2. 保护板材料：C20 细石混凝土，HPB300 级钢筋、HRB400 级钢筋。

图 6–4　电缆砖砌槽直埋敷设断面图（二）A–2–2

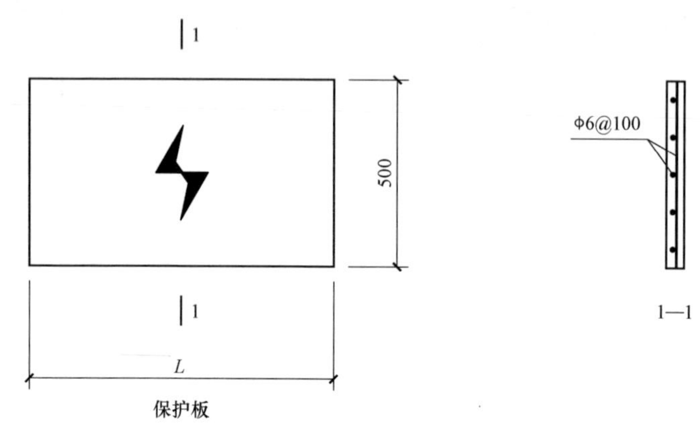

保护板

单块保护板材料表

类型	尺寸			混凝土 C20（m^3）	构件质量（kg）
	长（mm）	宽（mm）	厚（mm）		
保护板	640	500	50	0.016	40
	840	500	50	0.021	52.5

说明：1. 保护板采用 C20 细石钢筋混凝土制作，用于 A－2 模块，确定为两种规格，依需要由工程设计选用。

2. 符号ϟ采用红油漆绘出。

3. 图中 *L* 为长度，单位为 mm。

图 6－5　电缆直埋保护板 A－T－2

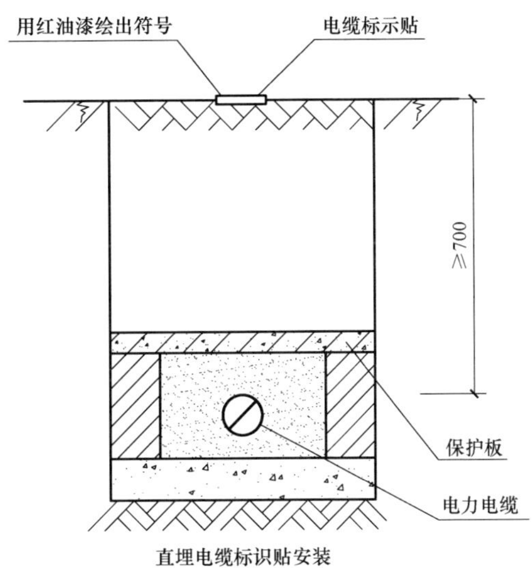

直埋电缆标识贴安装

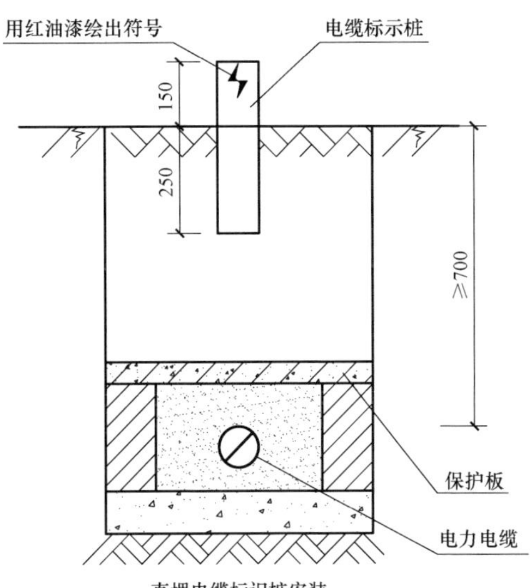

直埋电缆标识桩安装

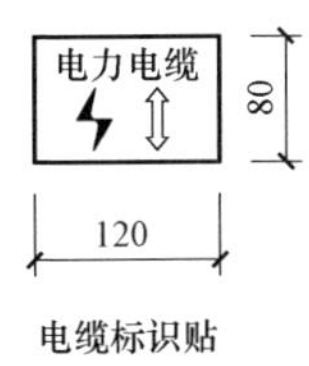

电缆标识贴

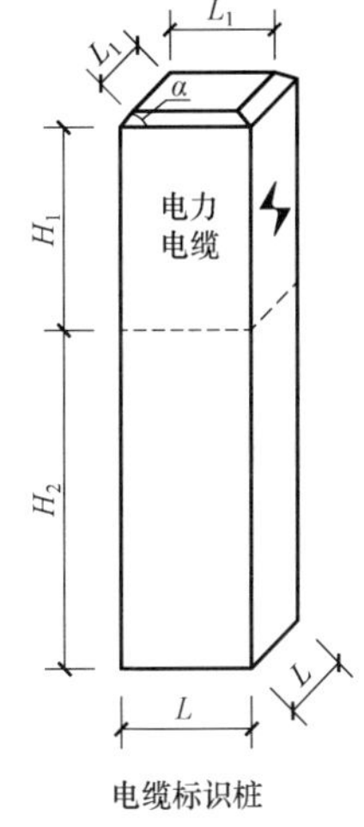

电缆标识桩

标识桩参数

L_1	80
H_1	150
H_2	250
L	100
α	45°

说明：1. 标识桩采用C20细石混凝土制作，颜色为黄底红字，文字及图像表示为凹槽形式。

2. 符号 ϟ 采用红油漆绘出。

图6-6　电缆直埋标识贴及标识桩A-T-3

第7章 排管敷设方案（B模块）

7.1 概述

随着城市的发展和工业的增长，电缆线路日益密集，直埋电缆敷设方式逐渐被排管敷设方式取代。排管敷设一般适用于城市道路边人行道下、电缆与各种道路交叉处、广场区域及小区内电缆条数较多、敷设距离长等地段。

电缆排管敷设的优点是受外力破坏影响少，占地小，能承受较大的荷载，电缆敷设无相互影响，电缆施工简单；缺点是土建成本高，不能直接转弯，散热条件差。

7.2 模块适用范围

B 模块适用范围是地下管网密集的城市道路或挖掘困难的道路通道，城镇人行道施工不便且电缆分期敷设地段，规划或新建道路地段，易受外力破坏区域，电缆与公路、铁路等交叉处，城市道路狭窄且交通繁忙地段。一般情况应优先选用 B－1 子模块按远期规模布设到位。

7.3 模块设计说明

7.3.1 B－1 子模块

开挖排管用管道主要有保护电缆和发生故障后便于将电缆拉出更换的作用。主要材料有氯化聚氯乙烯及硬聚氯乙烯塑料电缆导管（CPVC 管）、热浸塑钢管（N－HAP 管）、改性聚丙烯塑料电缆管（MPP 管）等。通信光缆保护管可采用单孔（ϕ100）管。所用的管材均需满足 DL/T 802.1～802.10 或其他相关标准的要求。导管应按其埋设深度处受力校验导管的力学性能，当不能满足要求时可采用混凝土包封措施。混凝土强度等级不应低于设计图中采用的混凝土强度等级。

电缆排管设计应考虑设置管枕，管枕配置跨距宜按管路底部未均匀夯实时满足抗弯矩条件确定。

B－1 子模块分为 6 个断面，B－1 子模块技术参数一览表见表 7－1。

表 7－1　　B－1 子模块技术参数一览表

序号	电缆根数（层数×孔数）	电缆截面［芯数×截面（mm²）］	荷载 通车轴标准轴载（kN）	管材环刚度（kN/m²）	保护方式	断面编号
1	2×2	3×（70～400）	≤100	≥8	混凝土包封	B－1－1
2	2×3	3×（70～400）	≤100	≥8	混凝土包封	B－1－2
3	3×3	3×（70～400）	≤100	≥8	混凝土包封	B－1－3
4	3×4	3×（70～400）	≤100	≥8	混凝土包封	B－1－4
5	4×4	3×（70～400）	≤100	≥8	混凝土包封	B－1－5
6	4×5	3×（70～400）	≤100	≥8	混凝土包封	B－1－6

注　以上管位不包含通信管，通信管应随主管道一并敷设。

7.3.2 附属设施

排管敷设中，标识桩在敷设路径起点、终点及转弯处，以及直线段每隔 20m 设置一处，当电缆路径在绿化隔离带、灌木丛等位置时，应每隔 50m 设置电缆标识桩。

7.3.3 使用说明

本通用设计考虑排管壁厚不同，应用于实际工程时，应明确外部荷载、管材材质、内外径几何参数、环刚度等力学性能。

排管的内径按不小于 1.5 倍的电缆外径来选择，电缆与管道、地下设施、城市道路、公路平行交叉敷设也需满足有关规范规程的要求。排管施工前应严格计算整段电缆在排管中的牵引力与侧压力，控制在电缆允许值范围内；排管施工后应对已建成段落的电缆排管管壁外径、土体之间进行压密注浆，控制土体沉降，并对排管进行试通及孔洞封堵。

7.4 设计图

B 模块设计图清单见表 7－2，图中标高单位为 m，尺寸未注明单位者均为 mm。B 模块与电缆井配合可参考表 7－3。

表 7－2　　B 模块设计图清单

图序	图名	图纸编号
图 7－1	排管 2×2 混凝土包封	B－1－1
图 7－2	排管 2×3 混凝土包封	B－1－2
图 7－3	排管 3×3 混凝土包封	B－1－3
图 7－4	排管 3×4 混凝土包封	B－1－4
图 7－5	排管 4×4 混凝土包封	B－1－5
图 7－6	排管 4×5 混凝土包封	B－1－6
图 7－7	钢筋网布置图	B－1－T

表 7－3　　B 模块管井结合配对表

图序	图名	图纸编号	配合情况
图 7－1	排管 2×2 混凝土包封	B－1－1	与 1.3m 宽盖板开启式电缆井、1.6m 宽人孔式电缆井配合使用
图 7－2	排管 2×3 混凝土包封	B－1－2	与 1.3m 宽盖板开启式电缆井、1.6m 宽人孔式电缆井配合使用
图 7－3	排管 3×3 混凝土包封	B－1－3	与 1.3m 宽盖板开启式电缆井、1.6m 宽人孔式电缆井配合使用
图 7－4	排管 3×4 混凝土包封	B－1－4	与 1.9m 宽盖板开启式电缆井、2.0m 宽人孔式电缆井配合使用
图 7－5	排管 4×4 混凝土包封	B－1－5	与 1.9m 宽盖板开启式电缆井、2.0m 宽人孔式电缆井配合使用
图 7－6	排管 4×5 混凝土包封	B－1－6	与 1.9m 宽盖板开启式电缆井、2.0m 宽人孔式电缆井配合使用

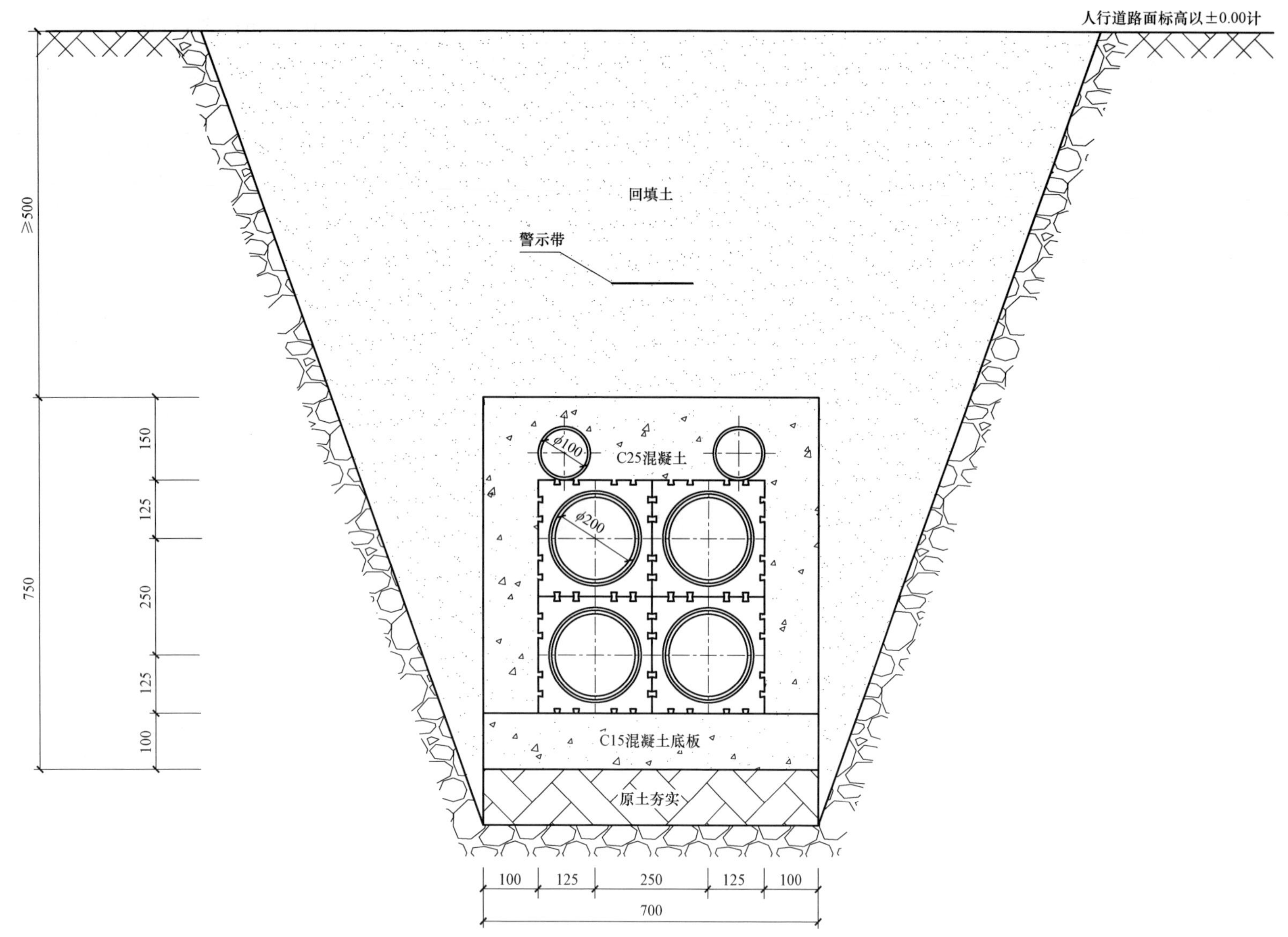

说明：1. 本图以排管内径 200mm 为例，采用其他内径需做相应调整。

2. 开挖施工面时放坡要求：

一、二类土深度超过 1.2m，高与宽之比 1:0.5；

三类土深度超过 1.5m，高与宽之比 1:0.33；

四类土深度超过 2.0m，高与宽之比 1:0.25。

图 7－1　排管 2×2 混凝土包封　B－1－1

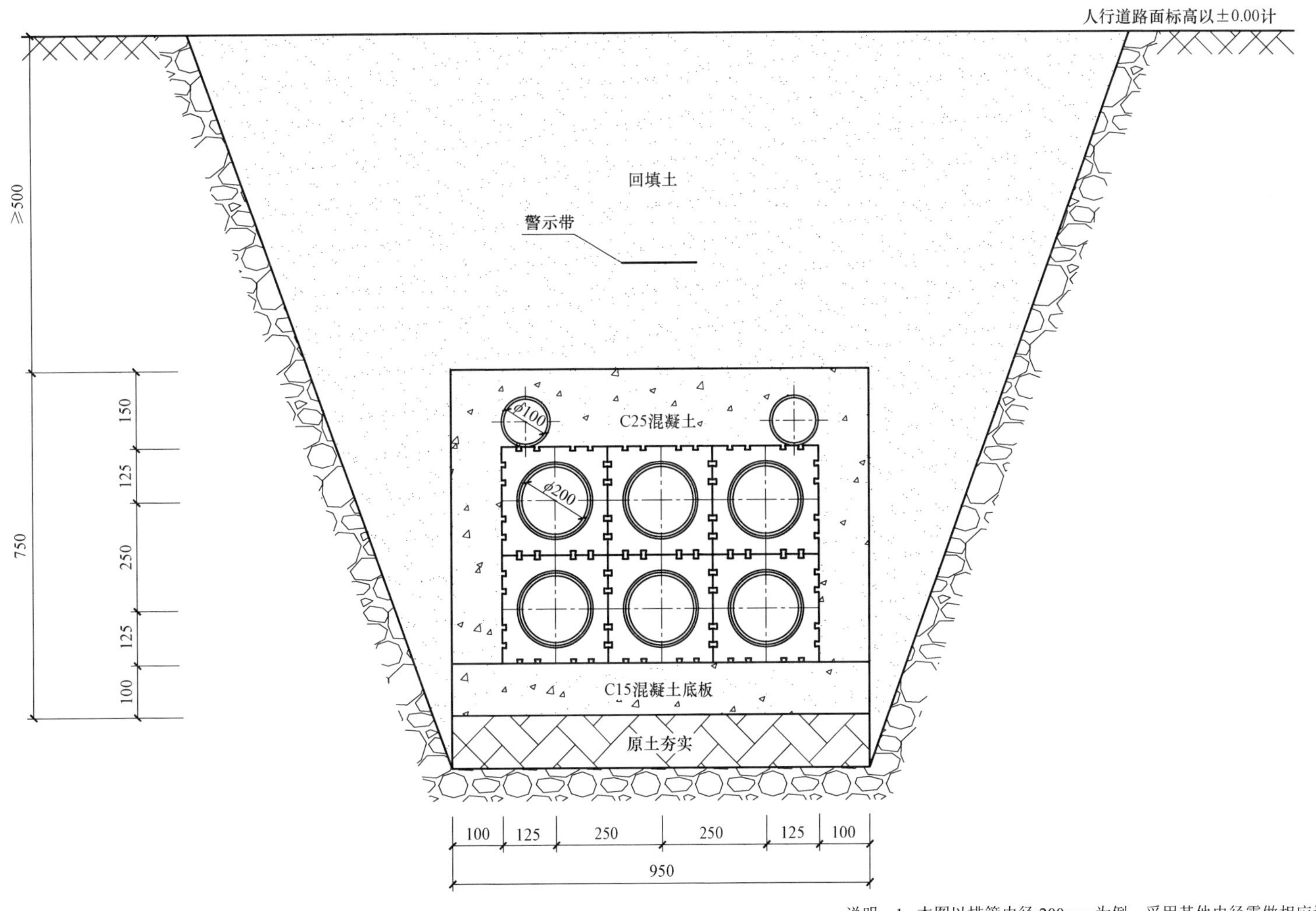

说明：1. 本图以排管内径 200mm 为例，采用其他内径需做相应调整。

2. 开挖施工面时放坡要求：

一、二类土深度超过 1.2m，高与宽之比 1:0.5；

三类土深度超过 1.5m，高与宽之比 1:0.33；

四类土深度超过 2.0m，高与宽之比 1:0.25。

图 7–2　排管 2×3 混凝土包封　B–1–2

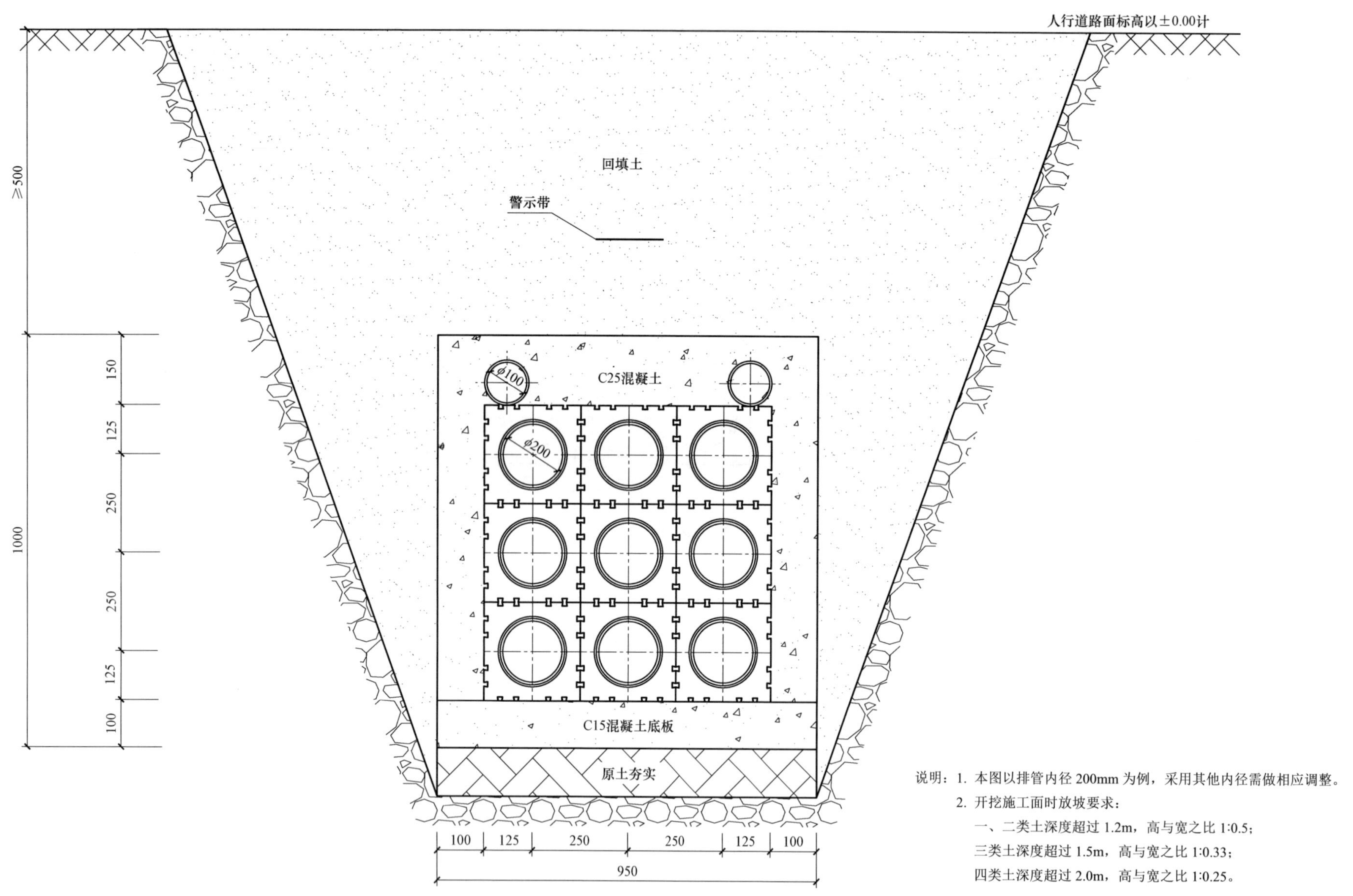

说明：1. 本图以排管内径 200mm 为例，采用其他内径需做相应调整。

2. 开挖施工面时放坡要求：

一、二类土深度超过 1.2m，高与宽之比 1:0.5；

三类土深度超过 1.5m，高与宽之比 1:0.33；

四类土深度超过 2.0m，高与宽之比 1:0.25。

图 7－3　排管 3×3 混凝土包封　B－1－3

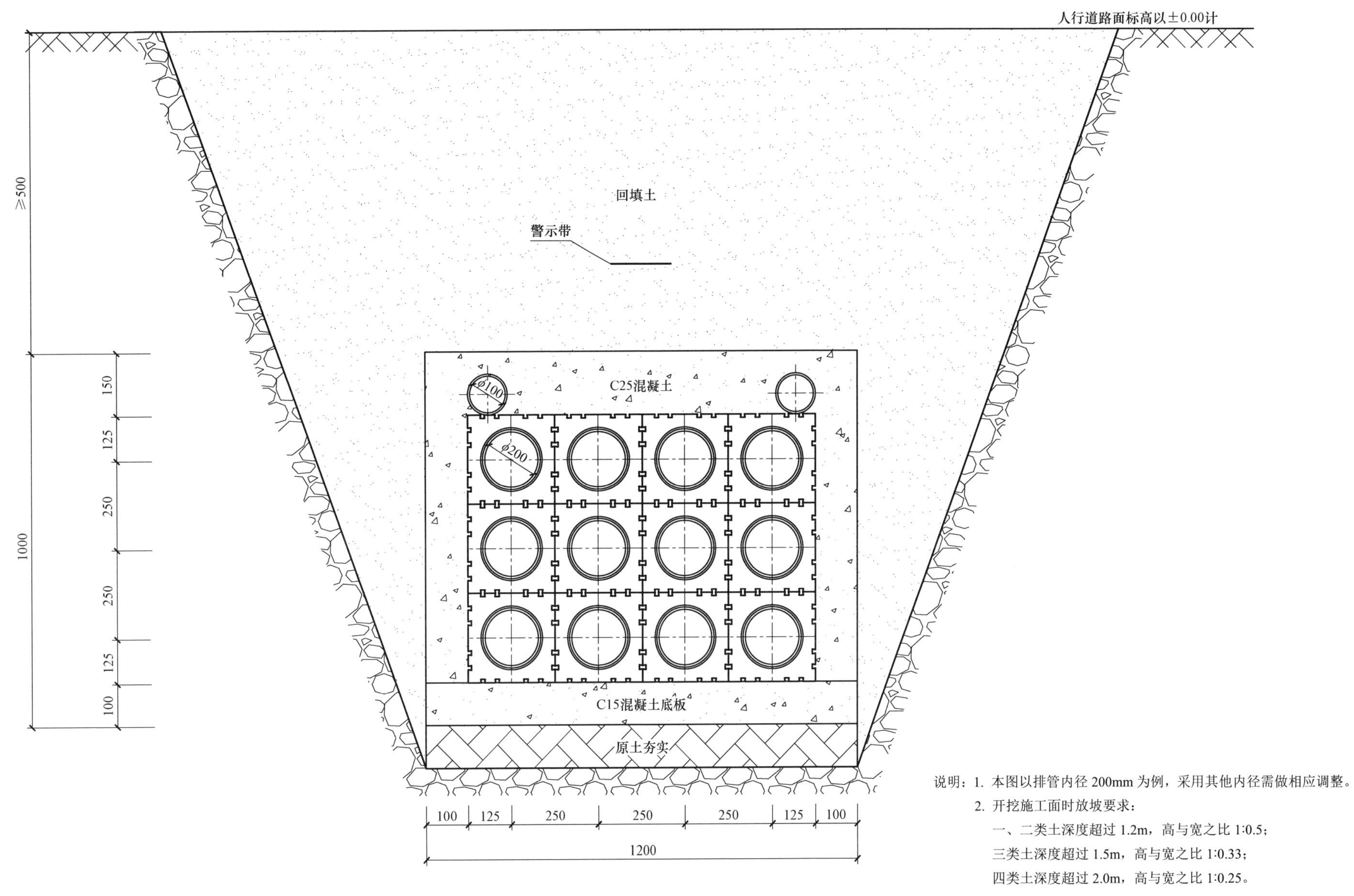

说明：1. 本图以排管内径 200mm 为例，采用其他内径需做相应调整。

2. 开挖施工面时放坡要求：

一、二类土深度超过 1.2m，高与宽之比 1:0.5；

三类土深度超过 1.5m，高与宽之比 1:0.33；

四类土深度超过 2.0m，高与宽之比 1:0.25。

图 7-4 排管 3×4 混凝土包封 B-1-4

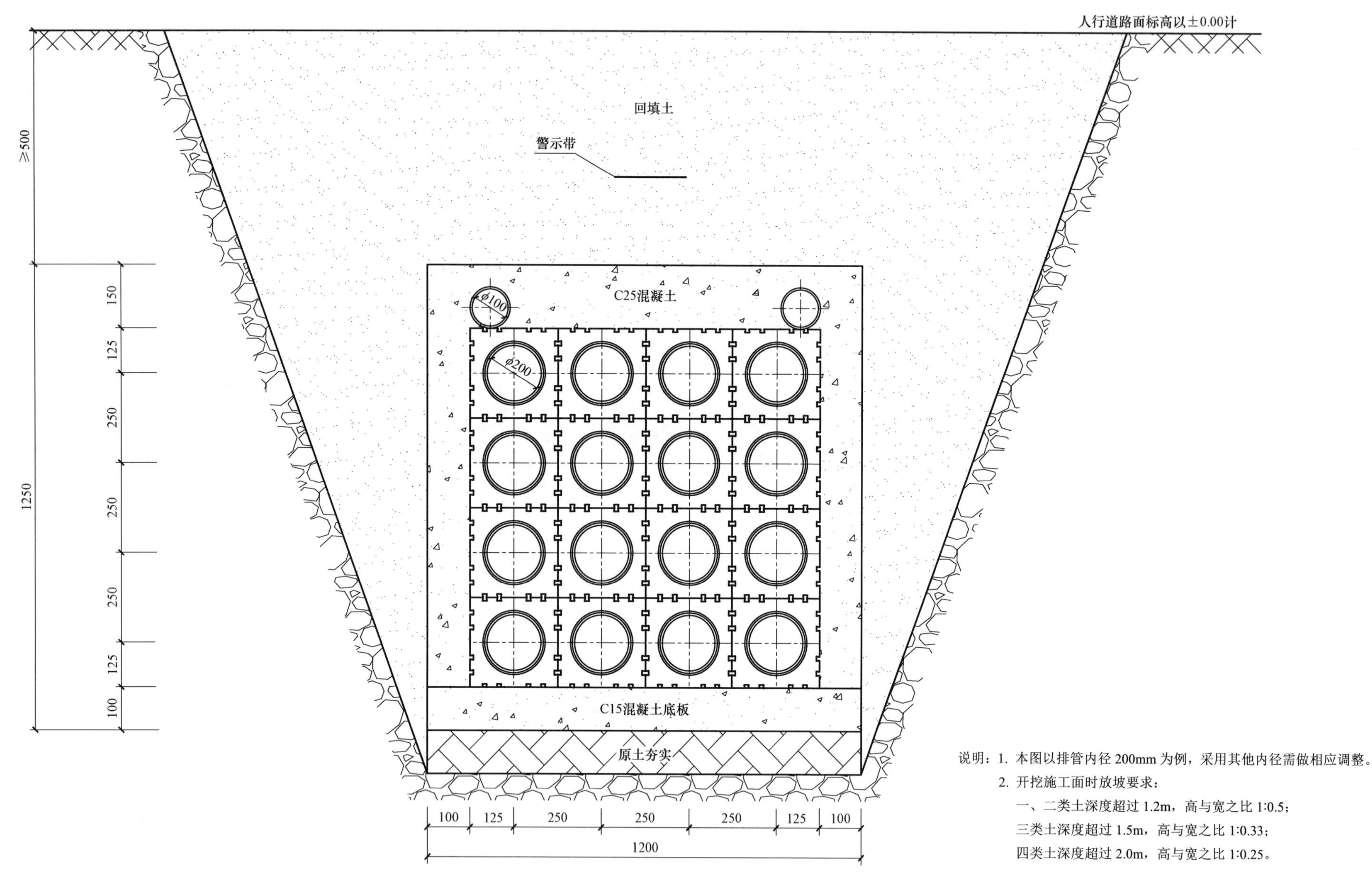

说明：1. 本图以排管内径200mm为例，采用其他内径需做相应调整。

2. 开挖施工面时放坡要求：

一、二类土深度超过1.2m，高与宽之比1:0.5；

三类土深度超过1.5m，高与宽之比1:0.33；

四类土深度超过2.0m，高与宽之比1:0.25。

图7–5　排管4×4混凝土包封　B–1–5

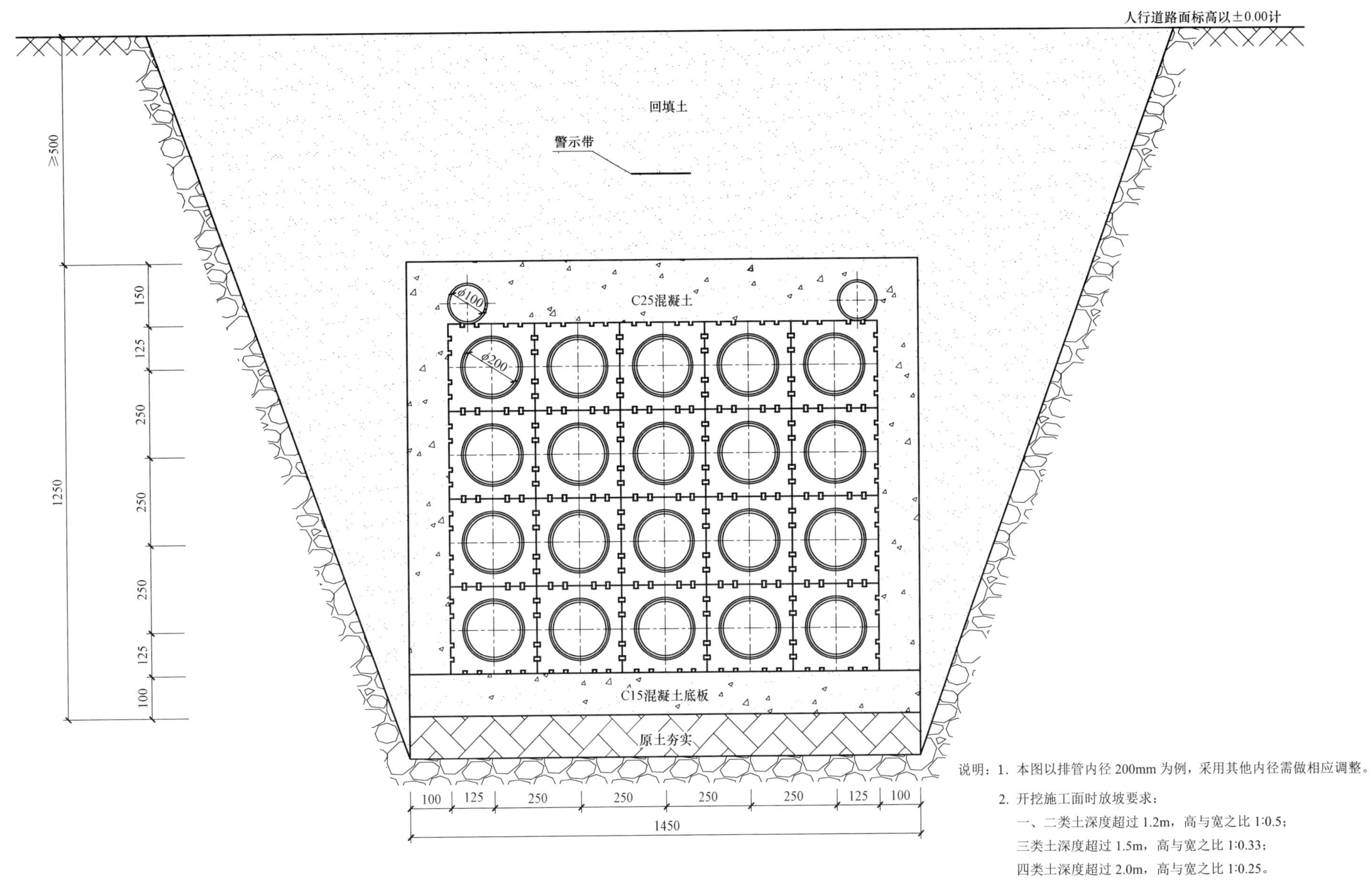

说明：1. 本图以排管内径 200mm 为例，采用其他内径需做相应调整。

2. 开挖施工面时放坡要求：

一、二类土深度超过 1.2m，高与宽之比 1:0.5；

三类土深度超过 1.5m，高与宽之比 1:0.33；

四类土深度超过 2.0m，高与宽之比 1:0.25。

图 7–6　排管 4×5 混凝土包封　B–1–6

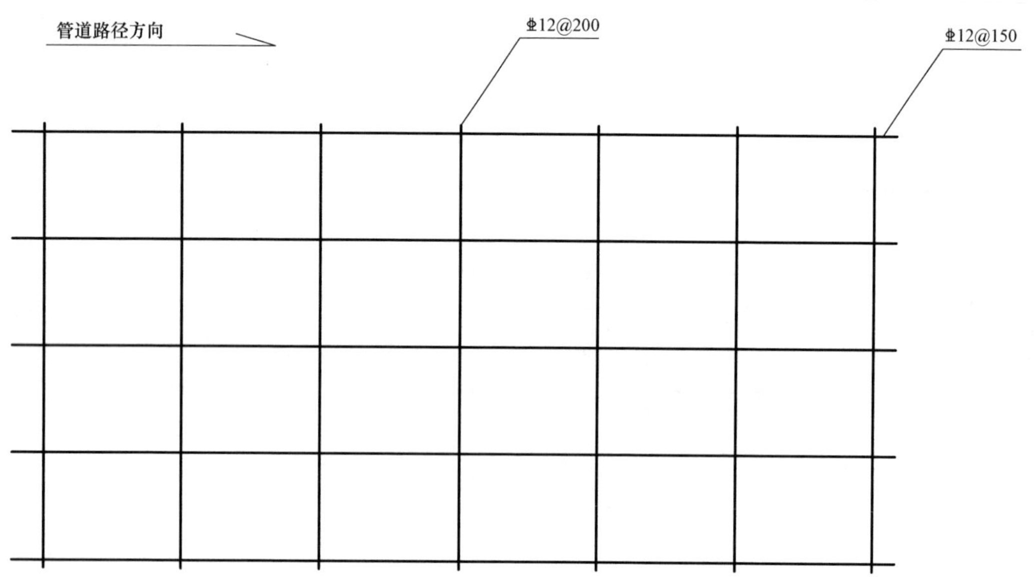

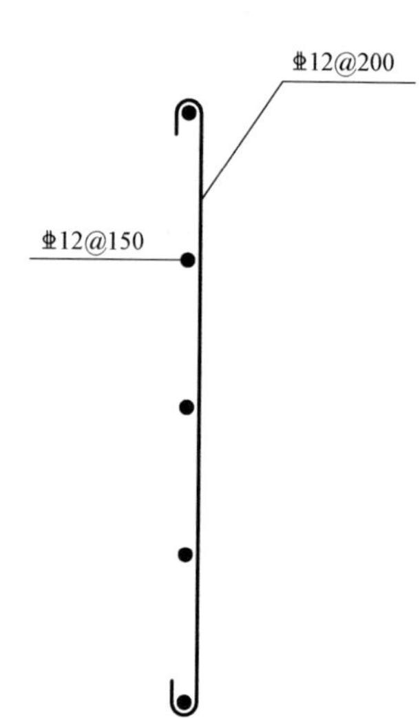

说明：1. 混凝土包方顶层埋深若达不到要求或埋设于车行道下，则需在导管顶部及底部处按图扎钢筋网，以增加强度。

2. 钢筋保护层厚度应根据环境条件和耐久性要求等确定，且不应小于 30mm。

图 7–7　钢筋网布置图　B–1–T

第8章　非开挖敷设方案（L模块）

8.1　概述

电缆非开挖敷设方案（L 模块）是指利用钻机等手段，在地表不开挖槽的情况下，敷设、修复和更换地下管线的施工技术。

相对于开挖敷设方案，非开挖拉管敷设方案施工占地小，破路及路面恢复工作较少，施工工艺较复杂，但散热条件差。热量容易剧集，导致环境温度升高，电缆周围环境温度越高，散热越慢，热阻越大，校正系数越小，载流量越小，电缆导体温度越高，使得电缆绝缘层的热阻增大，加速了电缆绝缘层的老化，使用寿命缩短等缺点。

电缆非开挖敷设方案（L 模块）根据电缆线路敷设路径的要求及所敷设地段情况分为 2 个子模块，分别为 L－1（非开挖拉管）、L－2（非开挖顶管）。

8.2　模块适用范围

L－1 子模块适用范围是地下管网密集，少量无法进行明挖施工的地段，但原则上不宜使用非开挖拉管，禁止全线使用非开挖拉管。A、B、C 供电区域和遇道路、河流等特殊地段无法进行明挖施工的区域可采用 L－1 子模块，D、E 供电区域不推荐采用。

L－2 子模块适用范围是少量无法明挖施工且非开挖拉管无法施工的地段。A、B、C 供电区域可采用 L－2 子模块，D、E 供电区域不推荐采用。

8.3　模块设计说明

8.3.1　L－1 子模块

非开挖拉管一般采用 MPP 管，所用的管材应满足《电力电缆导管技术条件　第 7 部分：非开挖用塑料电缆导管》（DL/T 802.7）要求。所选管材均应按其埋设深度处受力校验管材的力学性能。

L－1 子模块分为 6 个子模块，即 6 个拉管断面，L－1 子模块技术参数一览表见表 8－1。

表 8－1　L－1 子模块技术参数一览表

序号	电缆根数	电缆截面［芯数×截面（mm^2）］	断面编号
1	2	3×（70～400）	L－1－1
2	3	3×（70～400）	
3	4	3×（70～400）	
4	5	3×（70～400）	
5	6	3×（70～400）	
6	7	3×（70～400）	

注　拉管根数为一次性施工，如需增加孔数应更换位置再次拉管。

8.3.2　L－2 子模块

非开挖顶管一般采用柔性接头钢承口钢筋混凝土管，所用管材应满足《混凝土和钢筋混凝土排水管》（GB/T 11836—2023）要求。所选管材均应按其埋设深度处受力校验力学性能。

L－2 模块分为 5 个子模块，即 5 个顶管断面，各断面技术参数见表 8－2。

表 8－2　L－2 子模块技术参数一览表

序号	电缆根数	电缆截面［芯数×截面（mm^2）］	断面编号
1	≤12	3×（70～400）	L－2－1
2	≤16	3×（70～400）	L－2－2
3	≤20	3×（70～400）	L－2－3
4	≤28	3×（70～400）	L－2－4
5	≤36	3×（70～400）	L－2－5

8.3.3　使用说明

本通用设计考虑排管壁厚不同，应用于实际工程时应明确外部荷载、管材材质、内外径几何参数、环刚度等力学性能。非开挖拉管与非开挖顶管建设时，其建设规模除应遵循电网规划外，还需考虑适当预留。

8.3.3.1　非开挖拉管部分

（1）路径选择。

1）穿越河流宜选择河段顺直、河流狭窄、坡岸稳定、施工场地宽敞的河段，且应尽可能垂直于坡岸线穿越。

2）应避开储油罐等危险场所。

3）应尽可能避开桥梁、高压电塔、车站及其他重要（构）筑物。

4）应避开不利于穿越施工的地形、地貌、地质的场地。

5）宜不占或少占耕地、绿地。

6）与建（构）筑物及地下管线的容许最小净距离应符合表 8－3 和表 8－4 的规定。

7）宜选择合适的主穿越土层。适宜施工穿越的土层包括：① 中硬～硬质黏土和淤泥；② 硬黏土和强风化页岩；③ 中密～致密砂层（砾石含量＜30%质量比）；④ 风化岩层或强胶结地层。

施工需做技术处理的土层包括：① 松散砂层（砾石含量＜30%质量比）；② 松散～密实砂砾石层（30%＜砾石含量＜50%质量比）；③ 弱风化～未风化岩层。

不宜选作施工穿越的土层包括：① 松散～密实砂砾石层（50%＜砾石含量＜85%质量比）；② 松散～密实卵砾石层；③ 含有大量孤石、漂石或障碍物地层。

穿越轨迹两端穿透松散砂砾层时，若深度较浅，宜采用开挖方式或置换黏性土方式处理；若深度较深，宜采用套管方式处理。非开挖拉管穿越的入土点、出土点应选取开阔的场地，且不宜选择在建（构）筑附近。同路径拉管距离应满足表 8－3 的要求，且符合《电力工程电缆设计标准》（GB 50217）相关规定。

表 8－3　非开挖拉管终孔回扩孔与建（构）筑物及地下管线容许最小净距离　（m）

建（构）筑物类型		平行	上部交叉	下部交叉
与电缆	10kV 以下电缆	1.0	1.0*	1.0*
	10kV 及以上电缆	2.0	1.0*	1.0*
与地下管沟	热力管沟	$2D_e$，且≥1.5	1.0	L_0
	油管或易（可）燃气管道	2.0	1.0	L_0
	ϕ200mm 以上其他管道	$2D_e$，且≥1.5	1.0*	L_0
	ϕ200mm 以下其他管道	1.0	1.0*	1.0
与铁路	非直流电气化铁路路轨	3.0	—	见表 8－4
	直流电气化铁路路轨	10.0	—	见表 8－4
与建筑物基础	在基础之上	1.5	—	—
	在基础之下	D_e+h_0，且≥1.5 应验算土体扰动影响	—	计算土体变形量后确定
与公路边		1**	—	见表 8－4
与河堤		30.0	—	见表 8－4
与排水沟		1**	—	—
与树木的主杆		1.0	—	—
与 1kV 以下架空线电杆		1.0	—	—
与 1kV 以上架空线杆塔基础		4.0**	—	—

注 1. D_e为非开挖拉管终孔回扩孔直径（m）。
2. h_0为非开挖拉管终孔回扩孔与建筑物基础的净高差（m）。
3. 黏土地层：$L_0=D_e$；粉土地层：$L_0=1.5D_e$；砂土地层：$L_0=2.0D_e$。
4. 当平行或交叉发生在非开挖拉管曲线段时，表中净距应加大 50%。
*用隔板分隔时不得小于 0.5m。
**特殊情况时，减少值不得大于 50%。

表 8－4　与道路河流交叉容许最小净距离　（m）

道路类型	交叉容许最小净距离
城市道路	与路面垂直净距大于 1.5
公路	与路面垂直净距大于 1.8，路基坡脚地面以下大于 1.2
高等级公路	与路面垂直净距大于 2.5，路基坡脚地面以下大于 1.5
铁路	路基坡脚地面以下大于 5，路堑地型轨顶下大于 3，零点断面轨顶下大于 6
一级主河道	百年一遇最大冲刷深度以下大于 3
二级河道	河床底最低标高以下大于 3，百年一遇最大冲刷深度以下大于 2
地面建筑	原则上不允许，如特殊情况需根据基础结构类型，经计算后确定

（2）勘察。应提供地形、地貌岩土的土层分布、航道等级、水文等资料。包括地层结构、岩土的颗粒组成和特性，完成岩土参数的室内试验，分析水质，承压水对回扩孔孔壁稳定性影响的评估，河床冲刷深度和温度程度的分析，地下管线的分布等。

地下管线探测范围应为覆盖水平定向钻穿越路由的带状区域，两侧超出路由边线应不小于一倍回扩孔终孔直径，且探测总宽度不应小于 5m。若存在不良地质（如流沙等）或管线分布较复杂，应增加探测范围。

地下管线的物探内容应包括但不限于管线类别、材质、断面尺寸、管位、附属设施、电力管线的电压等级及数量等。探测结果应包含平面图、剖面图、管线描述等。

对于地面可见标志（如井盖、阀门、标识牌、标桩等）的地下管线，宜根据管线建设方提供的设计、施工和竣工资料，进行实地核实和调查。

场地特殊性岩土的地质勘察应参照《岩土工程勘察规范》（GB 50021）执行。

（3）设计。非开挖拉管线缆保护管孔数除满足电缆敷设要求外，宜预留适当备用管，至少预留 1 根电力保护管作为检修使用，至少预留 2 根通信保护管备用。

每根线缆保护管内应最多敷设 1 根电缆，保护管的内径不宜小于电缆外径的 1.5 倍，管孔内径不宜小于 100mm。

非开挖拉管轨迹宜由入土端斜直线段、入土端曲线段、水平直线出土端曲线段、出土端斜直线段组成，应综合考虑地层条件、交叉管线情况、管材性能、路径长度、通航要求等。

当穿越城镇河道时，管道顶部至规划河床的覆土厚度应根据水流冲刷、防止冒浆、疏浚和抛锚等要求确定，不宜小于 3m。

非开挖拉管敷设采用圆形单孔管材，管材间的连接采用热熔焊，管材内壁应光滑，无凸起的毛刺。每次拉管数量根据实际机械的能力及回扩孔大小确定，拉管数量根据工程需要进行选择，并根据电网远景规划适当预留。施工前应对电缆路径两侧 10m 范围内进行详细地质和障碍物勘探，在管线交叉保护距离的要求下根据实际情况制定详细施工方案和保护措施。拉管出入土角不宜太大，宜控制在 8°～15°，管材任意点的弧度应不大于 8°。穿越完成后，管孔内应无积水、石子等其他杂物，管口应做封堵处理。两端电缆井待拉管穿越完毕后，结合连接的电缆沟（电缆排管）尺寸和高差情况确定。

非开挖拉管并排时，两处拉管的最小间距应不小于 1.5D（D 为拉管扩孔直径）。

（4）拉管施工前应严格计算整段电缆在管中的牵引力与侧压力，控制在电缆允许值范围内；拉管施工后应对已建成段落的电缆管管壁外径、土体之间进行压密注浆，控制土体沉降，并对拉管进行试通及孔洞封堵。

8.3.3.2 非开挖顶管部分

一般情况下，顶管的覆土厚度不宜小于 3m，在顶管设计前期应对施工线路进行工程勘察，调查分析施工区域的水文和地质情况，充分掌握与顶管施工有关的现场资料。

管材应满足《混凝土和钢筋混凝土排水管》（GB/T 11836—2023）要求，并根据计算选择管材的种类与级别。混凝土管节表面应光洁、平整，无砂眼、气泡，接口尺寸应符合规定。电缆支架宜采用角钢支架，本模块设计图纸以镀锌角钢支架为例。

顶管施工应根据水文和地质情况、施工条件等要求，在保证工程质量、施工安全等前提下，合理选用顶管机型。根据《给水排水管道工程施工及验收规范》（GB 50268—2008）等相关规范的要求并结合工程实际情况进行钢筋混凝土管的顶力计算，施工前必须对后背土体进行允许抗力的验算，验算通不过时应对后背土体加固，以满足施工安全、周围环境保护要求。

对顶管施工引起的地表变形和周围环境的影响，应事先做出充分预测，并使之符合相关要求。在施工过程中应实时检测工程各项数据指标，并做好顶管施工地面沉降控制措施。当预计影响难以确保地面建筑物、交通和地下管线的正常使用时，在建设单位的组织下，会同有关部门商定采取有效的技术措施进行监测和保护。

8.4 设计图

L 模块设计图清单见表 8－5，图中标高单位为 m，尺寸未注明单位者均为 mm。

表 8-5　　　　L 模块设计图清单

图序	图名	图纸编号
图 8-1	非开挖拉管断面图	L-1-1
图 8-2	ϕ1200 顶管断面图	L-2-1
图 8-3	ϕ1500 顶管断面图	L-2-2
图 8-4	ϕ2200 顶管断面图	L-2-3-1
图 8-5	ϕ2200 顶管支架加工图	L-2-3-2
图 8-6	ϕ2400 顶管断面图	L-2-4-1
图 8-7	ϕ2400 顶管支架加工图	L-2-4-2
图 8-8	ϕ2600 顶管断面图	L-2-5-1

续表

图序	图名	图纸编号
图 8-9	ϕ2600 顶管支架加工图	L-2-5-2
图 8-10	顶管平断面图	L-2-T-1
图 8-11	电缆沉井支架布置图	L-2-T-2
图 8-12	电缆沉井支架加工图	L-2-T-3
图 8-13	电缆沉井土建说明及暗柱布置图	L-2-T-4
图 8-14	电缆沉井断面及配筋图（一）	L-2-T-5
图 8-15	电缆沉井断面及配筋图（二）	L-2-T-6
图 8-16	电缆沉井顶盖配筋图	L-2-T-7

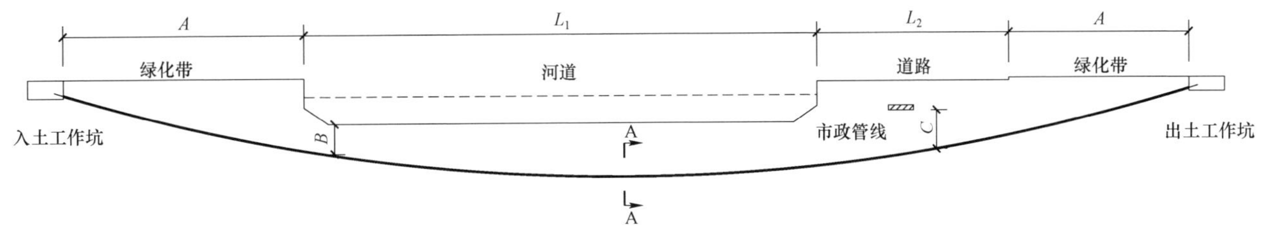

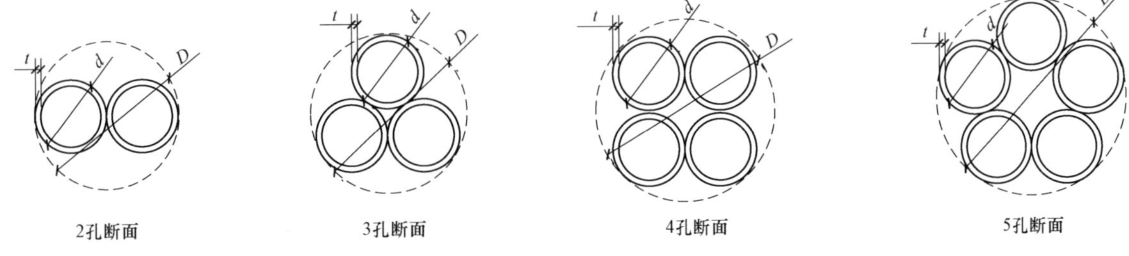

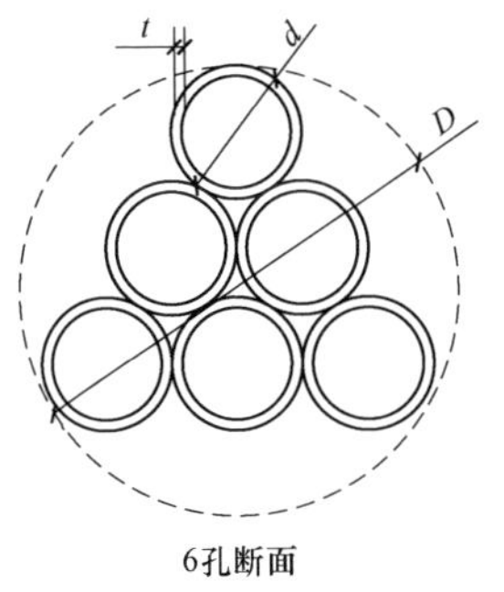

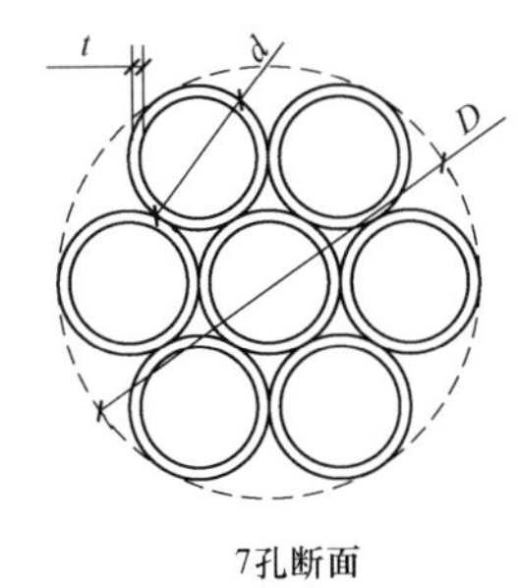

A—A剖面图

说明：1. 两端工作井待拉管穿越完毕后，结合连接的电缆沟（电缆排管）尺寸和高差情况，确定工作井尺寸。图中出、入土工作坑可以根据实际情况进行调整。

2. 电缆保护管内径 d 和壁厚 t 根据电缆直径和非开挖拉管长度进行选择，可选择普通型和加强型。

3. 图中各数值：

A—根据拉管最低点与出、入土点高差确定的出、入土水平最小距离。

B—与河床底部最小保护距离，一般大于 3m，通航河道要求大于 5m。

C—与其他市政管线的最小保护距离，根据规范规程确定。

D—回扣孔直径，推荐 800～1000mm。

L_1—拉管穿越的河道水平距离。

L_2—拉管穿越的道路水平距离。

$X=2A+L_1+L_2$，非开挖拉管水平距离 X 推荐不宜超过 200m。

图 8－1　非开挖拉管断面图　L－1－1

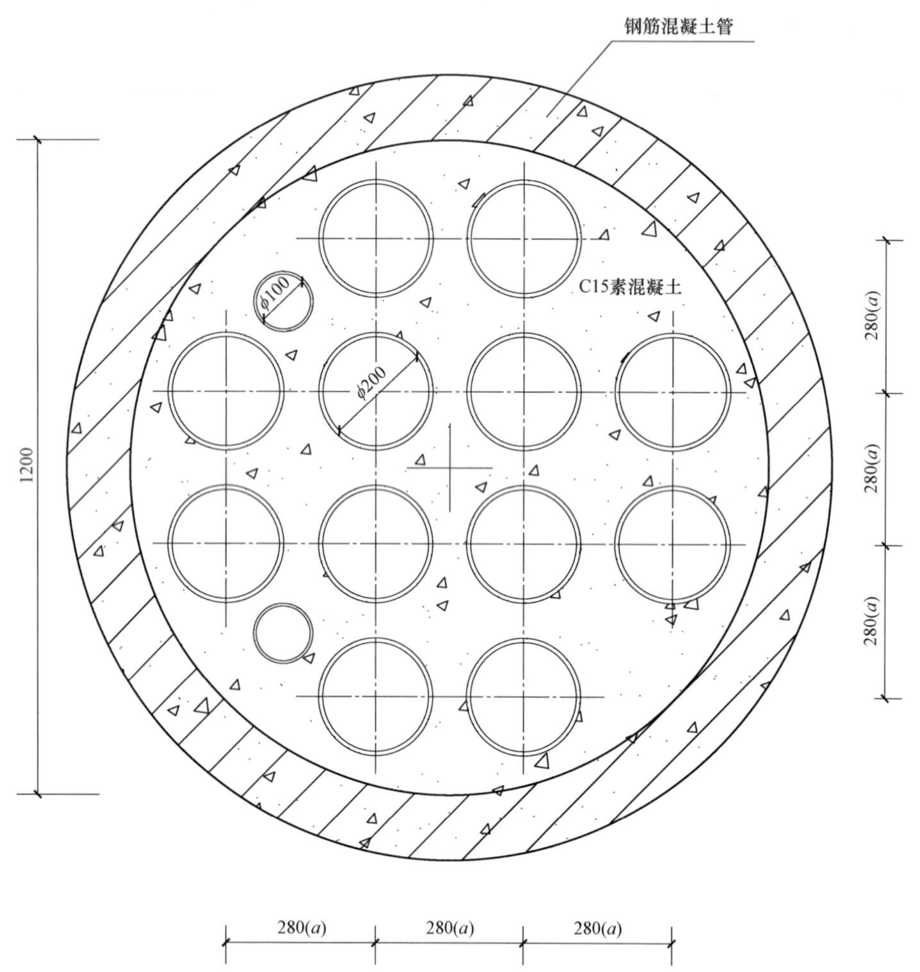

不同管材内径、管间尺寸调整 （mm）

管材内径 \ 管间尺寸	a
175	250
150	220
200	280

说明：1. 本图以排管内径 200mm 为例，排管内径 150、175mm 尺寸做相应调整。
2. 顶管采用柔性接头钢承口管，Ⅱ/Ⅲ级管选用按照《混凝土和钢筋混凝土排水管》执行。
3. 电缆管不应选用承插连接的管材，应选用可热熔焊接的管材。
4. 混凝土纵向全线浇筑。

图 8－2 φ1200 顶管断面图 L－2－1

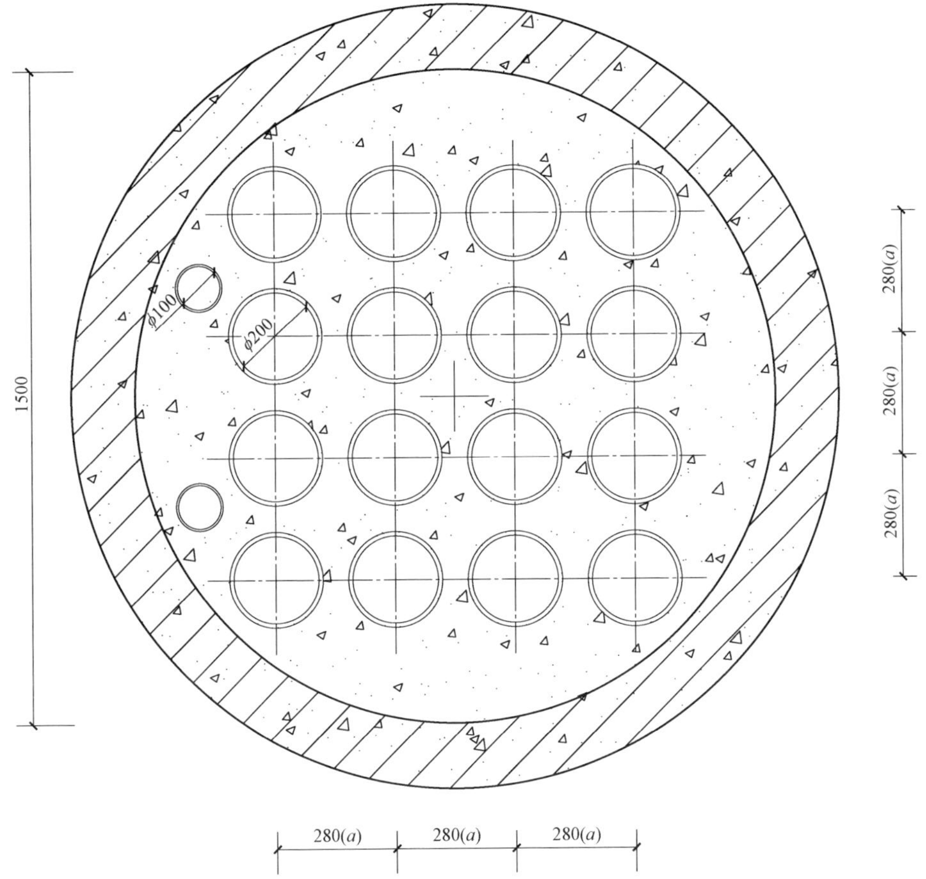

不同管材内径、管间尺寸调整　（mm）

管材内径 \ 管间尺寸	a
175	250
150	220
200	280

说明：1. 本图以排管内径200mm为例，排管内径150、175mm尺寸做相应调整。
2. 钢筋混凝土管选择按照《混凝土和钢筋混凝土排水管》执行。
3. 电缆管选择不应选用承插连接的管材，应选用可热熔焊接的管材。
4. 混凝土纵向全线浇筑。

图8－3　φ1500顶管断面图　L－2－2

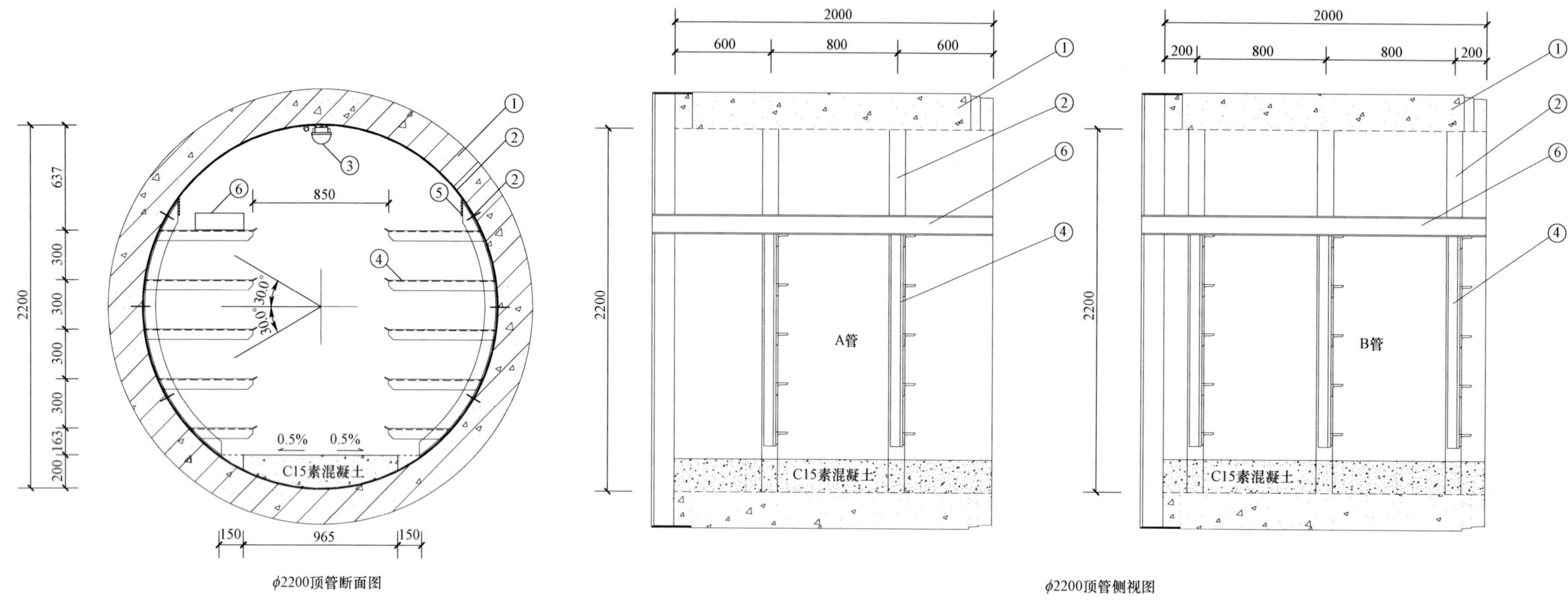

ϕ2200顶管断面图

ϕ2200顶管侧视图

材 料 表 统计单位：节（2m/节）

编号	名称	型号	单位	数量	图纸	备注
①	钢筋混凝土管	ϕ2200mm	节	1		Ⅱ/Ⅲ级
②	预埋件	—8×100/ ϕ16 膨胀螺栓等	根	2.5/15		见说明 2
③	照明灯具	防潮防爆	盏	0.4	D－1－1－14	5m/处
④	电缆支架	ZJ－2200	套	5		
⑤	内接地带	—5×50	m	2		
⑥	耐火电缆槽盒	NDH－P 300×100－F1	m	2		厚度 2mm

说明：1. 本电缆顶管适用于非开挖地段。隧道支架双侧布置，水平间距 0.8m 排列，上下层支架间距净空不得小于 0.2m。

2. 本图预埋件各省市按照各自情况可自行选择，例如采用预埋钢板、膨胀螺栓等样式；预埋件预就位后不影响顶管内部结构，预埋件需镀锌防腐。如若采用预埋钢板，钢板内嵌在管壁中，周圈布置；并保证顶管内壁平整；需在图纸中做说明并告知甲方；钢板与角钢支架连接采用焊接方式，焊缝高度不小于母材厚度，焊接后镀锌层破坏区域需做好防腐；现场施工时 A 管与 B 管交替顶进。需膨胀螺栓与电缆角钢支架连接时，采用两帽一垫固定。

3. 内接地带与角钢支架采用焊接连接，焊角尺寸与最小构件厚度相同，焊缝处需做好防腐。

4. 耐火电缆槽盒就位时，需保证槽盒平直、固定牢靠。槽盒内如若放置电缆，槽盒接地与角钢支架接地做好可靠连接。

5. 顶管采用柔性接头钢承口管，Ⅱ/Ⅲ级管选用按照《混凝土和钢筋混凝土排水管》执行。

图 8－4 ϕ2200 顶管断面图 L－2－3－1

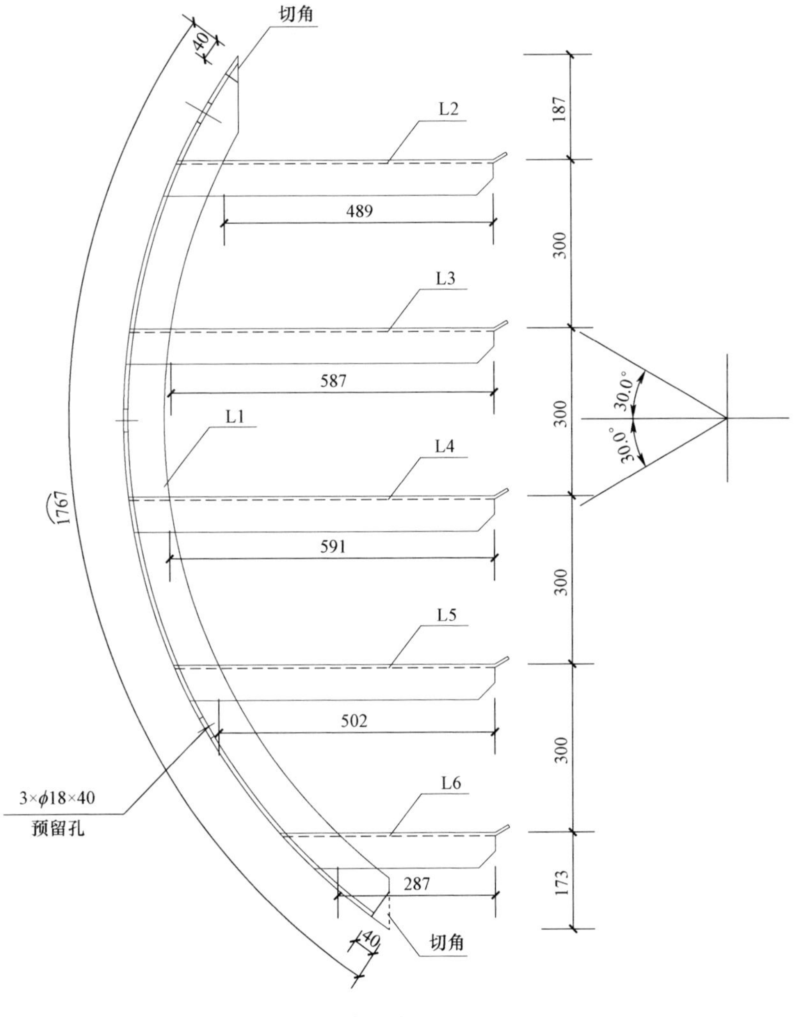

ZJ–2200加工图

电缆顶管内支架材料表

序号	构件编号	规格	长度（mm）	数量	单重（kg）	小计（kg）	合计（kg）
1	L1	∠75mm×8mm	1767	1	22.14	22.14	38.84
2	L2	∠63mm×6mm	600	1	3.44	3.44	
3	L3	∠63mm×6mm	670	1	3.84	3.84	
4	L4	∠63mm×6mm	667	1	3.82	3.82	
5	L5	∠63mm×6mm	584	1	3.35	3.35	
6	L6	∠63mm×6mm	392	1	2.25	2.25	

说明：1. L1 与 L2、L3、L4、L5、L6 采用焊接连接，焊缝尺寸与构件最小厚度相同。

2. 材质选用 Q235B。

3. 电缆支架焊接后进行除锈处理，并整体镀锌防腐。

4. 支架横担不得有飞边毛刺，夹角需打磨圆滑。

5. 电缆支架与支架预埋件如若采用螺栓连接，部件 L1 才需做预留孔。

图 8–5　ϕ2200 顶管支架加工图　L–2–3–2

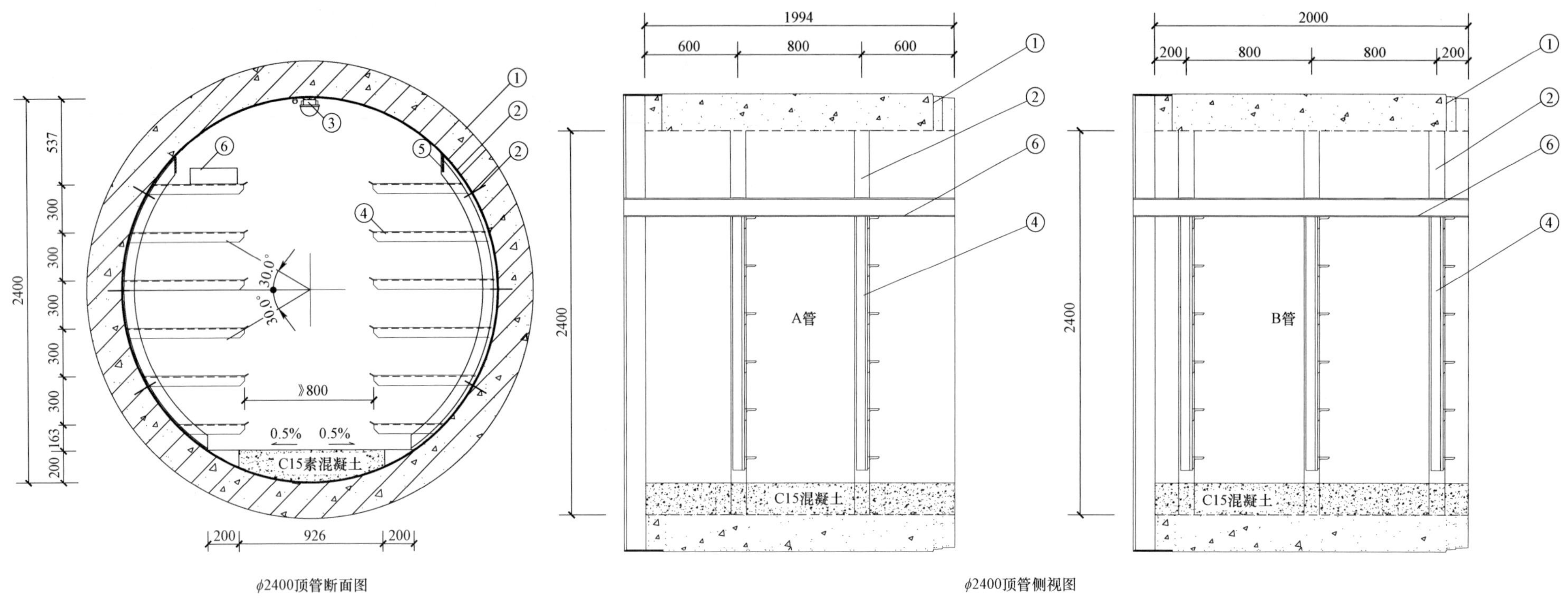

ϕ2400顶管断面图

ϕ2400顶管侧视图

材 料 表

统计单位：节（2m/节）

编号	名称	型号	单位	数量	图纸	备注
①	钢筋混凝土管	ϕ2400mm	节	1		Ⅱ/Ⅲ级
②	预埋件	—8×100/ ϕ16 膨胀螺栓等	根	2.5/15		见说明 2
③	照明灯具	防潮防爆	盏	0.4	D－1－1－14	5m/处
④	电缆支架	ZJ－2400	套	5		
⑤	内接地带	—5×50	m	2		
⑥	耐火电缆槽盒	NDH－P 300×100－F1	m	2		厚度 2mm

说明：1. 本电缆顶管适用于非开挖地段。隧道支架双侧布置，水平间距 0.8m 排列，上下层支架间距净空不得小于 0.2m。

2. 本图预埋件各省市按照各自情况可自行选择，例如采用预埋钢板、膨胀螺栓等样式；预埋件预就位后不影响顶管内部结构，预埋件需镀锌防腐。如若采用预埋钢板，钢板内嵌在管壁中，周圈布置；并保证顶管内壁平整；需在图纸中做说明并告知甲方；钢板与角钢支架连接采用焊接方式，焊缝高度不小于母材厚度，焊接后镀锌层破坏区域需做好防腐；现场施工时 A 管与 B 管交替顶进。需膨胀螺栓与电缆角钢支架连接时，采用两帽一垫固定。

3. 内接地带与角钢支架采用焊接连接，焊角尺寸与最小构件厚度相同，焊缝处需做好防腐。

4. 耐火电缆槽盒就位时，需保证槽盒平直、固定牢靠。槽盒内如若放置电缆，槽盒接地与角钢支架接地做好可靠连接。

5. 顶管采用柔性接头钢承口管，Ⅱ/Ⅲ级管选用按照《混凝土和钢筋混凝土排水管》执行。

图 8－6 ϕ2400 顶管断面图 L－2－4－1

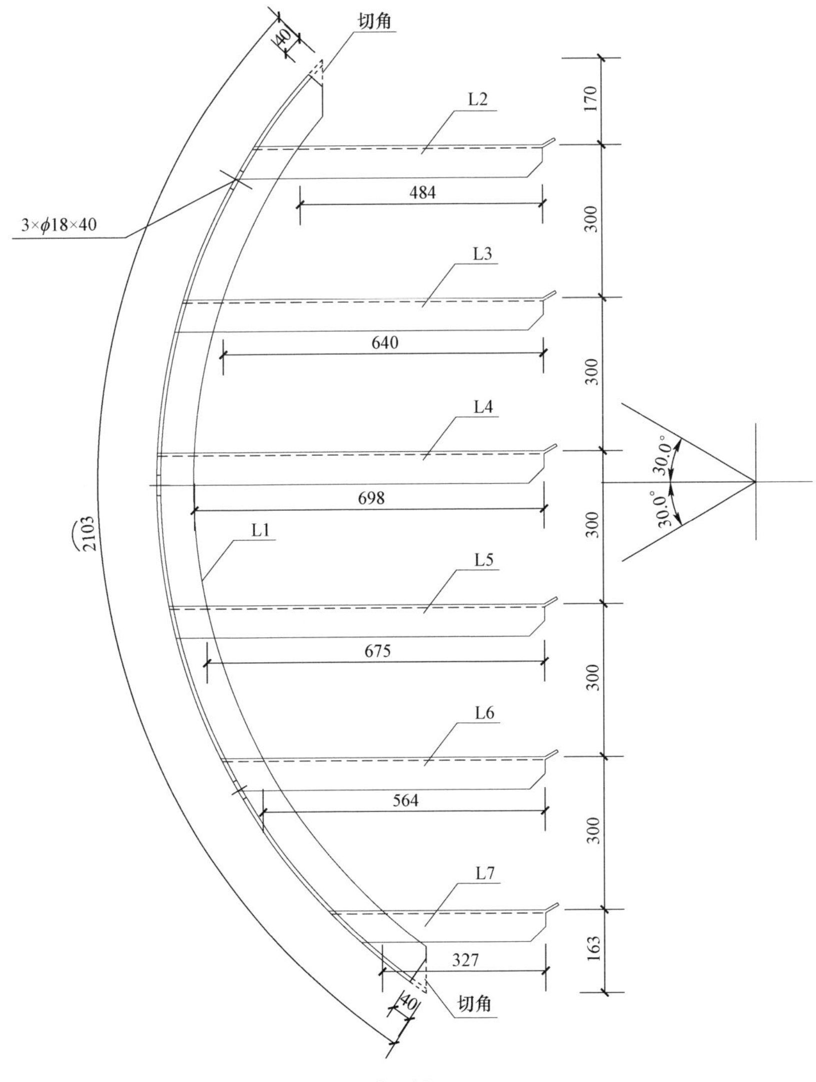

ZJ-2400加工图

电缆顶管内支架材料表

序号	构件编号	规格	长度（mm）	数量	单重（kg）	小计（kg）	合计（kg）
1	L1	∠75mm×8mm	2103	1	18.99	18.99	41.66
2	L2	∠63mm×6mm	614	1	3.52	3.52	
3	L3	∠63mm×6mm	737	1	4.22	4.22	
4	L4	∠63mm×6mm	773	1	4.43	4.43	
5	L5	∠63mm×6mm	751	1	4.30	4.30	
6	L6	∠63mm×6mm	648	1	3.71	3.71	
7	L7	∠63mm×6mm	435	1	2.49	2.49	

说明：1. L1 与 L2、L3、L4、L5、L6 采用焊接连接，焊缝尺寸与构件最小厚度相同。

2. 材质选用 Q235B。

3. 电缆支架焊接后进行除锈处理，并整体镀锌防腐。

4. 支架横担不得有飞边毛刺，夹角需打磨圆滑。

5. 电缆支架与支架预埋件如若采用螺栓连接，部件 L1 才需做预留孔。

图 8-7　ϕ2400 顶管支架加工图　L-2-4-2

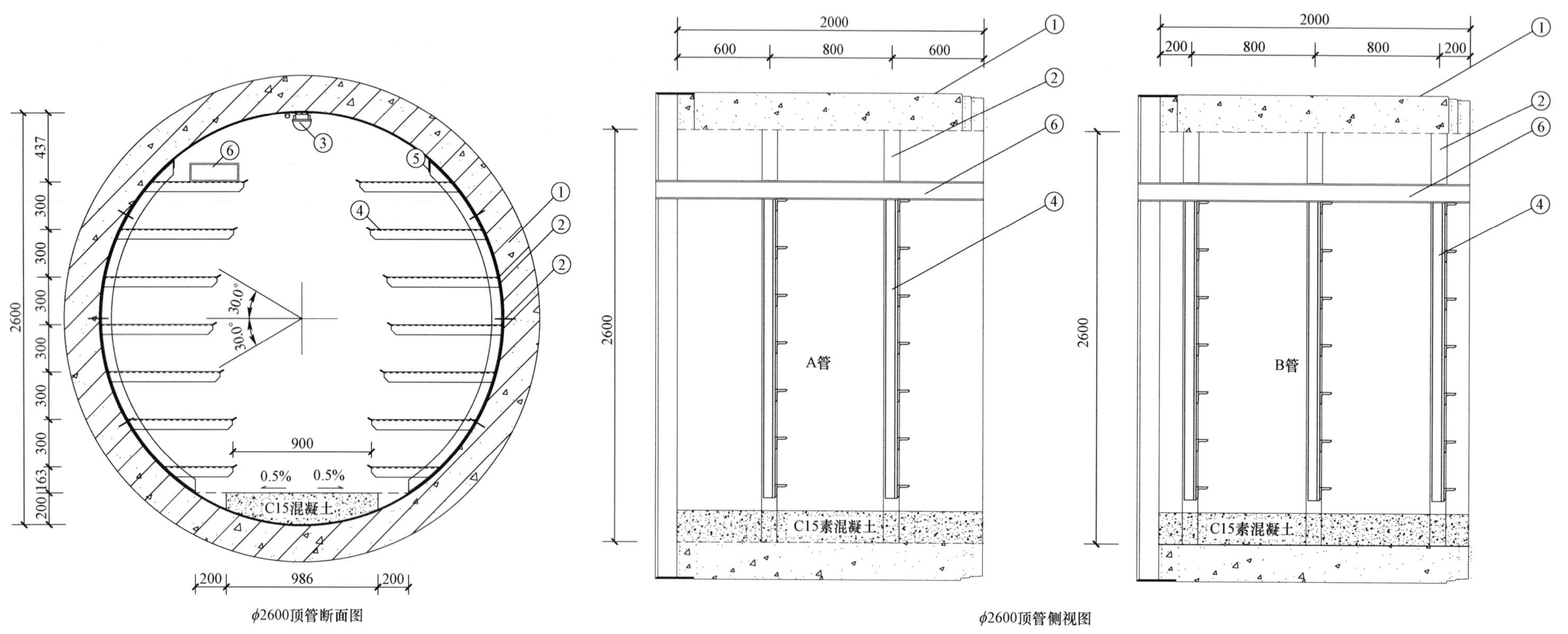

*ϕ*2600顶管断面图　　*ϕ*2600顶管侧视图

材　料　表　　　　统计单位：节（2m/节）

编号	名称	型号	单位	数量	图纸	备注
①	钢筋混凝土管	*ϕ*2600mm	节	1		Ⅱ/Ⅲ级
②	预埋件	—8×100/ *ϕ*16 膨胀螺栓等	根	2.5/15		见说明 2
③	照明灯具	防潮防爆	盏	0.4	D－1－1－14	5m/处
④	电缆支架	ZJ－2600	套	4		
⑤	内接地带	—5mm×50mm	m	2		
⑥	耐火电缆槽盒	NDH－P 300×100－F1	m	2		厚度 2mm

说明：1. 本电缆顶管适用于非开挖地段。隧道支架双侧布置，水平间距 0.8m 排列，上下层支架间距净空不得小于 0.2m。

2. 本图预埋件各省市按照各自情况可自行选择，例如采用预埋钢板、膨胀螺栓等样式；预埋件预就位后不影响顶管内部结构，预埋件需镀锌防腐。如若采用预埋钢板，钢板内嵌在管壁中，周圈布置；并保证顶管内壁平整；需在图纸中做说明并告知甲方；钢板与角钢支架连接采用焊接方式，焊缝高度不小于母材厚度，焊接后镀锌层破坏区域需做好防腐处理；现场施工时 A 管与 B 管交替顶进。需膨胀螺栓与电缆角钢支架连接时，采用两帽一垫固定。

3. 内接地带与角钢支架采用焊接连接，焊角尺寸与最小构件厚度相同，焊缝处需做好防腐。

4. 耐火电缆槽盒就位时，需保证槽盒平直、固定牢靠。槽盒内如若放置电缆，槽盒接地与角钢支架接地做好可靠连接。

5. 顶管采用柔性接头钢承口管，Ⅱ/Ⅲ级管选用原则按照《混凝土和钢筋混凝土排水管》执行。

图 8－8　*ϕ*2600 顶管断面图　L－2－5－1

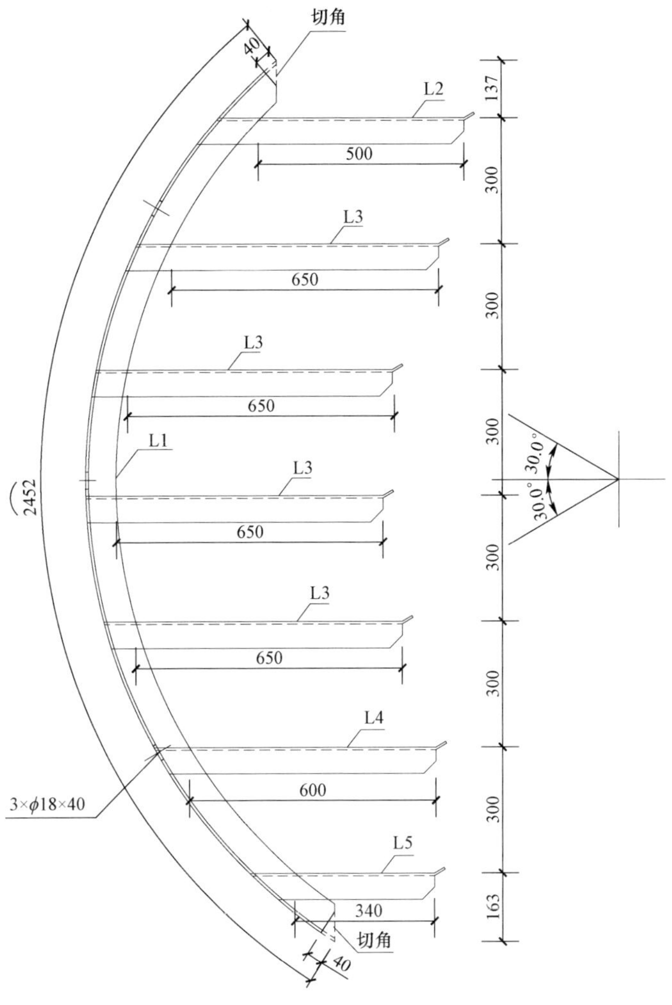

ZJ-2600加工图

电缆顶管内支架材料表

序号	构件编号	规格	长度（mm）	数量	单重（kg）	小计（kg）	合计（kg）
1	L1	∠75mm×8mm	2452	1	22.14	22.14	49.82
2	L2	∠63mm×6mm	650	1	3.73	3.73	
3	L3	∠63mm×6mm	762	4	4.36	17.44	
4	L4	∠63mm×6mm	687	1	3.93	3.93	
5	L5	∠63mm×6mm	451	1	2.58	2.58	

说明：1. L1 与 L2、L3、L4、L5、L6 采用焊接连接，焊缝尺寸与构件最小厚度相同。
2. 材质选用 Q235B。
3. 电缆支架焊接后进行除锈处理，并整体镀锌防腐。
4. 支架横担不得有飞边毛刺，夹角需打磨圆滑。
5. 电缆支架与支架预埋件如若采用螺栓连接，部件 L1 才需做预留孔。

图 8-9　ϕ2600 顶管支架加工图　L-2-5-2

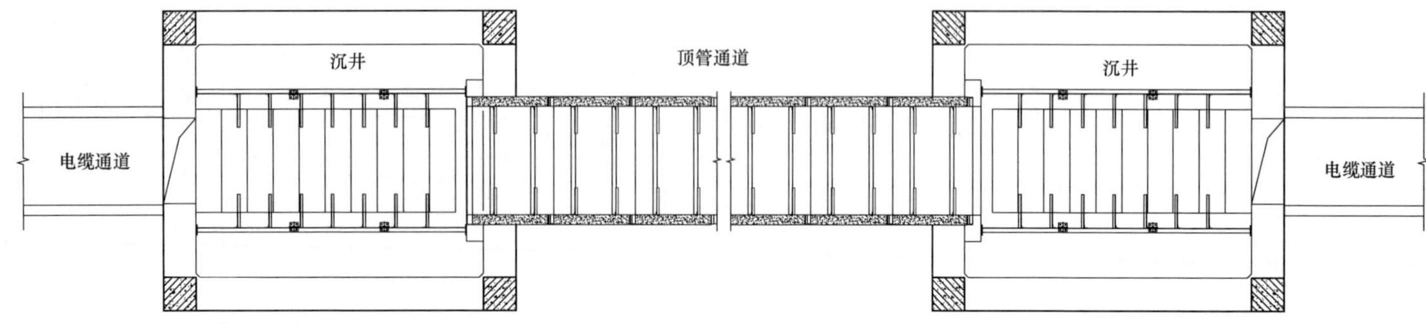

顶管平面示意图

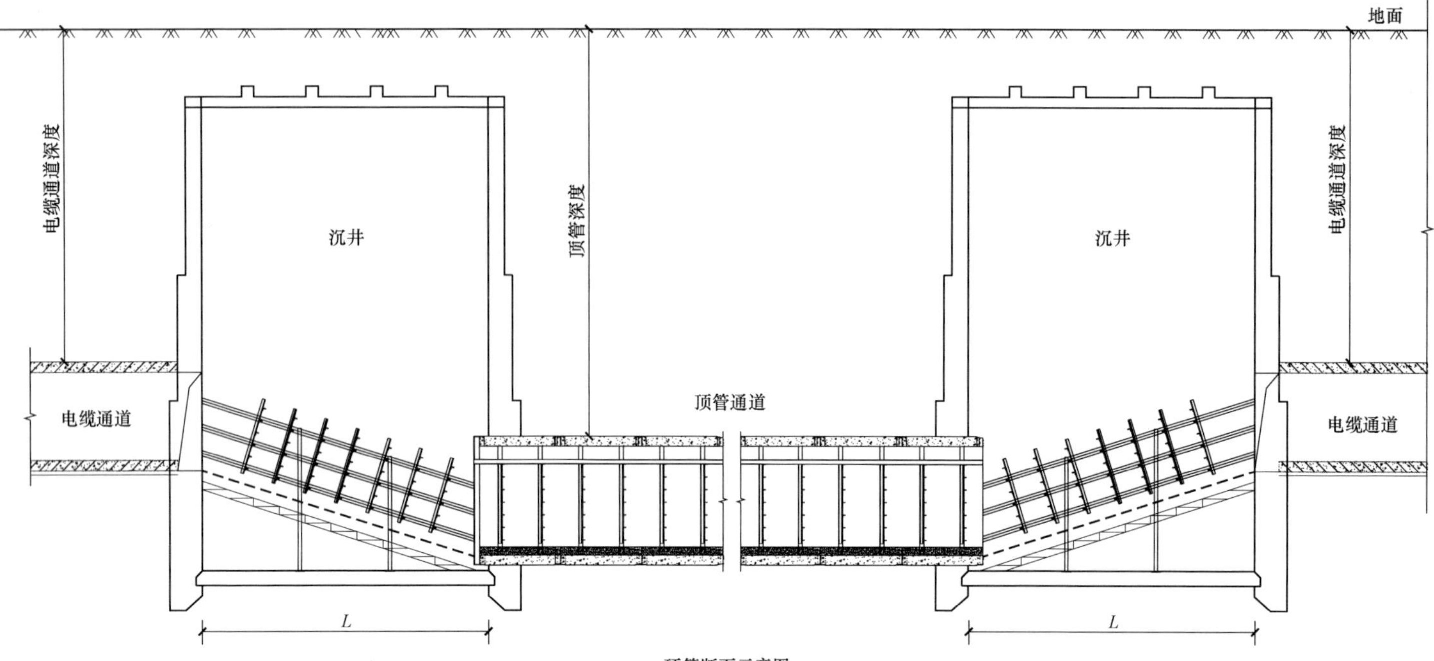

顶管断面示意图

说明：1. 顶管工序完成后，顶管管外侧与土体的空隙部分必须进行注浆填充，保证顶管所在地面不出现沉降。

2. 顶管长度不宜超过 100m，超过后应采用中继间技术，中继间应具有可更换密封止水圈的功能；中继间的外壳若不拆除，应在安装前进行防腐处理。长距离顶管应采用激光定向等测量控制技术。在砂砾层或卵石层顶管时，应采取管节外表面熔蜡措施、触变泥浆技术等减少顶进阻力和稳定周围土体。

3. 顶管单向顶进时，工作井位置选择宜设在下游一侧；便于排水、排泥、出土和运输。钢筋混凝土管接口应保证橡胶圈正确就位。

4. 顶管工作沉井长度 L 根据顶管工艺选择，本通用设计人工掏挖 $L=5.5\mathrm{m}$，机械掏挖 $L=7.0\mathrm{m}$，若长度大于 7.0m 需自行校验结构配筋；本通用设计中顶管接收沉井按照工作沉井规格考虑，接收沉井尺寸根据实际现场可适当调整；沉井高度随顶管深度及沉井覆土要求确定。

5. 顶管穿越铁路、公路或其他设施时，尚应遵守铁路、公路或其他设施的有关技术安全的规定。

图 8－10　顶管平断面图　L－2－T－1

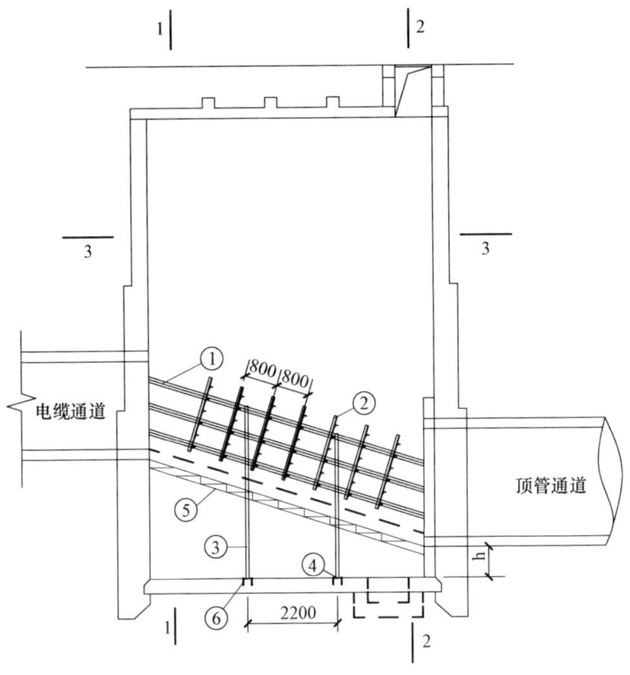

电缆沉井纵向断面图

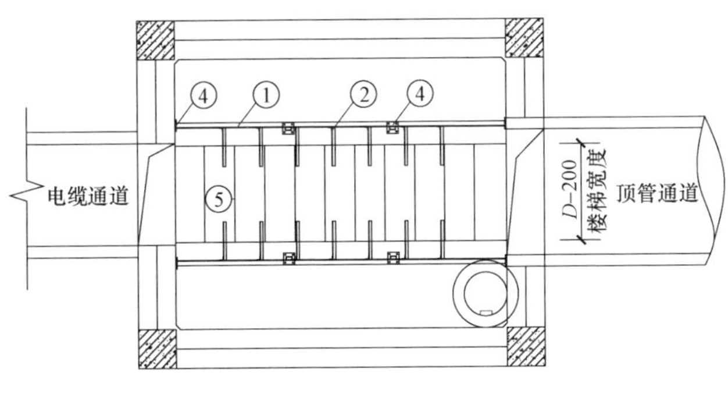

3—3

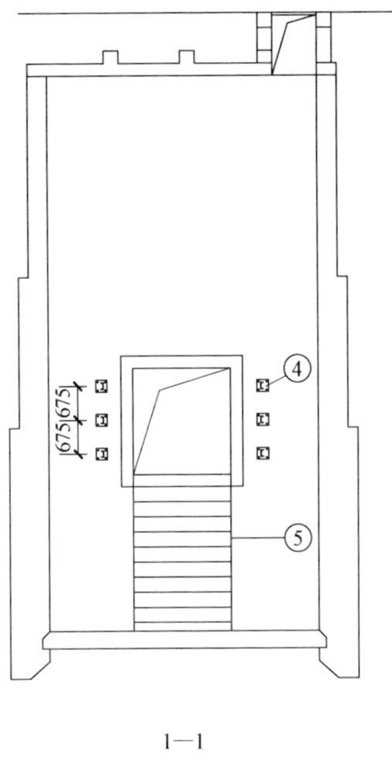

1—1

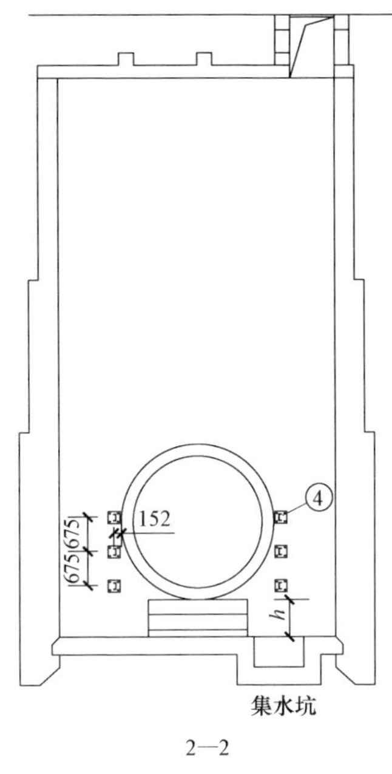

2—2

材 料 表

统计数量：1 座

编号	名称	型号	单位	数量	图纸	备注
①	电缆支架固定架	GDZJ－1	m	依据现场	B－2－12	
②	电缆支架	SJZJ－1	套	间距 800mm		
③	固定架	GDJ－1	m	依据现场		
④	预埋件	GDZJYMJ－1	只	16		
⑤	钢梯		m	依据现场	T5B12a－36	参照《钢梯》（02J401）P27 页
⑥	预埋螺栓	$\phi20\times200$	只	64		

说明：1. 电缆支架依据连接电缆通道选择相适应的电缆支架形式。

2. 楼梯宽度尺寸标注中，D 为水泥管内径。

3. 顶管管底距离底板顶面 h 不宜小于 0.6m。

4. 管道贯通后，顶管管道两端露在工作井中的长度不小于 0.5m，且不得有接口；端部应及时浇筑混凝土基础。

图 8－11　电缆沉井支架布置图　L－2－T－2

竖井内部分部件材料表

序号	支架类型	规格	长度（mm）	数量	单重（kg）	小计（kg）	合计（kg）
1	GDZJ－1	[126	依据实际	6根	依据实际	依据实际	依据实际
2	GDZJYMJ－1	—110×240×240		16块	4.52	72.32	

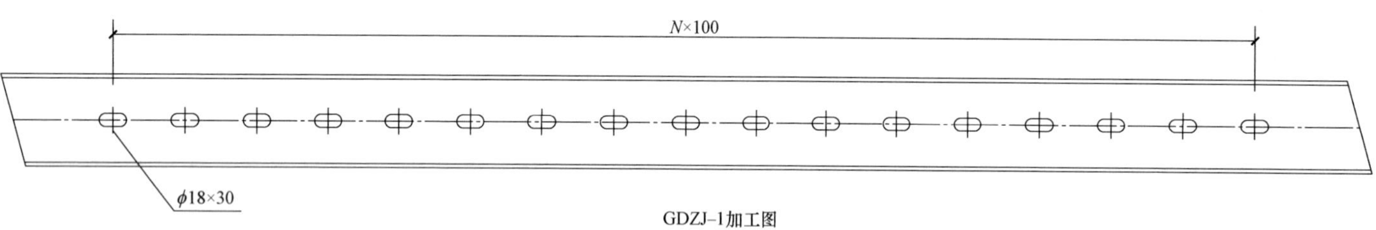

GDZJ-1加工图

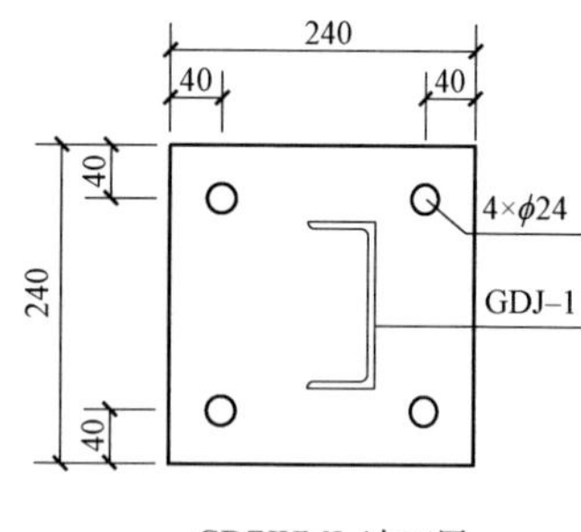

GDZJYMJ-1加工图

图 8－12　电缆沉井支架加工图　L－2－T－3

顶管沉井土建设计说明：

1. 混凝土除说明外均采用 C30 混凝土，钢筋采用 HRB400 级，焊条：E50；焊角尺寸：$h_f=8$mm。保护层厚度：沉井侧壁 50mm，底板 50mm，预制板 50mm。
2. 未注明的钢筋锚固长度取 45d（d 为受力筋直径）。
3. 基坑先挖至距自然地坪 h（h 应在 2m 范围内）处再预制本沉井。
4. 沟壁两侧回填土必须在混凝土达到设计强度的 80%后进行，采用素土分层夯实，每层厚度不得大于 250mm，压实系数不小于 0.94。
5. 所有铁件均须热镀锌防腐处理，焊缝处做防腐处理。
6. 两侧电缆沟参考相关图纸，本图纸仅为示意。
7. 施工时沉井内必须有临时支撑。
8. 外墙变截面处上下 300mm 范围内不允许产生施工缝。
9. 适用地质条件：地基承载力特征值 $f_{ak}\geqslant100$kPa，土壤内摩擦角≥30°，地下水位埋深≥0.5m，本通用设计以上述环境参数为边界条件，其他环境条件使用前请自行校验。顶管阻力大于后背墙推力时，需对后背墙土体进行加固；后背墙垫板与墙同高，宽度每边比墙小 100mm，厚度不小于 50mm。
10. 顶管施工完毕后需注浆，将膨润土置换；对顶管内壁涂刷 PSI 水泥基渗透结晶型防水材料，具体按照《水泥基渗透结晶型防水材料》（GB 18445—2012）、《地下工程防水技术规范》（GB 50108—2008）、《地下防水工程质量验收规范》（GB 50208—2011）相关规定。
11. 沉井选用举例：当 $h_4=8$m、$D=3.07$m 时，$h_3=8-h_1-0.25-4$。
12. 工作井内布置及设备安装、运行应符合下列规定：
   （1）导轨应采用钢制材料，其强度和刚度应满足施工要求；导轨安装的坡度应与设计坡度一致。
   （2）顶铁的强度、刚度应满足最大允许顶力要求，安装轴线应与管道轴线平行、对称，顶铁在导轨上滑动平稳，且无阻滞现象，以使传力均匀和受力稳定；顶铁与管端面之间应采用缓冲材料衬垫，并宜采用与管端面吻合的 U 形或环形顶铁。

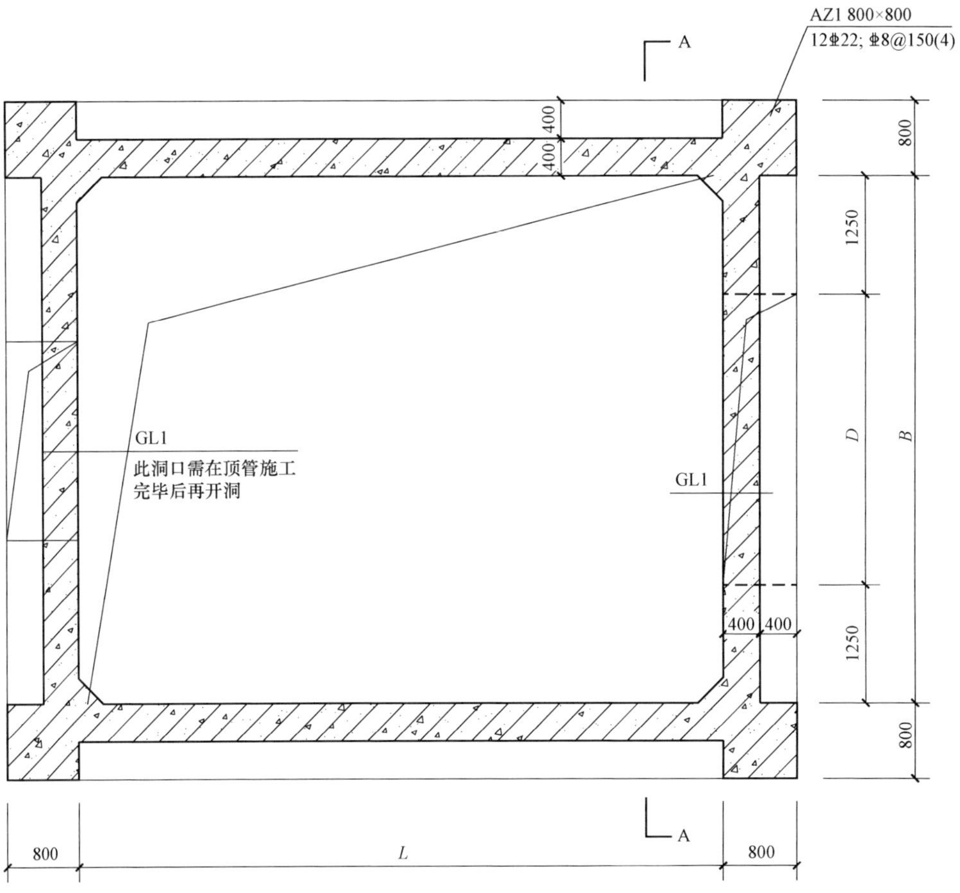

沉井暗柱布置图 1:50

图 8-13 电缆沉井土建说明及暗柱布置图 L-2-T-4

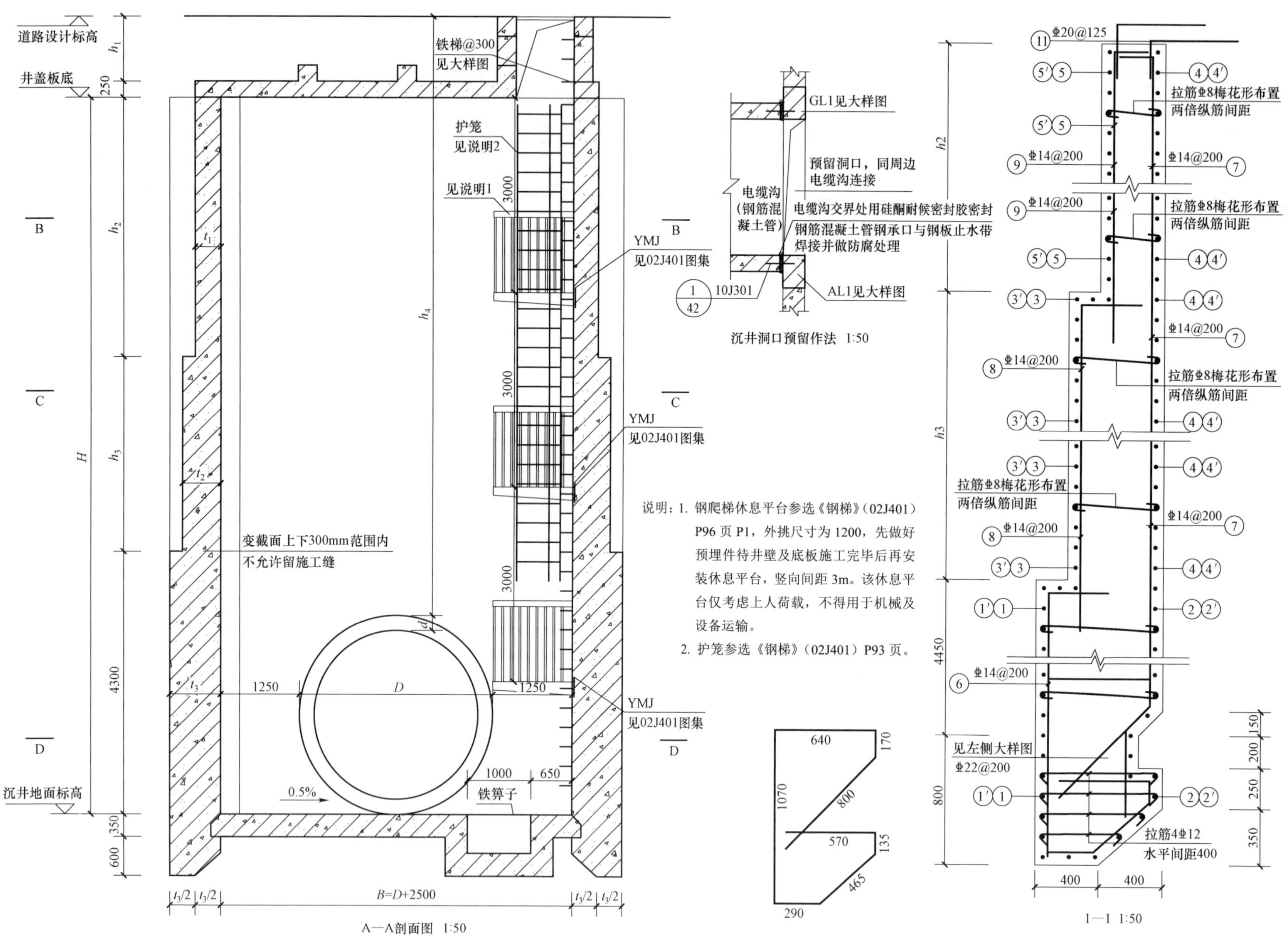

说明：1. 钢爬梯休息平台参选《钢梯》（02J401）P96 页 P1，外挑尺寸为 1200，先做好预埋件待井壁及底板施工完毕后再安装休息平台，竖向间距 3m。该休息平台仅考虑上人荷载，不得用于机械及设备运输。

2. 护笼参选《钢梯》（02J401）P93 页。

图 8－14 电缆沉井断面及配筋图（一） L－2－T－5

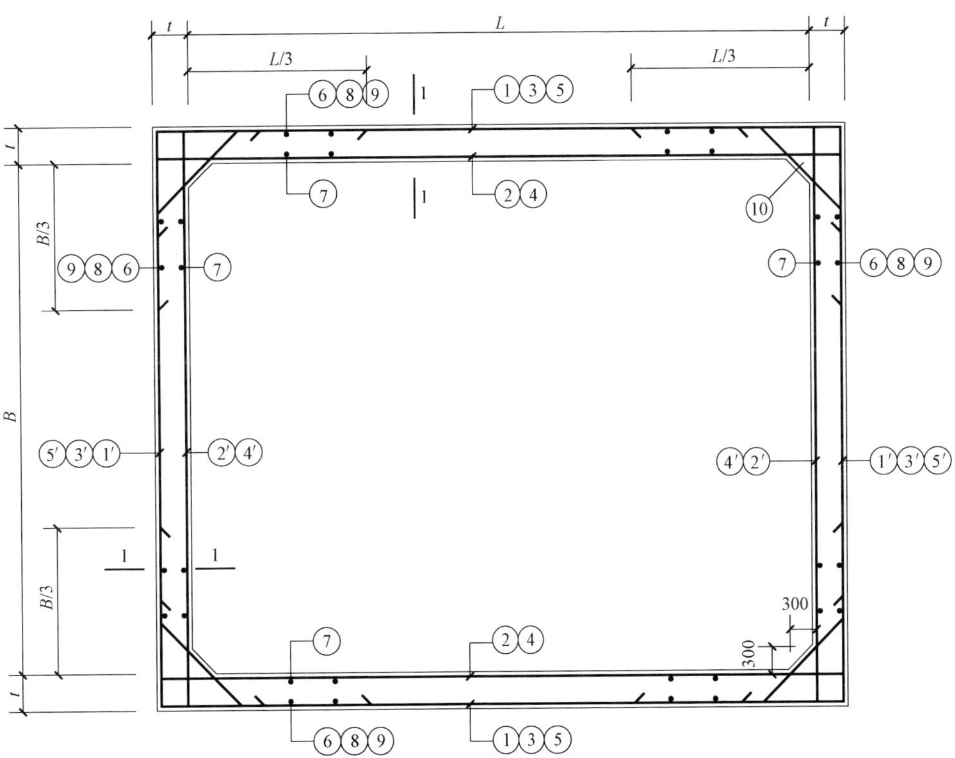

B—B（C—C）［D—D］配筋图 1:50

t分t_1、t_2、t_3具体见A—A剖面图

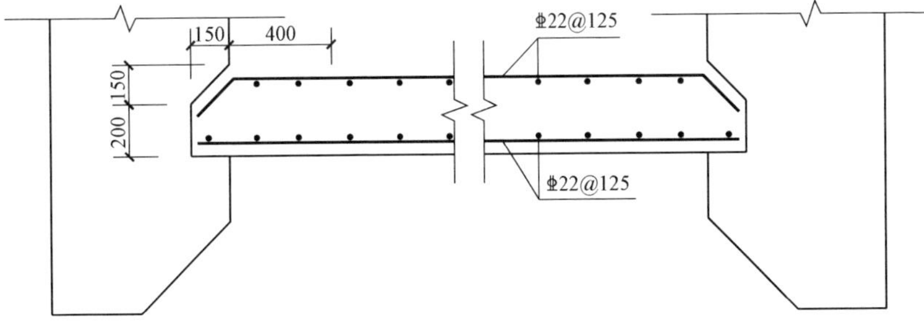

底板配筋图 1:20

说明：1. t>600 井壁中间增设一道 ф8@250 双向钢筋网片。

2. 钢筋具体尺寸放样定。

3. 集水井配筋参见电缆隧道模块集水井的配筋图。

图 8－15 电缆沉井断面及配筋图（二） L－2－T－6（一）

钢　筋　表

统计单位：每米

编号	L	B	直径	最大顶力（kN）	型式	长度	数量	总长度（每延长米）
① ③ ⑤	5500	3940、4300	Φ20		$L+2t-100$；$B/3+t-50$；$B/3+t-50$	$L+4t+2B/3-200$	8	$(L+4t+2B/3-200)\times 8$
		5140、5360、5570	Φ22				9	
	7000	3940、4300	Φ25				9	
		5140、5360、5570	Φ28				8	
② ④	5500	3940、4300	Φ20		$L+2t-100$	$L+2t-100$	8	$(L+2t-100)\times 8$
		5140、5360、5570	Φ22				9	
	7000	3940、4300	Φ25				9	
		5140、5360、5570	Φ28				8	
①′ ③′ ⑤′	5500	3940、4300	Φ20	7200	$B+2t-100$；$L/3+t-50$；$L/3+t-50$	$B+4t+2L/3-200$	8	$(B+4t+2L/3-200)\times 8$
		5140、5360、5570	Φ22	9900			9	
	7000	3940、4300	Φ25	7200			9	
		5140、5360、5570	Φ28	9900			8	
②′ ④′	5500	3940、4300	Φ20	7200	$B+2t-100$	$B+2t-100$	8	$(B+2t-100)\times 8$
		5140、5360、5570	Φ22	9900			9	
	7000	3940、4300	Φ25	7200			9	
		5140、5360、5570	Φ28	9900			8	
⑥			Φ14		780	5680	5	28400
⑦			Φ14		540；210；300；h_2+h_3+3950	h_2+h_3+5000	5	$(h_2+h_3+5000)\times 5$
⑧			Φ14		h_3+580；500	h_3+1080	5	$(h_3+1080)\times 5$
⑨			Φ14		h_2+580；300	h_2+880	5	$(h_2+880)\times 5$
⑩			Φ14		500；1270；500	2270	8/9	18160
⑪			Φ20		980；830	1810	8	14480

序号	t_1	t_2	t_3	h_1	h_2	h_3	h_4	d	H	D	L	B	备注
1	400	600	800	700～2000	2700～4000	0～3700	3000～12810	120	7000～12000	1440	5500	3940	h_1～h_3及H数值根据h_4的数值调整
	400	600	800	700～2000	2700～4000	0～3700	3000～12810	120	7000～12000	1440	7000	3940	
2	400	600	800	700～2000	2700～4000	0～3700	3000～12450	150	7000～12000	1800	5500	4300	
	400	600	800	700～2000	2700～4000	0～3700	3000～12450	150	7000～12000	1800	7000	4300	
3	400	600	800	700～2000	2700～4000	0～3700	3000～11610	220	7000～12000	2640	5500	5140	
	400	600	800	700～2000	2700～4000	0～3700	3000～11610	220	7000～12000	2640	7000	5140	
4	400	600	800	700～2000	2700～4000	0～3700	3000～11390	230	7000～12000	2860	5500	5360	
	400	600	800	700～2000	2700～4000	0～3700	3000～11390	230	7000～12000	2860	7000	5360	
5	400	600	800	700～2000	2700～4000	0～3700	3000～11180	235	7000～12000	3070	5500	5570	
	400	600	800	700～2000	2700～4000	0～3700	3000～11180	235	7000～12000	3070	7000	5570	

图8-15　电缆沉井断面及配筋图（二）　L-2-T-6（二）

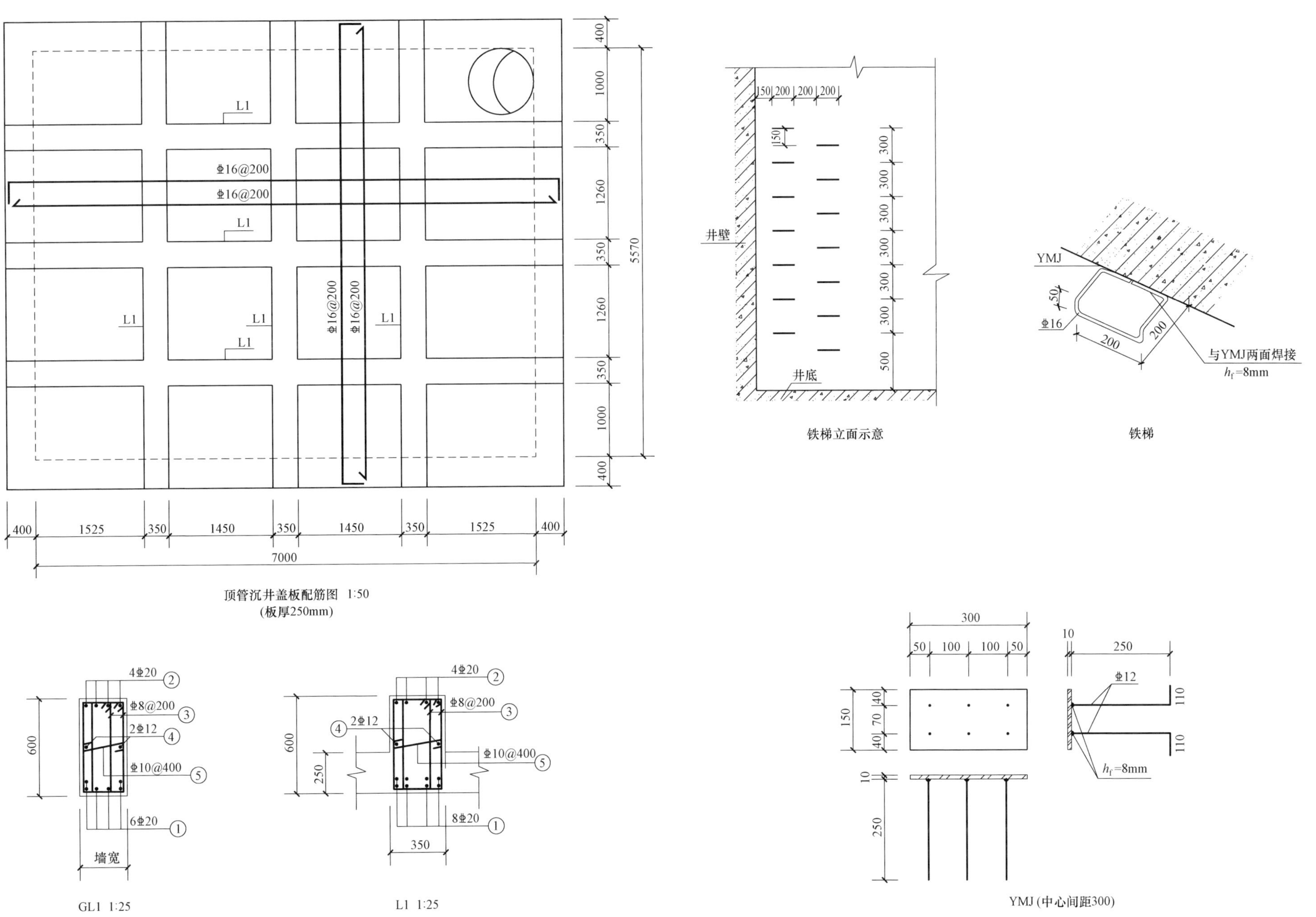

图 8-16 电缆沉井顶盖配筋图 L-2-T-7

第 9 章　电缆沟敷设方案（C 模块）

9.1　概述

电缆沟与电缆排管、电缆井等进行相互配合使用，适用于变电站出线、小区道路、电缆较多、道路弯曲或地坪高程变化较大的地段。

电缆沟敷设的优点是检修、更换电缆较方便，灵活多样，转弯方便，可根据地坪高程变化调整电缆敷设高程；缺点是施工、巡检及更换电缆时需搬运大量盖板，施工时外物不慎落入沟时易将电缆碰伤。

9.2　模块适用范围

C 模块适用于道路、厂区、建筑物内电缆出线集中且不需采用电缆隧道的区域；城镇人行道或绿地等区域。

C－2 子模块：适用于外部荷载较大，可能有（单轴荷载 100kN）以下载重车辆通行的区域。

9.3　模块设计说明

9.3.1　C－2 子模块

C－2 子模块分为 3 个断面，C－2 子模块技术参数一览表见表 9－1。

表 9－1　　C－2 子模块技术参数一览表

序号	沟体结构	荷载 通车轴标准轴载 （kN）	支架层数	电缆根数	支架长度 （mm）	断面编号
1	钢筋混凝土	≤100	单侧 3 层	9	500	C－2－1
2	钢筋混凝土	≤100	双侧 3 层	18	500	C－2－4
3	钢筋混凝土	≤100	双侧 4 层	24	500	C－2－5

9.3.2　附属设施

电缆沟敷设中，标识桩在敷设路径起点、终点及转弯处，以及直线段每隔 20m 应设置一处，当电缆路径在绿化隔离带、灌木丛等位置时，可延至每隔 50m 设置一处。

9.3.3　使用说明

电缆沟的尺寸除应按电网规划敷设的电缆根数来选择外，还需考虑光缆通信及备用电缆敷设数量，以及不同工作电压电缆之间的敷设要求。电缆沟的纵向排水坡度不得小于 0.5%，沿排水方向适当距离宜设置集水井及其泄水系统，必要时实施机械排水。

现浇混凝土电缆沟变形缝间距不宜超过 30m，缝宽宜为 30mm，且应贯通全截面，变形缝处应采取有效防水措施。

明开挖电缆沟的地基承载力特征值不应小于 100kPa，如地基存在软弱下卧层、淤泥等不良地质现象，应根据具体工程地质条件，按相关规范要求进行处理。

电缆沟内外壁均以 20mm 厚 1:2 砂浆（掺入水泥重量 5%防水剂）光面，钢筋的保护层厚度不小于 30mm，外露铁件均需做热镀锌防腐处理。

电缆支架及其固定立柱的机械强度，应能满足电缆及其附件荷重以及施工作业时附加荷重的要求，并留有足够的裕度。上下层支架的净间距不应小于 250mm。电缆支架主要有角钢支架和复合材料支架两种，本模块设计图纸以镀锌角钢支架为例。数字表示支架层数 × 支架长度（mm）。电缆敷设在支架上时可采用抱箍、扎带绑扎固定。

电缆沟敷设方案（C 模块）盖板宽为 495mm，长度分为 1350、2150mm 两种，厚度根据荷载分为 120、200mm 两种，具体选择时依据盖板使用现场的情况确定。

9.4　设计图

C 模块设计图清单见表 9－2，图中标高单位为 m，尺寸未注明单位者均为 mm。图名中的数字表示支架层数 × 支架长度（mm）。

表 9-2　　C 模块设计图清单

图序	图名	图纸编号
图 9-1	3×500 单侧支架现浇电缆沟	C-2-1
图 9-2	3×500 双侧支架现浇电缆沟	C-2-4
图 9-3	4×500 双侧支架现浇电缆沟	C-2-5
图 9-4	电缆盖板制作图	C-T-1

续表

图序	图名	图纸编号
图 9-5	电缆沟接地装置图	C-T-2
图 9-6	电缆沟支架加工图	C-T-3
图 9-7	电缆沟集水坑图	C-T-4

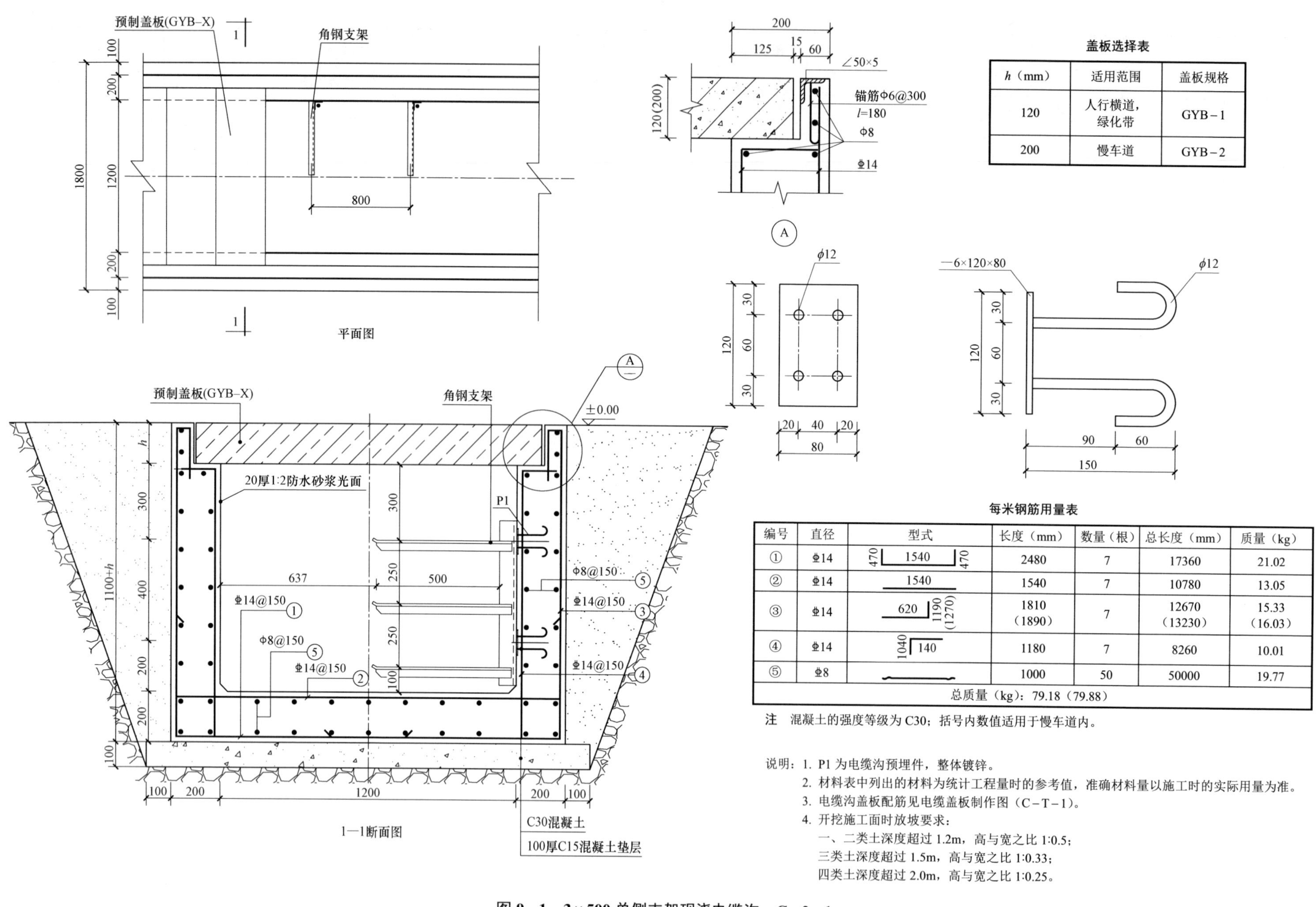

盖板选择表

h（mm）	适用范围	盖板规格
120	人行横道，绿化带	GYB－1
200	慢车道	GYB－2

每米钢筋用量表

编号	直径	型式	长度（mm）	数量（根）	总长度（mm）	质量（kg）
①	Φ14	470 1540 470	2480	7	17360	21.02
②	Φ14	1540	1540	7	10780	13.05
③	Φ14	620 1190（1270）	1810（1890）	7	12670（13230）	15.33（16.03）
④	Φ14	1040 140	1180	7	8260	10.01
⑤	Φ8		1000	50	50000	19.77
总质量（kg）：79.18（79.88）						

注　混凝土的强度等级为C30；括号内数值适用于慢车道内。

说明：1. P1为电缆沟预埋件，整体镀锌。
2. 材料表中列出的材料为统计工程量时的参考值，准确材料量以施工时的实际用量为准。
3. 电缆沟盖板配筋见电缆盖板制作图（C－T－1）。
4. 开挖施工面时放坡要求：
一、二类土深度超过1.2m，高与宽之比1:0.5；
三类土深度超过1.5m，高与宽之比1:0.33；
四类土深度超过2.0m，高与宽之比1:0.25。

图9－1　3×500单侧支架现浇电缆沟　C－2－1

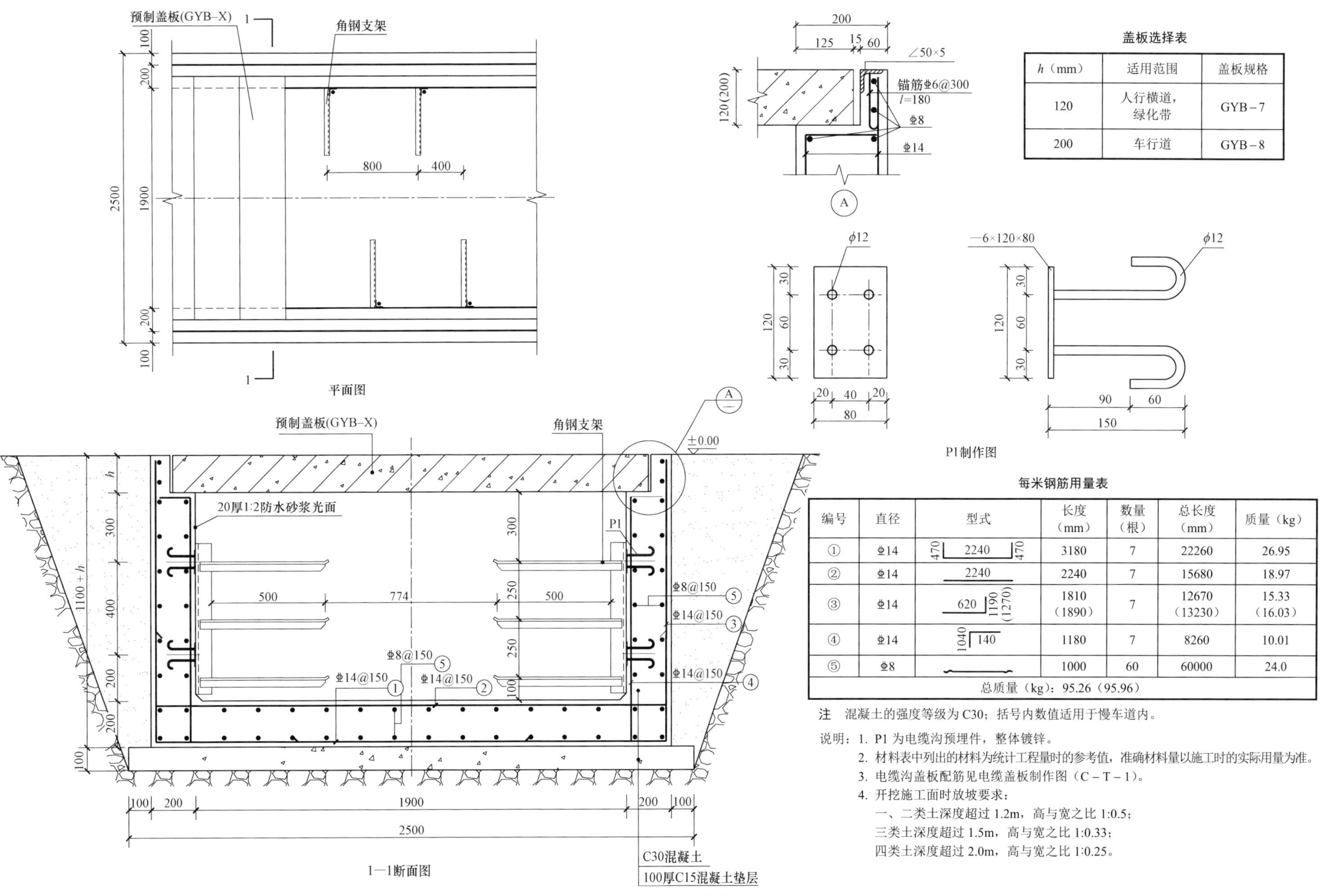

盖板选择表

h（mm）	适用范围	盖板规格
120	人行横道，绿化带	GYB－7
200	车行道	GYB－8

每米钢筋用量表

编号	直径	型式	长度（mm）	数量（根）	总长度（mm）	质量（kg）
①	ϕ14	470 2240 470	3180	7	22260	26.95
②	ϕ14	2240	2240	7	15680	18.97
③	ϕ14	620 1190 (1270)	1810（1890）	7	12670（13230）	15.33（16.03）
④	ϕ14	1040 140	1180	7	8260	10.01
⑤	ϕ8		1000	60	60000	24.0
总质量（kg）：95.26（95.96）						

注　混凝土的强度等级为 C30；括号内数值适用于慢车道内。

说明：1. P1 为电缆沟预埋件，整体镀锌。

2. 材料表中列出的材料为统计工程量时的参考值，准确材料量以施工时的实际用量为准。

3. 电缆沟盖板配筋见电缆盖板制作图（C－T－1）。

4. 开挖施工面时放坡要求：

一、二类土深度超过 1.2m，高与宽之比 1:0.5；

三类土深度超过 1.5m，高与宽之比 1:0.33；

四类土深度超过 2.0m，高与宽之比 1:0.25。

图 9－2　3×500 双侧支架现浇电缆沟　C－2－4

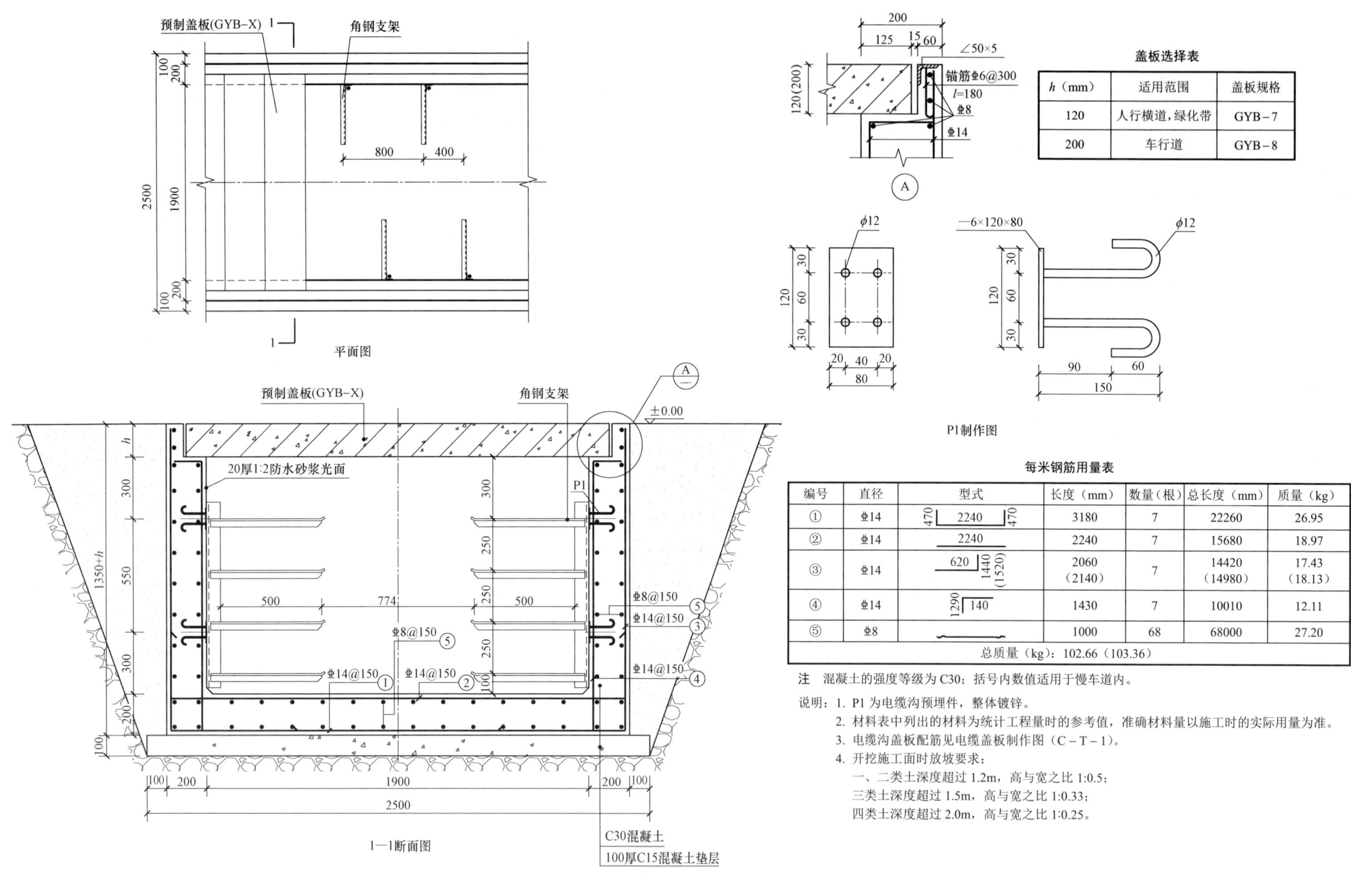

盖板选择表

h（mm）	适用范围	盖板规格
120	人行横道，绿化带	GYB－7
200	车行道	GYB－8

每米钢筋用量表

编号	直径	型式	长度（mm）	数量（根）	总长度（mm）	质量（kg）
①	Φ14	470 2240 470	3180	7	22260	26.95
②	Φ14	2240	2240	7	15680	18.97
③	Φ14	620 1440（1520）	2060（2140）	7	14420（14980）	17.43（18.13）
④	Φ14	1290 140	1430	7	10010	12.11
⑤	Φ8		1000	68	68000	27.20
总质量（kg）：102.66（103.36）						

注　混凝土的强度等级为C30；括号内数值适用于慢车道内。

说明：1. P1为电缆沟预埋件，整体镀锌。
2. 材料表中列出的材料为统计工程量时的参考值，准确材料量以施工时的实际用量为准。
3. 电缆沟盖板配筋见电缆盖板制作图（C－T－1）。
4. 开挖施工面时放坡要求：
一、二类土深度超过1.2m，高与宽之比1:0.5；
三类土深度超过1.5m，高与宽之比1:0.33；
四类土深度超过2.0m，高与宽之比1:0.25。

图9－3　4×500双侧支架现浇电缆沟　C－2－5

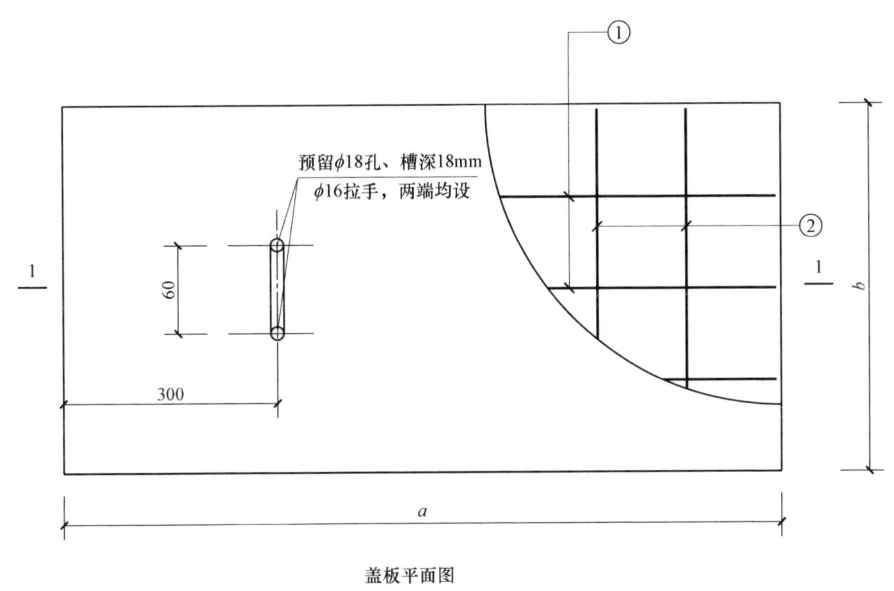

盖板平面图

材料明细表

序号	沟净宽（mm）	编号	规格尺寸（mm）			钢筋数量及规格				备注
			a	*b*	*h*	①		②		
1	1100	GYB－1	1350	495	120	12⏀14	*l*＝1290mm	16⏀8	*l*＝450mm	人行横道，绿化带
2	1900	GYB－7	2150	495	120	12⏀14	*l*＝2090mm	24⏀8	*l*＝450mm	
3	1100	GYB－2	1350	495	200	12⏀18	*l*＝1290mm	16⏀8	*l*＝450mm	慢车道
4	1900	GYB－8	2150	495	200	12⏀18	*l*＝2090mm	24⏀8	*l*＝450mm	

说明：1. 材料采用C30混凝土、HRB400级钢筋。
2. 保护层厚度应根据环境条件和耐久性要求等确定，且不应小于30mm。
3. 材料表中钢筋长度是指单根钢筋长度。
4. 每块盖板均设拉环。

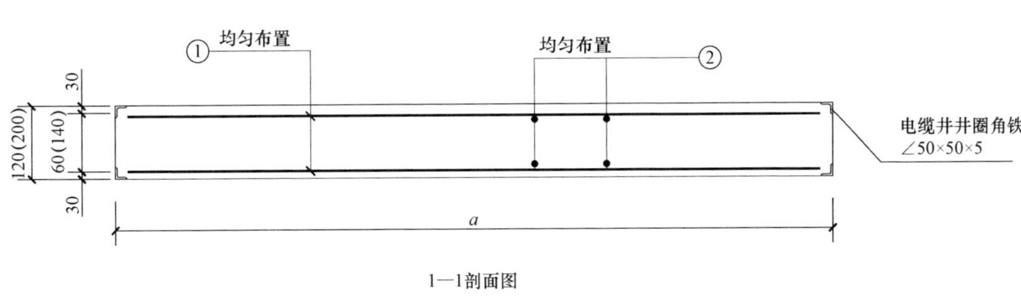

1—1剖面图

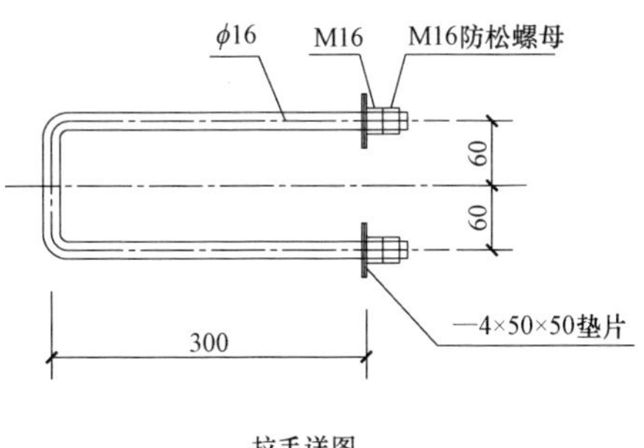

拉手详图

图9－4 电缆盖板制作图 C－T－1

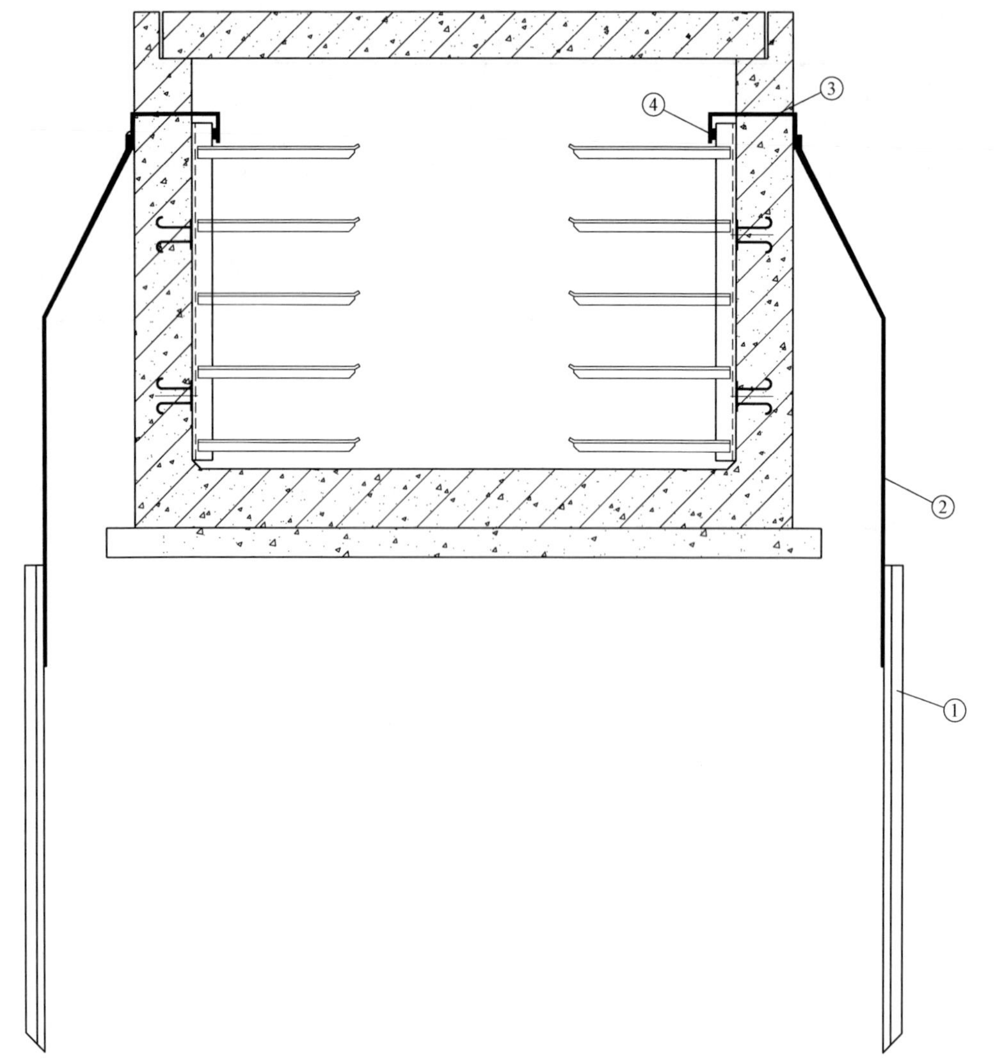

电缆接地装置材料表

编号	名称	规格	长度（mm）	单位	数量	单重（kg）	小计（kg）	备注
①	接地极	∠50mm×5mm	2500	根	2	9.45	18.9	与连接带焊接
②	外连接带	—50mm×5mm	2500	根	2	4.9	9.8	与预埋件及接地极焊接
③	预埋件	—50mm×5mm	900	根	2	1.75	3.5	每50m一道，预埋沟墙台帽内
④	内接地带	—50mm×5mm	与电缆沟同长	根	2			与预埋件焊接、电缆支架焊接，电缆沟通长

注 每处接地极钢材总重（不包含内接地带）：32.2kg，当为单侧支架时重量减半。

说明：1. 部件连接处全部采用双面焊，且焊接厚度大于6mm。
2. 焊接完毕后，清除焊渣，并涂一层防腐漆，两层银色油漆。
3. 接地带沿全沟内侧通长敷设，接地极每50m一处。
4. 双侧支架电缆沟设置双侧接地极，单侧支架电缆沟设置单侧接地极。

图9－5 电缆沟接地装置图 C－T－2

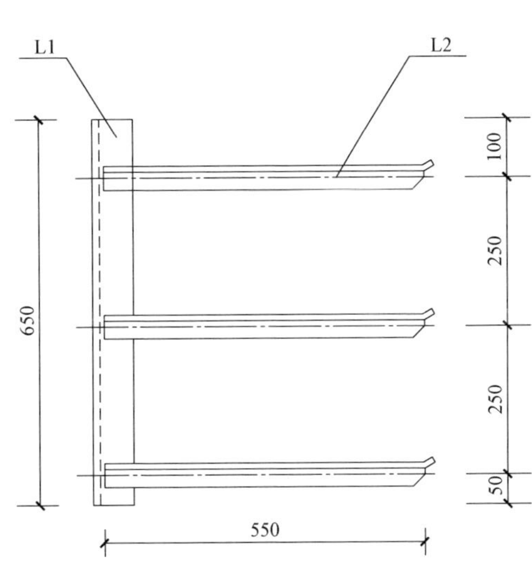

3×500mm支架加工图

4×500mm支架加工图

电缆沟支架材料表

序号	模块	支架类型	规格	长度（mm）	数量	单重（kg）	小计（kg）	合计（kg）
1	3×500mm 支架	L1	∠63mm×6mm	650	1	3.72	3.72	9.96
		L2	∠50mm×5mm	550	3	2.08	6.24	
2	4×500mm 支架	L1	∠63mm×6mm	900	1	5.15	5.15	13.47
		L2	∠50mm×5mm	550	4	2.08	8.32	

图 9－6　电缆沟支架加工图　C－T－3

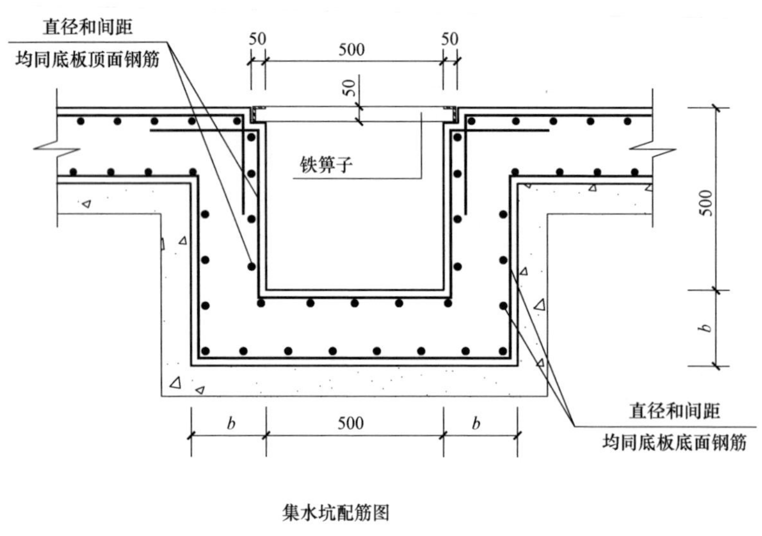

集水坑配筋图

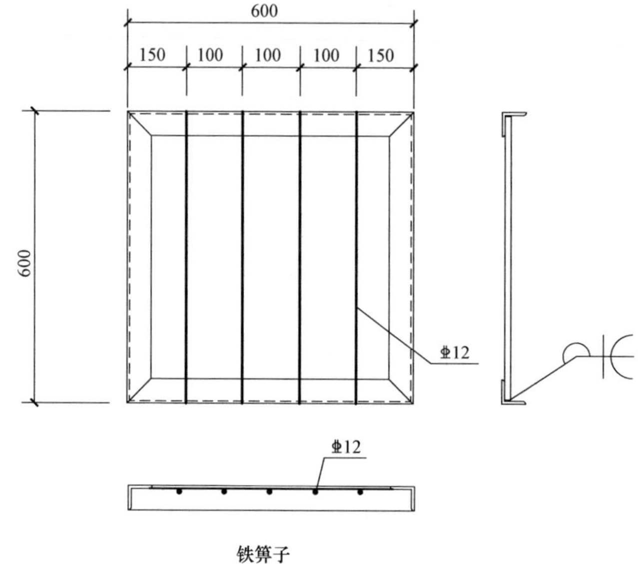

铁箅子

说明：1. 铁箅子采用 Q235B 钢材焊接，焊条采用 E43 型，焊缝厚度为 5mm，满焊。

2. 铁箅子钢材应除锈，除锈等级不低于 St2，涂铁红环氧酯底漆一道。

3. 排水坡度按 0.5% 坡向集水井。

图 9-7　电缆沟集水坑图　C-T-4

第 10 章　电缆隧道敷设方案（D 模块）

10.1　概述

电缆隧道敷设适用于电缆线路高度集中、路径选择难度较大或市政规划要求极高的区域。

电缆隧道敷设的优点是维护、检修及更换电缆方便，能可靠地防止外力破坏，敷设时受外界条件影响小，能容纳大规模、多电压等级的电缆，寻找故障点、修复、恢复送电快；缺点是建设隧道工作量大，工程难度大，投资大、工期长，附属设施多。

电缆隧道能满足不同电压等级的电缆敷设。不同电压等级的电缆在隧道内应顺序布置，高电压电缆宜布置在隧道下侧，同方向双回电源应布置在隧道两侧。

电缆隧道地上部分不宜建设永久建筑物，隧道穿越其他构筑物时，应征得相应管理部门的同意。

本通用设计中暗挖电缆隧道敷设方案仅提供相关子模块的断面尺寸要求，不作施工图，具体使用本方案时，应由具有相关设计资质的设计单位完善电缆隧道施工图。电缆隧道的照明、火灾自动报警、通信、通风、防水、排水等系统的设计应在施工图中统一考虑。

10.2　模块适用范围

D 模块适用于规划集中出线或走廊内电缆线路 20 根及以上、重要变电站、发电厂集中出线区域、局部电力走廊紧张且回路集中区域。

根据电缆隧道施工方式不同分为以下 2 个子模块。

D－1 子模块：适用于具备明开挖施工条件的情况。

D－2 子模块：适用于不具备明开挖施工条件的情况。

10.3　模块设计说明

10.3.1　D－1 子模块

D－1 子模块为明开挖隧道，适用于建设场地比较开阔，且地下管线对本工程施工影响较小的区域，并应充分考虑施工对环境的影响。应对影响范围内的市政管线及周边建（构）筑物提出保护措施。

D－1 子模块技术参数一览表见表 10－1。

表 10－1　D－1 子模块技术参数一览表

序号	宽（m）×高（m）	支架	支架长度（mm）	断面编号
1	1.65×2.1	单侧	650	D－1－1
2	2.0×2.1	双侧	500	D－1－2

10.3.2　D－2 子模块

D－2 子模块为浅埋暗挖隧道，适用于地面交通运输繁忙、地下管线密布、对地面沉陷要求严格的城市中不能开槽施工的区域，要求地层为含水量小的土层和破碎软岩层。

D－2 子模块技术参数一览表见表 10－2。

表 10－2　D－2 子模块技术参数一览表

序号	宽（m）×高（m）	支架	支架长度（mm）	断面编号
1	1.65×2.3	单侧	650	D－2－1
2	2.0×2.3	双侧	500	D－2－2

10.3.3　附属设施

（1）照明系统。电缆隧道内应设置照明设备，满足正常及事故工况的照明，照明灯具应为节能、防潮、防爆型，外壳应接地，平均照度值不应小于 15lx，疏散照明的照度值不应小于 0.5lx。安全出口标识灯宜安装在隧道上方，并指明出口方向。照明回路宜采用双电源供电，照明回路开关应采用双控开关，开关应选用防水、防尘型，其安装位置距底板宜为 1.3m。照明回路分支导线截面不应小于 2.5mm^2，中性线（N 线）及保护地线（PE 线）截面应与相线截面相同。

（2）环境监控系统。隧道内宜配置环境监控系统，采用在线实时监控模式，对电缆隧道集中监控。宜具有以下功能：

1）实时监测隧道环境温度，进行火灾监控、报警。

2）实时监测可燃气体、氧气及有害气体浓度。

3）实时监控电缆隧道内积水水位。

（3）通信系统。应为固定式通信系统，电话应与值班室接通、信号应与通信网络接通。隧道人员进出口或每一防火分区内应设置一个通信点。

（4）排水系统。电缆隧道的纵向排水坡度不得小于 0.5%；应结合隧道通风口、出入口、隧道纵坡最低处等设置集水井，采用潜水排水泵提升至就近市政排水系统，排水泵出水管路上应设止回阀，以防止倒灌。

（5）通风系统。电缆隧道内可以采用自然通风或机械通风方式。自然通风方式要求通风区域较短，且进风口、排风口高差 5m 以上。机械通风风速不应大于 5m/s。进风口、排风孔处应设置防止小动物进入隧道的金属网格。电缆隧道通风量应同时满足：

1）消除余热通风量，宜按隧道最大电缆通过能力计算。

2）人员检修新风量，宜按每人 $30m^3/h$ 计。

3）事故通风量，宜按最小换气次数 6 次/h。当采用其他辅助降温设施时，设备容量的选取应考虑及时排除电缆发热量，同时满足人员检修时新风量和事故通风量的要求。

（6）安全要求。电缆隧道应设置安全孔，安全孔的设置应满足下列规定：

1）对于长度大于 200m 电缆隧道，沿隧道纵长不应少于 2 个安全孔；可采用机械通风装置，但装置应在出现火灾时能可靠地自动关闭；隧道首末端无安全门时，宜在不大于 5m 处设置安全孔。

2）安全孔直径不小于 800mm，并在安全孔内设置爬梯，安全孔井盖应采用双层结构，材质应满足载荷及环境要求，以及防盗、防水、防滑、防位移、防坠落等要求，同一地区的井盖尺寸、外观标识等应保持一致。

3）在公共区域露出地面的安全孔设置部位，宜避开公路，其外观宜与周围环境景观相协调。

（7）标识（警示）装置。电缆隧道路径沿途、通风井和人孔井应设置电力标识。

10.3.4 使用说明

电缆隧道根据施工方式不同，分为明挖电缆隧道和暗挖电缆隧道，本通用设计提供明挖隧道施工图，暗挖电缆隧道需自行完善施工图设计。

（1）变形缝的设置应符合下列要求：

1）明挖整体浇注式结构沿线应设置变形缝。

2）不同工法结构形式隧道衔接处、与变电站接口处、工艺井室外侧 1m 处、荷载和工程地质等条件发生显著改变处均设置变形缝。

3）明挖结构变形缝缝距不宜超过 30m，缝宽宜为 30mm，变形缝应贯通全截面，变形缝处结构厚度不应小于 250mm，并设置防水措施。

（2）明挖结构现浇钢筋混凝土及钢筋混凝土结构的横向施工缝的位置及间距，应综合考虑结构形式、受力要求、气象条件及变形缝间距等因素，参照类似工程的经验确定。施工缝间各结构段的混凝土宜间隔浇注。

（3）矩形隧道结构顶、底板与侧墙连接处应设置腋角，内配置八字斜筋的直径宜与侧墙的受力筋相同，间距可为侧墙受力筋间距的两倍（即间隔配置）。当底板与侧墙连接处由于电缆支架的安装需要无法设置腋角时，应适当增大拐角处的钢筋量。

（4）严寒地区隧道结构应位于当地冻土层以下，否则混凝土结构应考虑冻融环境的作用，并进行相应的抗冻设计。

（5）明挖电缆隧道穿越重要市政工程处，必须考虑特殊的辅助施工措施，应确保被穿越物的安全。

（6）环境监控、通信等系统本通用设计中不做施工设计，随电缆敷设时自行配置。隧道每隔 200m 设置阻火分隔区，每一阻火分隔区内宜设置温度及火情检测器，在隧道发生异常情况时，应能及时将信息传至值班室，并启动相应消防设备。并在隧道进出口处及接头区内，宜设置消防器具、黄沙箱等一般消防设备。温度过高时应启动通风设施，火情检测信号动作时应关闭通风设施。

（7）电缆支架主要有角钢支架和复合材料支架两种，本模块设计图纸以镀锌角钢支架为例。

10.4 设计图

D 模块设计图清单见表 10－3，图中标高单位为 m，尺寸未注明单位者均为 mm。图名中的数字表示宽（m）×高（m）。

表 10-3 D 模块设计图清单

图序	图名	图纸编号
图 10-1	1.65×2.1 单侧支架布置电缆隧道支架图	D-1-1-1
图 10-2	1.65×2.1 单侧支架布置电缆隧道断面图	D-1-1-2
图 10-3	1.65×2.1 单侧支架布置电缆隧道“L1”型井详图	D-1-1-3
图 10-4	1.65×2.1 单侧支架布置电缆隧道“L2”型井详图	D-1-1-4
图 10-5	1.65×2.1 单侧支架布置电缆隧道“T”型井详图	D-1-1-5
图 10-6	1.65×2.1 单侧支架布置电缆隧道“十”型井详图	D-1-1-6
图 10-7	1.65×2.1 单侧支架布置电缆隧道接地详图	D-1-1-7
图 10-8	1.65×2.1 单侧支架布置电缆隧道支架加工图	D-1-1-8
图 10-9	1.65×2.1 单侧支架布置电缆隧道防火墙做法图	D-1-1-9
图 10-10	1.65×2.1 单侧支架布置电缆隧道断面配筋图	D-1-1-10
图 10-11	1.65×2.1 单侧支架布置电缆隧道上人孔详图	D-1-1-11
图 10-12	1.65×2.1 单侧支架布置电缆隧道过梁配筋图	D-1-1-12
图 10-13	1.65×2.1 单侧支架布置电缆隧道集水坑做法图	D-1-1-13
图 10-14	1.65×2.1 单侧支架布置电缆隧道灯具布置图	D-1-1-14
图 10-15	2.0×2.1 双侧支架布置电缆隧道断面图	D-1-2-1
图 10-16	2.0×2.1 双侧支架布置电缆隧道“L”型井详图	D-1-2-2
图 10-17	2.0×2.1 双侧支架布置电缆隧道“T”型井详图	D-1-2-3
图 10-18	2.0×2.1 双侧支架布置电缆隧道“十”型井详图	D-1-2-4
图 10-19	2.0×2.1 双侧支架布置电缆隧道接地详图	D-1-2-5
图 10-20	2.0×2.1 双侧支架布置电缆隧道支架加工图	D-1-2-6
图 10-21	2.0×2.1 双侧支架布置电缆隧道防火墙做法图	D-1-2-7
图 10-22	2.0×2.1 双侧支架布置电缆隧道断面配筋图	D-1-2-8
图 10-23	2.0×2.1 双侧支架布置电缆隧道上人孔详图	D-1-2-9
图 10-24	2.0×2.1 双侧支架布置电缆隧道过梁配筋图	D-1-2-10
图 10-25	2.0×2.1 双侧支架布置电缆隧道集水坑做法图	D-1-2-11
图 10-26	2.0×2.1 双侧支架布置电缆隧道灯具布置图	D-1-2-12
图 10-27	1.65×2.3 单侧支架布置暗挖电缆隧道断面图	D-2-1-1
图 10-28	1.65×2.3 单侧支架布置暗挖电缆隧道接地详图	D-2-1-2
图 10-29	1.65×2.3 单侧支架布置暗挖电缆隧道支架加工图	D-2-1-3
图 10-30	2.0×2.3 双侧支架布置暗挖电缆隧道断面图	D-2-2-1
图 10-31	2.0×2.3 双侧支架布置暗挖电缆隧道接地详图	D-2-2-2
图 10-32	2.0×2.3 双侧支架布置暗挖电缆隧道支架加工图	D-2-2-3
图 10-33	电缆隧道变形缝、施工缝做法图	D-T-1
图 10-34	电缆隧道集水坑底座及箅子加工图	D-T-2
图 10-35	电缆隧道正通风口详图	D-T-3
图 10-36	电缆隧道外防水做法图	D-T-4
图 10-37	电缆隧道集水井做法图	D-T-5
图 10-38	电缆隧道配电系统图	D-T-6
图 10-39	电缆隧道照明系统原理接线图	D-T-7

材 料 表

编号	名称	型号	单位	数量	图纸	备注
①	电缆支架	ZJ1	只	间距 800mm	D-1-1-8	
②	支架预埋件		只	水平间距 800mm×3	本图	见说明 2
③	接地预埋件	—50mm×5mm	m	每 50m 一处	本图	

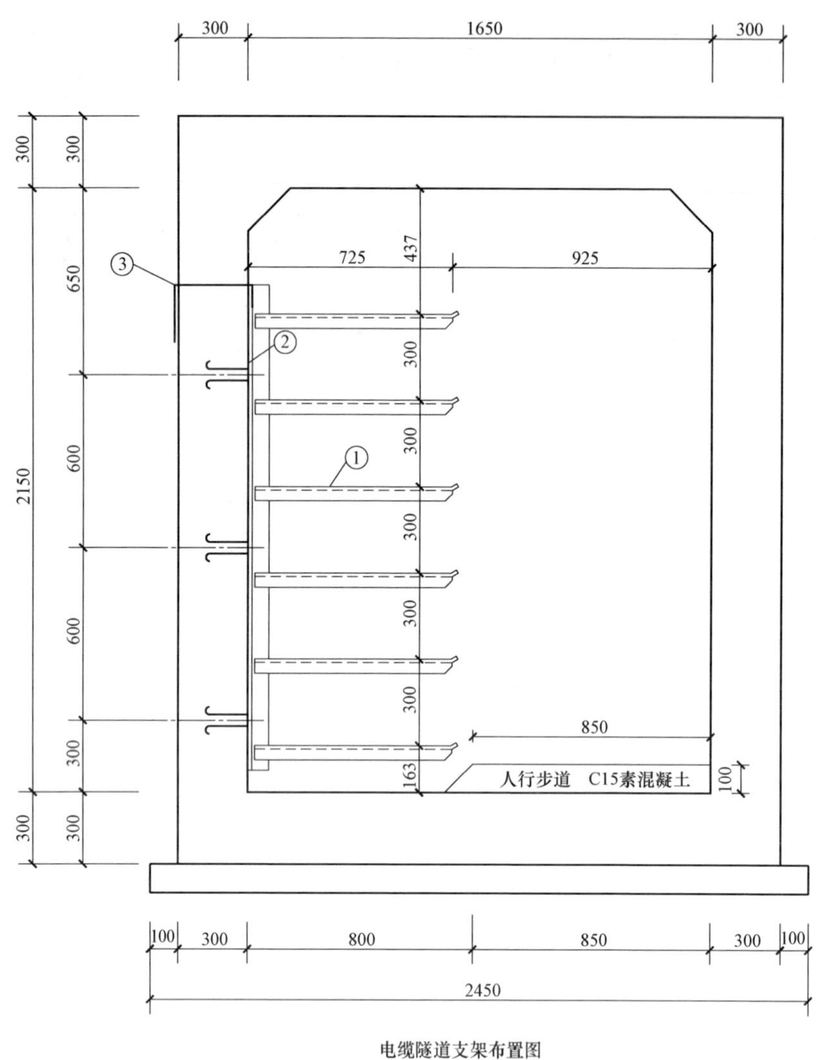

电缆隧道支架布置图

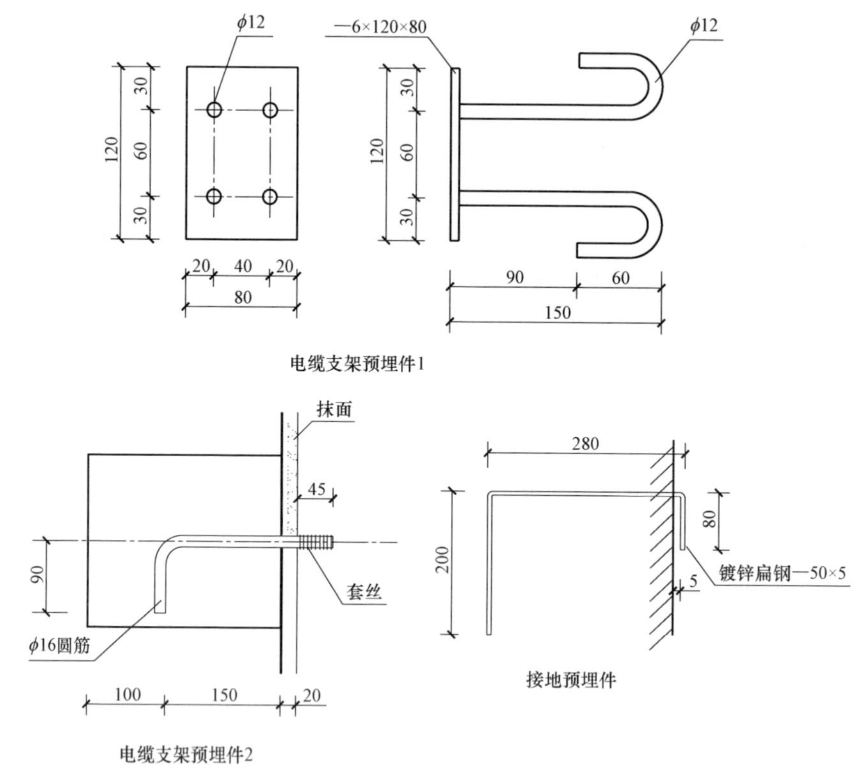

电缆支架预埋件1

电缆支架预埋件2

接地预埋件

说明：1. 支架预埋件水平间距 0.8m，接地预埋件水平间距 50m。焊条用 E4300～E4313 焊缝高度不小于母材厚度。
2. 本图给出 2 种电缆支架预埋件形式，实际情况可自行选择。

图 10-1 1.65×2.1 单侧支架布置电缆隧道支架图 D-1-1-1

材 料 表

编号	名称	型号	单位	数量	图纸	备注
①	电缆支架	ZJ1	只	间距 800mm	D−1−1−8	
②	预埋件		只	间距 800mm×3	D−1−1−1	见说明 2
③	内接地带	—50mm×5mm	m	通长	D−1−1−7	
④	灯具	防潮防爆	盏	5m 一处	D−1−1−14	

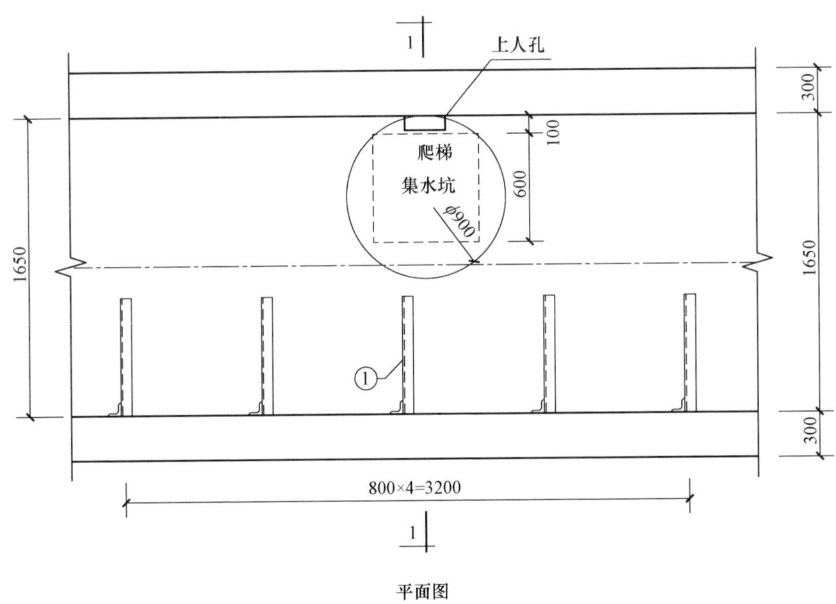

平面图

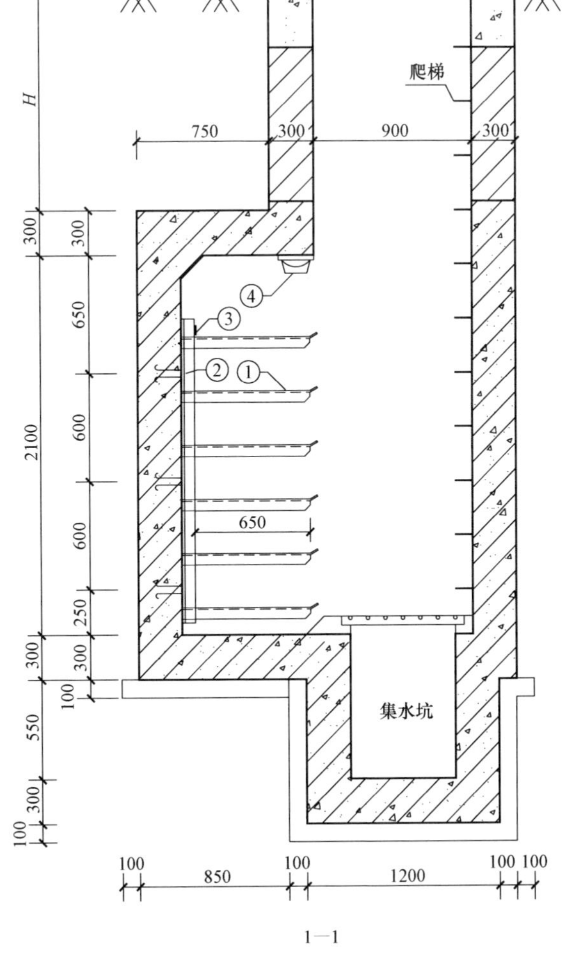

1—1

说明：1. 本电缆隧道适用于明开挖 1.65m×2.1m 电缆隧道，覆土深度 H 为 0.7～2.0m。隧道支架单侧布置，水平间距 0.8m 排列，上下层支架间距净空不得小于 0.2m。

2. 本图预埋件按照预埋钢板连接作图，各省市按照各自情况可采用其他方式，如预埋螺栓等。但钢板与角钢支架连接需焊接时，焊接后焊缝处需做好防腐。

3. 电缆隧道底板纵向排水坡度不得小于 0.5%，引至集水坑或排水管口，并根据实际情况确定是否与现状排水管网连接。

4. 上人孔做法见图 10−11，结构配筋见图 10−10。

图 10−2　1.65×2.1 单侧支架布置电缆隧道断面图　D−1−1−2

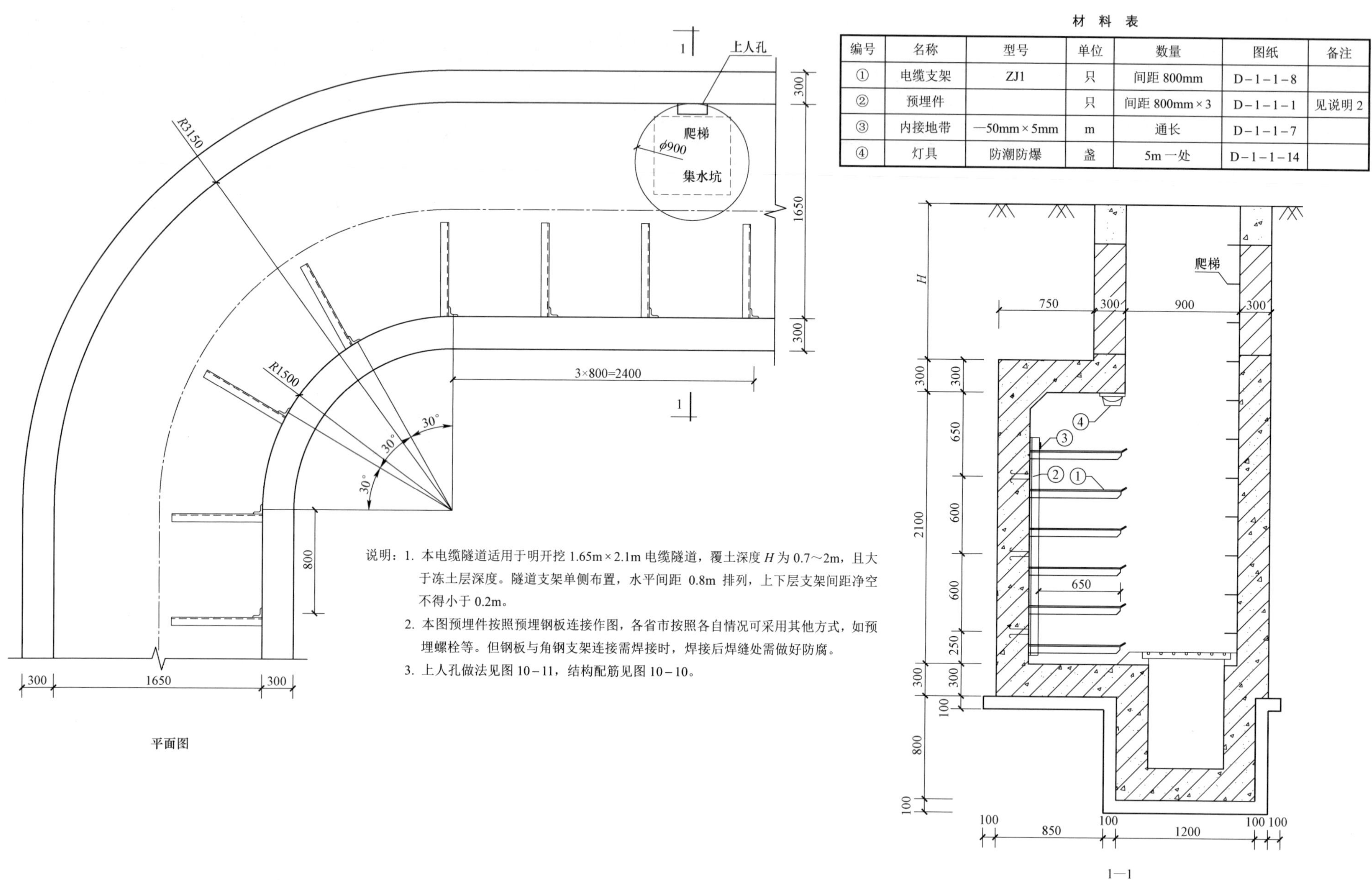

材 料 表

编号	名称	型号	单位	数量	图纸	备注
①	电缆支架	ZJ1	只	间距 800mm	D－1－1－8	
②	预埋件		只	间距 800mm×3	D－1－1－1	见说明 2
③	内接地带	—50mm×5mm	m	通长	D－1－1－7	
④	灯具	防潮防爆	盏	5m 一处	D－1－1－14	

说明：1. 本电缆隧道适用于明开挖 1.65m×2.1m 电缆隧道，覆土深度 H 为 0.7～2m，且大于冻土层深度。隧道支架单侧布置，水平间距 0.8m 排列，上下层支架间距净空不得小于 0.2m。

2. 本图预埋件按照预埋钢板连接作图，各省市按照各自情况可采用其他方式，如预埋螺栓等。但钢板与角钢支架连接需焊接时，焊接后焊缝处需做好防腐。

3. 上人孔做法见图 10－11，结构配筋见图 10－10。

图 10－3　1.65×2.1 单侧支架布置电缆隧道“L1”型井详图　D－1－1－3

编号	名称	型号	单位	数量	图纸	备注
①	电缆支架	ZJ1	只	间距 800mm	D－1－1－8	
②	预埋件		只	间距 800mm × 3	D－1－1－1	见说明 2
③	内接地带	—50mm × 5mm	m	通 长	D－1－1－7	
④	照明灯具	防潮防爆	盏	5m 一处	D－1－1－14	

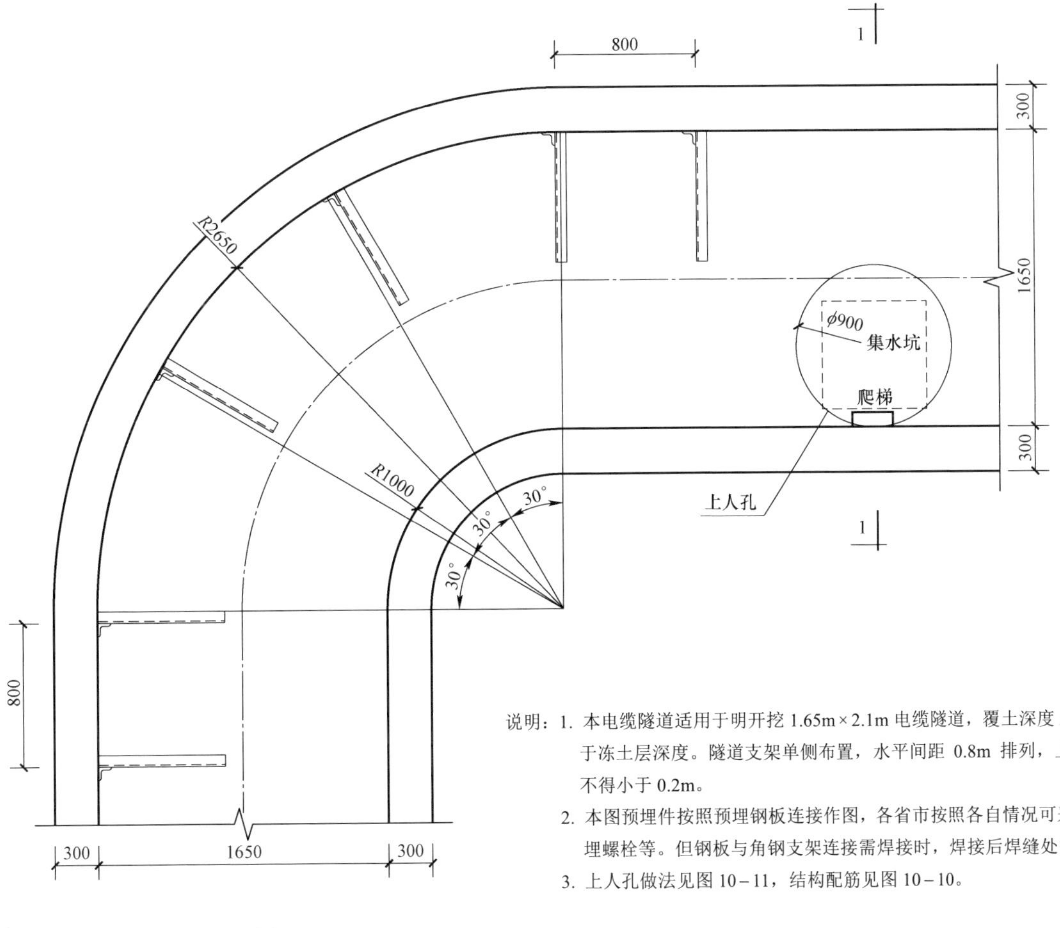

说明：1. 本电缆隧道适用于明开挖 1.65m × 2.1m 电缆隧道，覆土深度 H 为 0.7～2m，且大于冻土层深度。隧道支架单侧布置，水平间距 0.8m 排列，上下层支架间距净空不得小于 0.2m。

2. 本图预埋件按照预埋钢板连接作图，各省市按照各自情况可采用其他方式，如预埋螺栓等。但钢板与角钢支架连接需焊接时，焊接后焊缝处需做好防腐。

3. 上人孔做法见图 10－11，结构配筋见图 10－10。

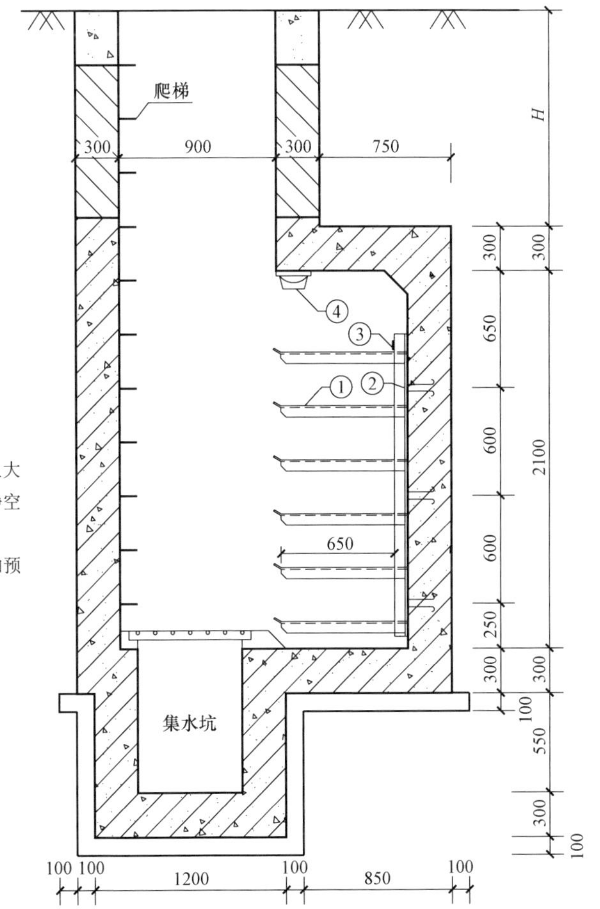

平面图

1—1

图 10－4　1.65 × 2.1 单侧支架布置电缆隧道“L2”型井详图　D－1－1－4

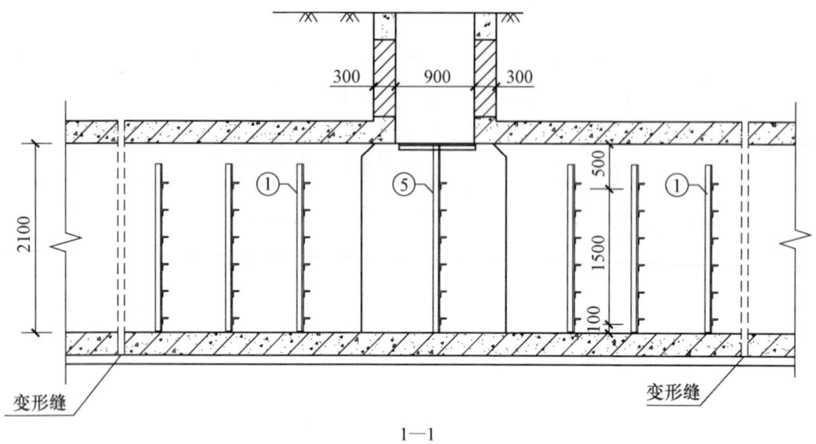

1—1

材 料 表

编号	名称	型号	单位	数量	图纸	备注
①	电缆支架	ZJ1	只	间距 800mm	D－1－1－8	
②	预埋件		只	间距 800mm×3	D－1－1－1	见说明 2
③	内接地带	—50mm×5mm	m	通长	D－1－1－7	
④	灯具	防潮防爆	盏	5m 一处	D－1－1－14	
⑤	电缆支架	ZJ2	只	1	D－1－1－8	
⑥	电缆吊架	∠70mm×5mm	只	1	D－1－1－12	每根重 5.937kg，每根长 1m

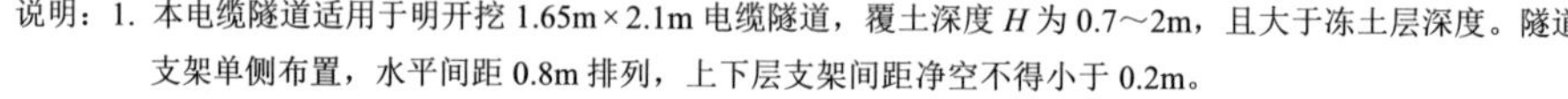

说明：1. 本电缆隧道适用于明开挖 1.65m×2.1m 电缆隧道，覆土深度 H 为 0.7～2m，且大于冻土层深度。隧道支架单侧布置，水平间距 0.8m 排列，上下层支架间距净空不得小于 0.2m。

2. 本图预埋件按照预埋钢板连接作图，各省市按照各自情况可采用其他方式，如预埋螺栓等。但钢板与角钢支架连接需焊接时，焊接后焊缝处需做好防腐。

3. 上人孔做法见图 10－11，结构配筋见图 10－10、图 10－12。

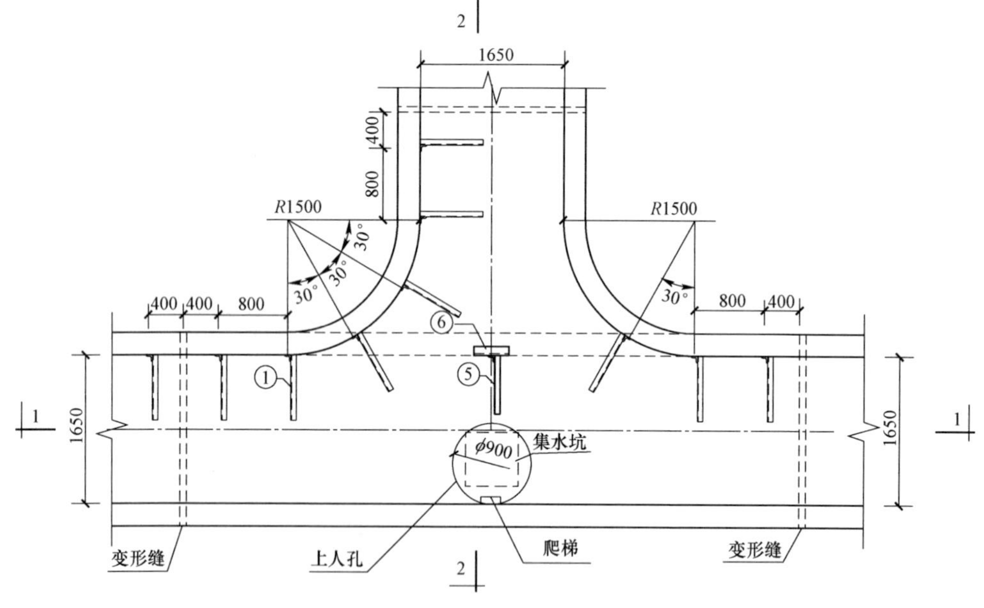

1.65m×2.1m隧道“T”型分线井俯视图

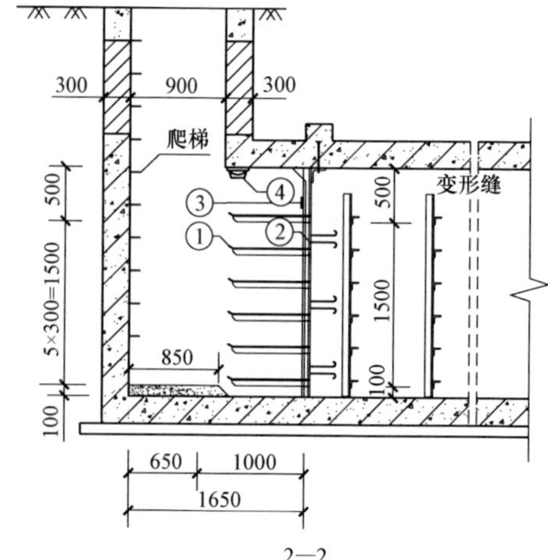

2—2

图 10－5　1.65×2.1 单侧支架布置电缆隧道“T”型井详图　D－1－1－5

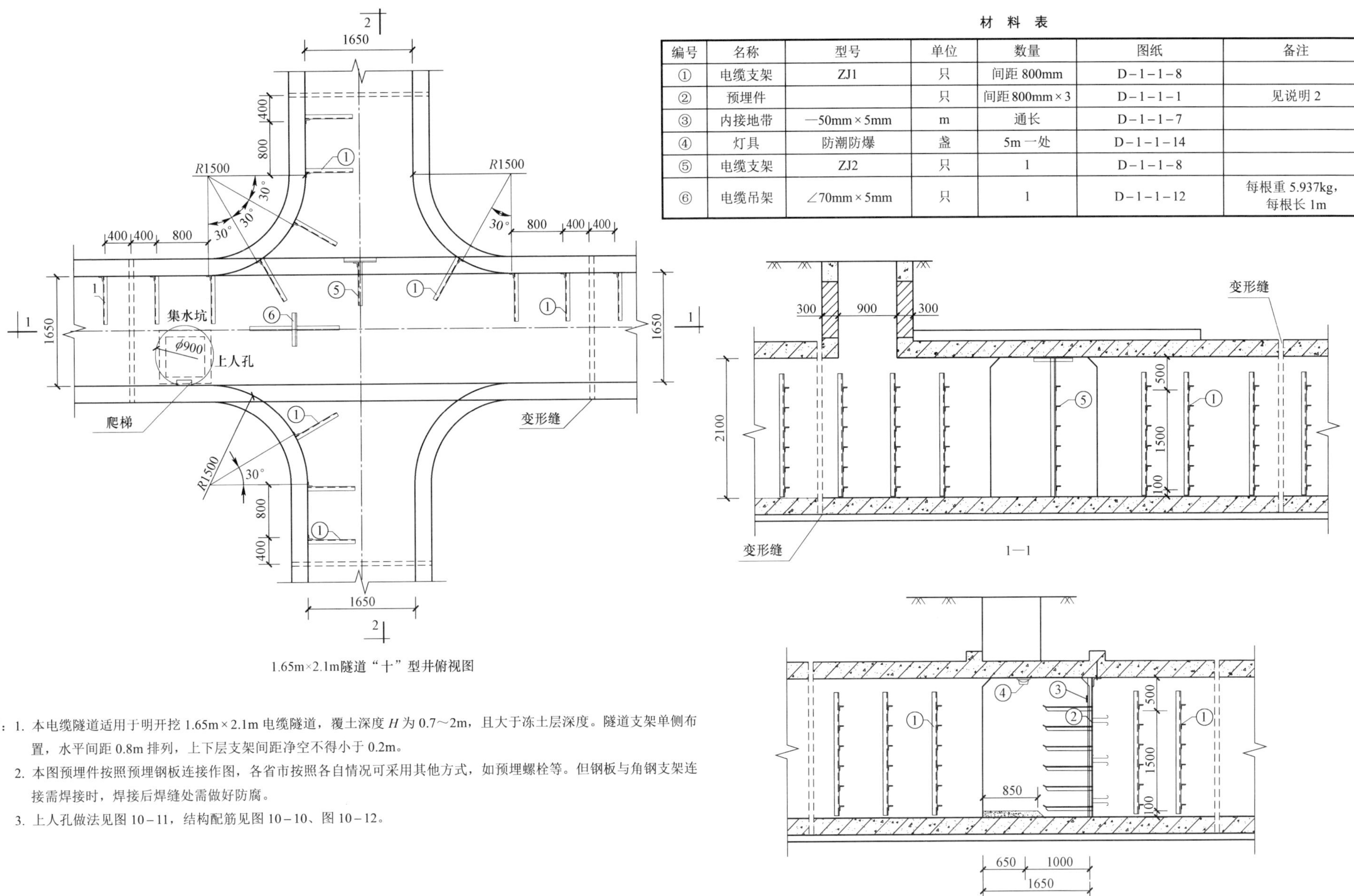

材 料 表

编号	名称	型号	单位	数量	图纸	备注
①	电缆支架	ZJ1	只	间距 800mm	D-1-1-8	
②	预埋件		只	间距 800mm×3	D-1-1-1	见说明 2
③	内接地带	—50mm×5mm	m	通长	D-1-1-7	
④	灯具	防潮防爆	盏	5m 一处	D-1-1-14	
⑤	电缆支架	ZJ2	只	1	D-1-1-8	
⑥	电缆吊架	∠70mm×5mm	只	1	D-1-1-12	每根重 5.937kg，每根长 1m

说明：1. 本电缆隧道适用于明开挖 1.65m×2.1m 电缆隧道，覆土深度 H 为 0.7～2m，且大于冻土层深度。隧道支架单侧布置，水平间距 0.8m 排列，上下层支架间距净空不得小于 0.2m。

2. 本图预埋件按照预埋钢板连接作图，各省市按照各自情况可采用其他方式，如预埋螺栓等。但钢板与角钢支架连接需焊接时，焊接后焊缝处需做好防腐。

3. 上人孔做法见图 10-11，结构配筋见图 10-10、图 10-12。

图 10-6　1.65×2.1 单侧支架布置电缆隧道“十”型井详图　D-1-1-6

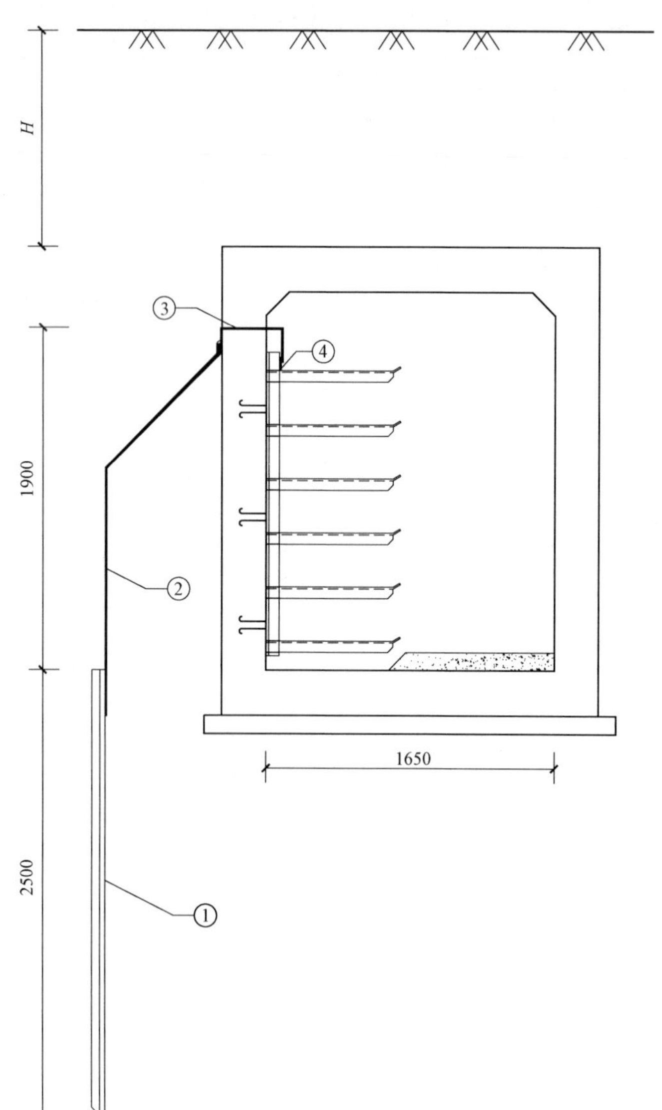

电缆接地装置材料表

编号	名称	规格	长度（mm）	单位	数量	单重（kg）	小计（kg）	备注
①	接地极	∠50mm×5mm	2500	根	1	9.45	9.45	与连接带焊接
②	外连接带	—50mm×5mm	2500	根	1	4.9	4.9	与预埋件及接地极焊接
③	预埋件	—50mm×5mm	900	根	1	1.76	1.76	每 50m 一道，预埋沟墙台帽内
④	内接地带	—50mm×5mm	电缆沟通长	根	1			与预埋件焊接、电缆支架焊接，电缆沟通长

注 每处接地极钢材总重（不包含内接地带）：16.15kg，当为双侧支架时质量加倍。

说明：1. 部件均为镀锌防腐，部件连接处全部采用双面焊，且焊接厚度大于 6mm。
2. 焊接完毕后，清除焊渣，并涂一层防腐漆，两层银色油漆。
3. 接地带沿全沟内侧通长敷设，接地极每 50m 一处。
4. 双侧支架电缆隧道设置双侧接地极，单侧支架电缆隧道设置单侧接地极。
5. 电缆隧道接地电阻不宜大于 10Ω，接地形式可依据各自情况自行选择。

图 10－7　1.65×2.1 单侧支架布置电缆隧道接地详图　D－1－1－7

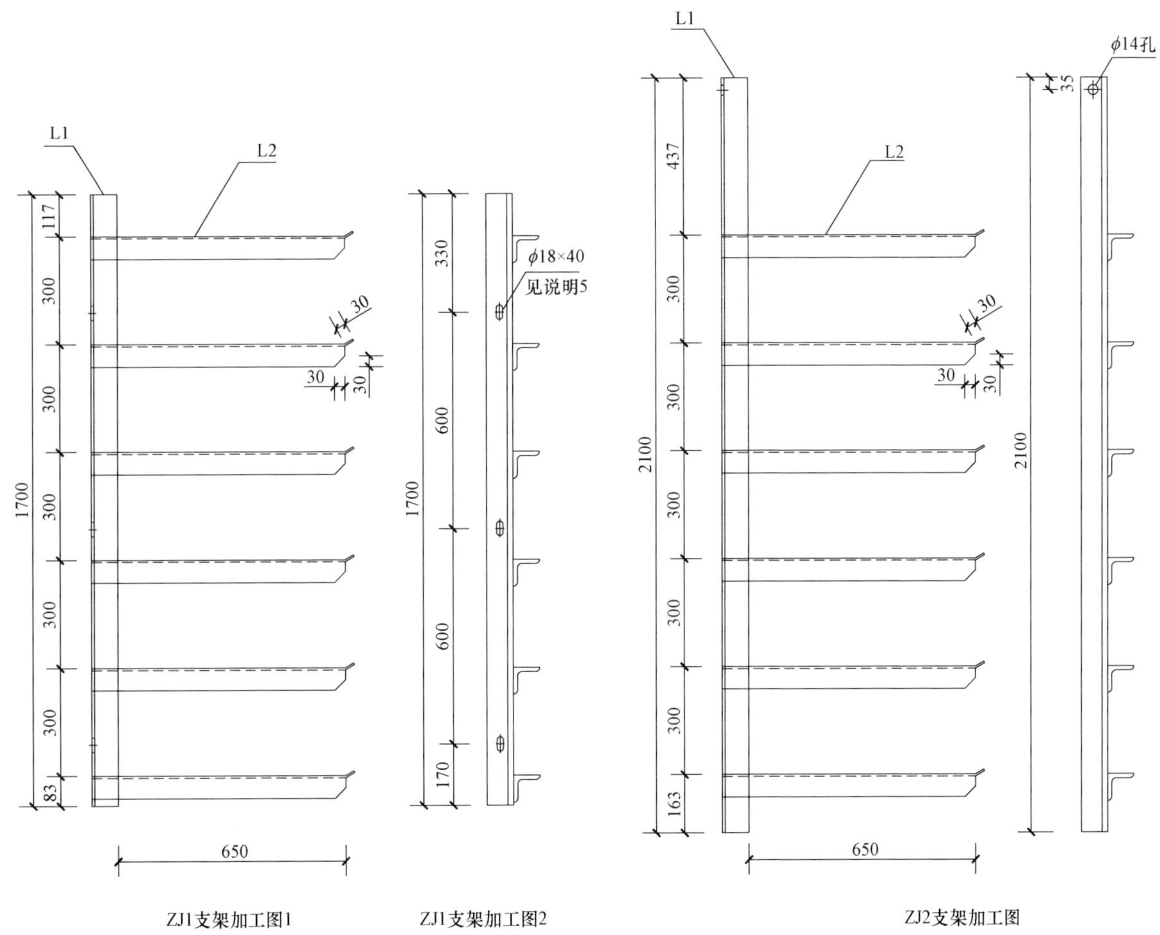

电缆隧道支架材料表

序号	支架类型	规格	长度（mm）	数	单重（kg）	小计（kg）	合计（kg）
1	L1	∠75mm×8mm	1700	1	15.35	15.35	40.25
	L2	∠63mm×6mm	725	6	4.15	24.90	
2	L1	∠75mm×8mm	2100	1	18.96	18.96	44.10
	L2	∠63mm×6mm	725	6	4.19	25.14	

说明：1. L1、L2之间焊接连接，焊缝高度不小于母材厚度。

2. 材料选用HPB300钢。

3. 电缆支架焊接后进行除锈处理，并整体镀锌防腐。

4. 支架横担不得有飞边毛刺，夹角需打磨圆滑。

5. 本图支架与电缆隧道本体固定采用螺栓固定方式设计，当采用与预埋钢板焊接方式时不需留该孔，焊缝高度不小于母材厚度。

6. 电缆支架ZJ1用于正常隧道内，ZJ2用于“十”型井及“T”型井内，与电缆吊架连接。其固定方式各地可依据当地情况螺栓连接或焊接。

图10－8 1.65×2.1单侧支架布置电缆隧道支架加工图 D－1－1－8

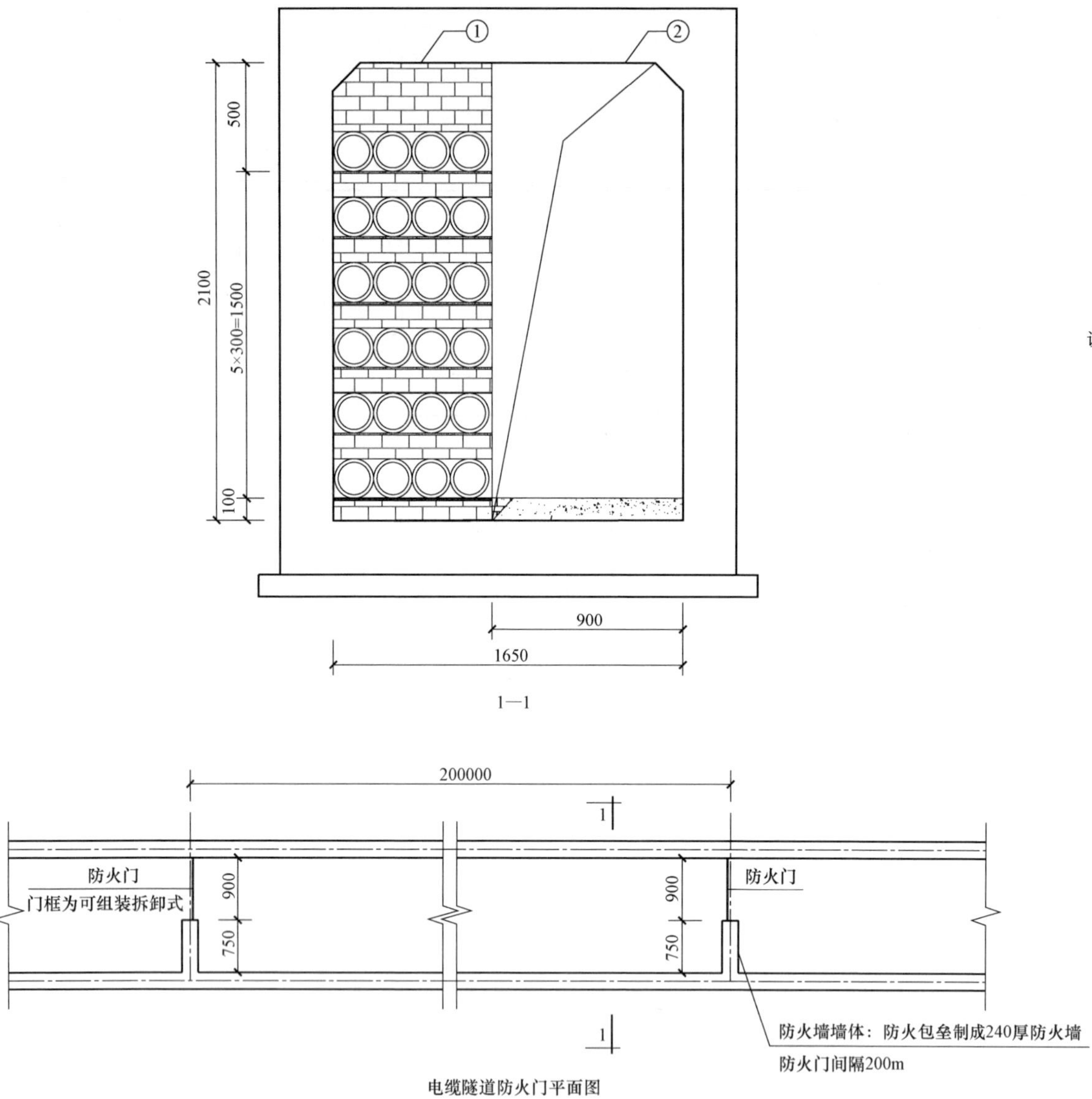

材 料 表

编号	名称	型号	单位	数量	备注
①	阻火模块	自定	m^3	0.378	
②	防火门	自定	处		见说明 2，门框为可组装拆卸式

说明：1. 钢制防火门及门框材质为 304 不锈钢。
2. 防火门防火等级不小于乙级，耐火极限不小于 1h 的耐火完整性、隔热性。
3. 防火墙沿隧道每隔 200m 设置一处，并在主通道的分支处设置一处。
4. 有条件地区在电缆隧道的进出口处可设置消防器具。并在每一阻火分隔区内可设置温度和火灾监控。监控及通信系统随电缆敷设时一并设置，本设计内不包括。

图 10－9　1.65×2.1 单侧支架布置电缆隧道防火墙做法图　D－1－1－9

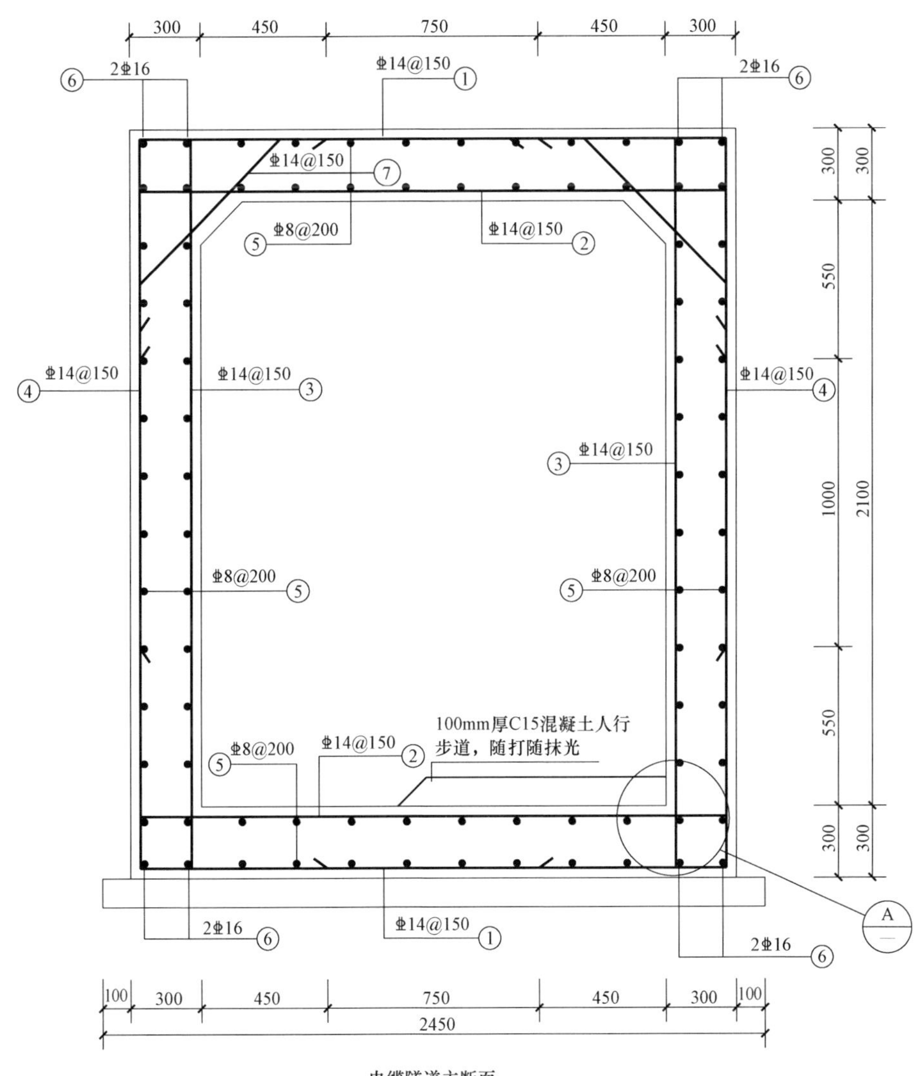

电缆隧道主断面

每米钢筋用量表

编号	直径	型式	长度（mm）	数量（根）	总长度（mm）	质量（kg）
①	⌀14	2090 770 770	3630	14	50820	61.50
②	⌀14	2090	2090	14	29260	35.41
③	⌀14	2540	2540	14	35560	43.03
④	⌀14	2540 770 770	4080	14	57120	69.12
⑤	⌀8		1000	72	72000	28.44
⑥	⌀16		1000	8	8000	12.64
⑦	⌀14	200 710 200	1110	14	15540	24.87
合计						275.01

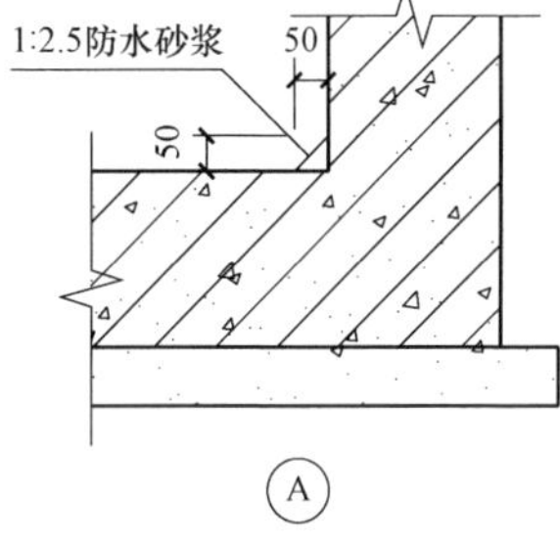

说明：1. 本电缆隧道适用于覆土厚度为0.7～2m，且隧道应在冻土层以下。

2. 本电缆隧道设计地基承载力特征值为100kPa。

3. 隧道混凝土采用C30混凝土，垫层采用C15混凝土，抗渗等级P6，钢筋采用HRB400级钢筋，其他钢材采用Q235。

4. 本电缆隧道伸缩缝间距不宜超过30m，缝宽不宜大于30mm；不同工法结构形式隧道衔接处、与变电站接口处、工艺井室外侧1m处、荷载和工程地质等条件发生显著改变处均设置变形缝。

5. 钢筋的混凝土保护层厚度应根据结构类别、环境条件和耐久性要求等确定，且不应小于30mm，并严格按施工规范控制保护层厚度。

6. 若土壤或水对混凝土及钢筋有腐蚀时，根据腐蚀等级采用相应的防腐处理。

7. 混凝土必须做施工配合比，并按规定提取试块。

8. 隧道集水坑及集抽水井纵向两侧排水坡度不宜小于0.5%。

图10－10　1.65×2.1单侧支架布置电缆隧道断面配筋图　D－1－1－10

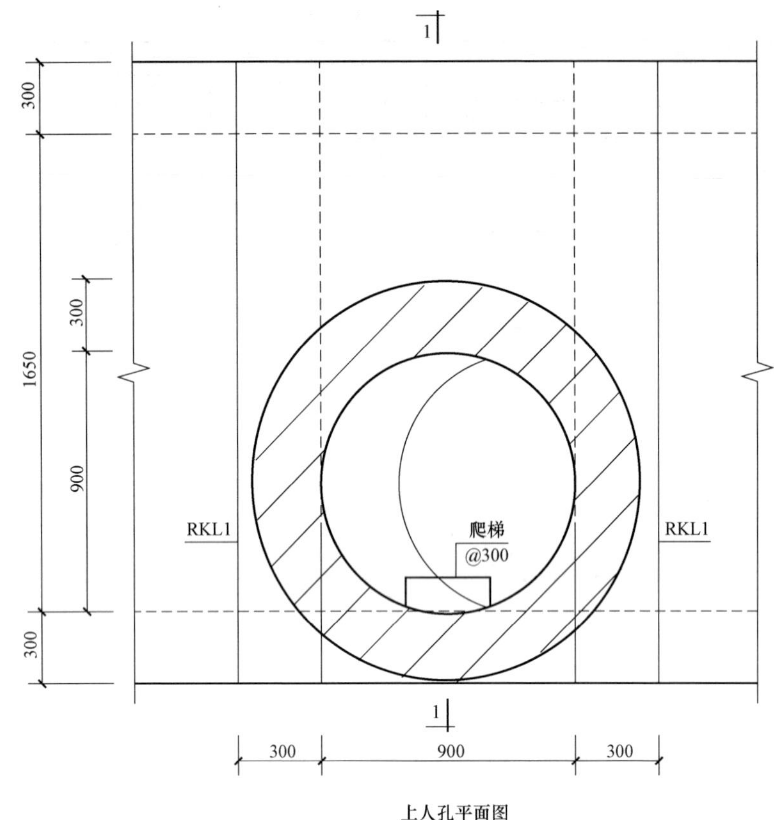

上人孔平面图

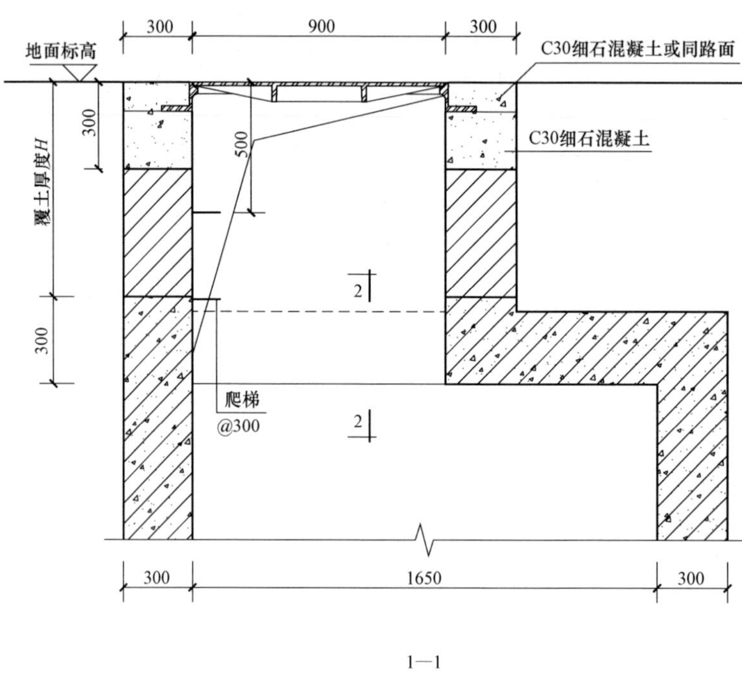

1—1

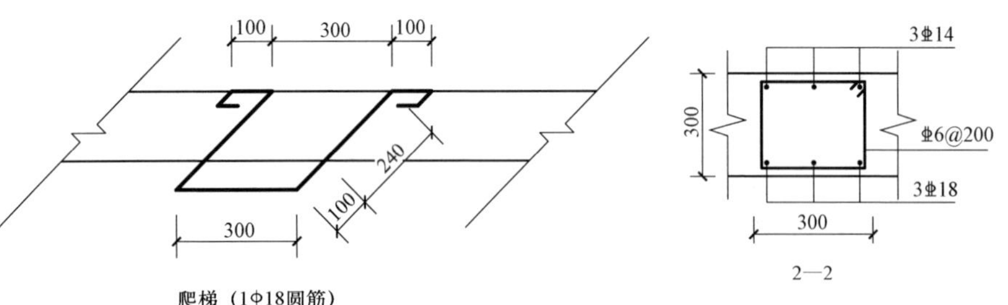

爬梯（1Φ18圆筋）

2—2

说明：1. 人孔井盖选用ϕ900 井盖。

2. 孔壁采用 MU10 砖，M10 水泥沙浆砌筑，孔壁内外均用 1:2.5 防水砂浆抹面 20mm 厚。

3. 上人孔梁间板内配筋为双层双向ϕ6@200。

4. 在工业性厂区或变电站内上人孔沿隧道纵向，相邻上人孔间距不宜大于 75m，在公共区域不宜大于 200m。

5. 覆土深度 H 参照图 10－2 中说明。

图 10－11　1.65×2.1 单侧支架布置电缆隧道上人孔详图　D－1－1－11

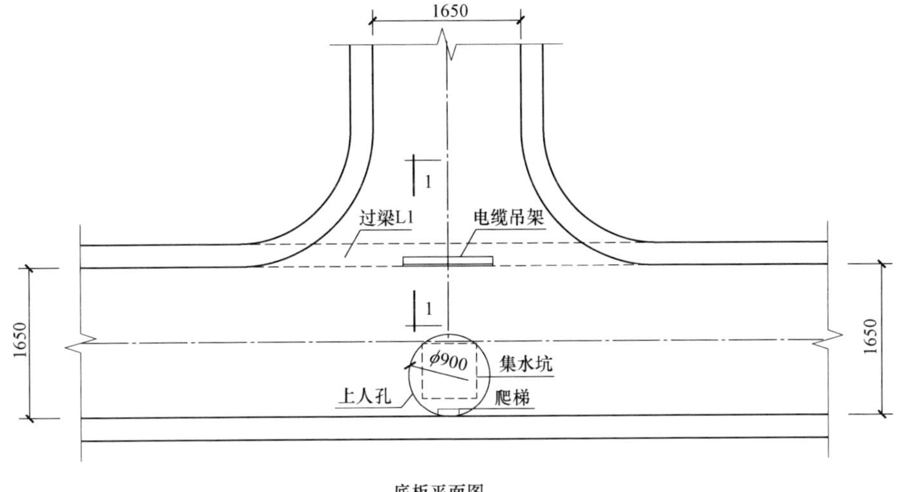

底板平面图

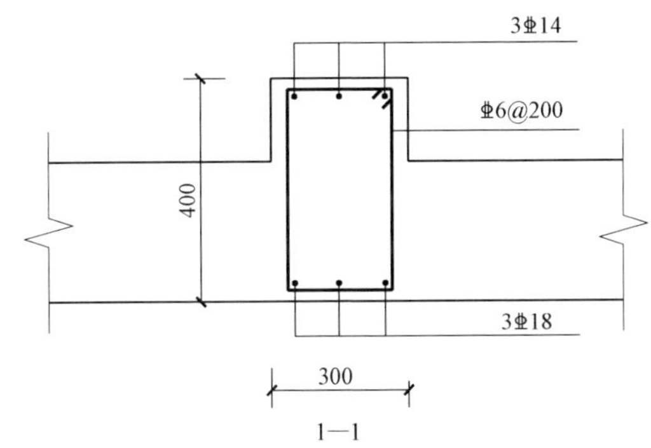

1—1

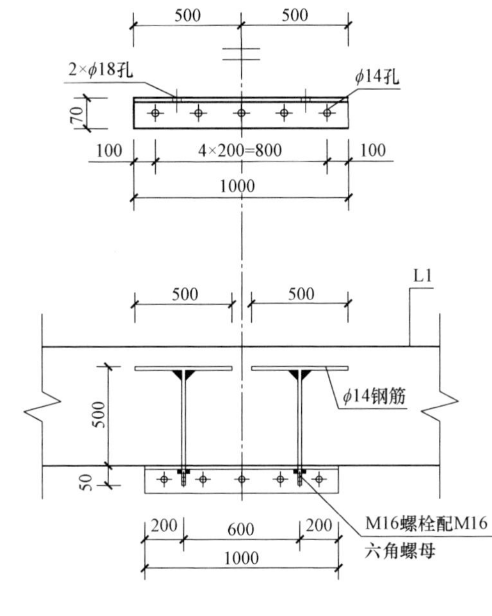

电缆吊架

说明：1.“T”型、“十”型井过梁配筋均采用本图。

2. 转角处钢筋间距最大值须满足电缆沟配筋表中的间距要求。

图 10－12　1.65×2.1 单侧支架布置电缆隧道过梁配筋图　D－1－1－12

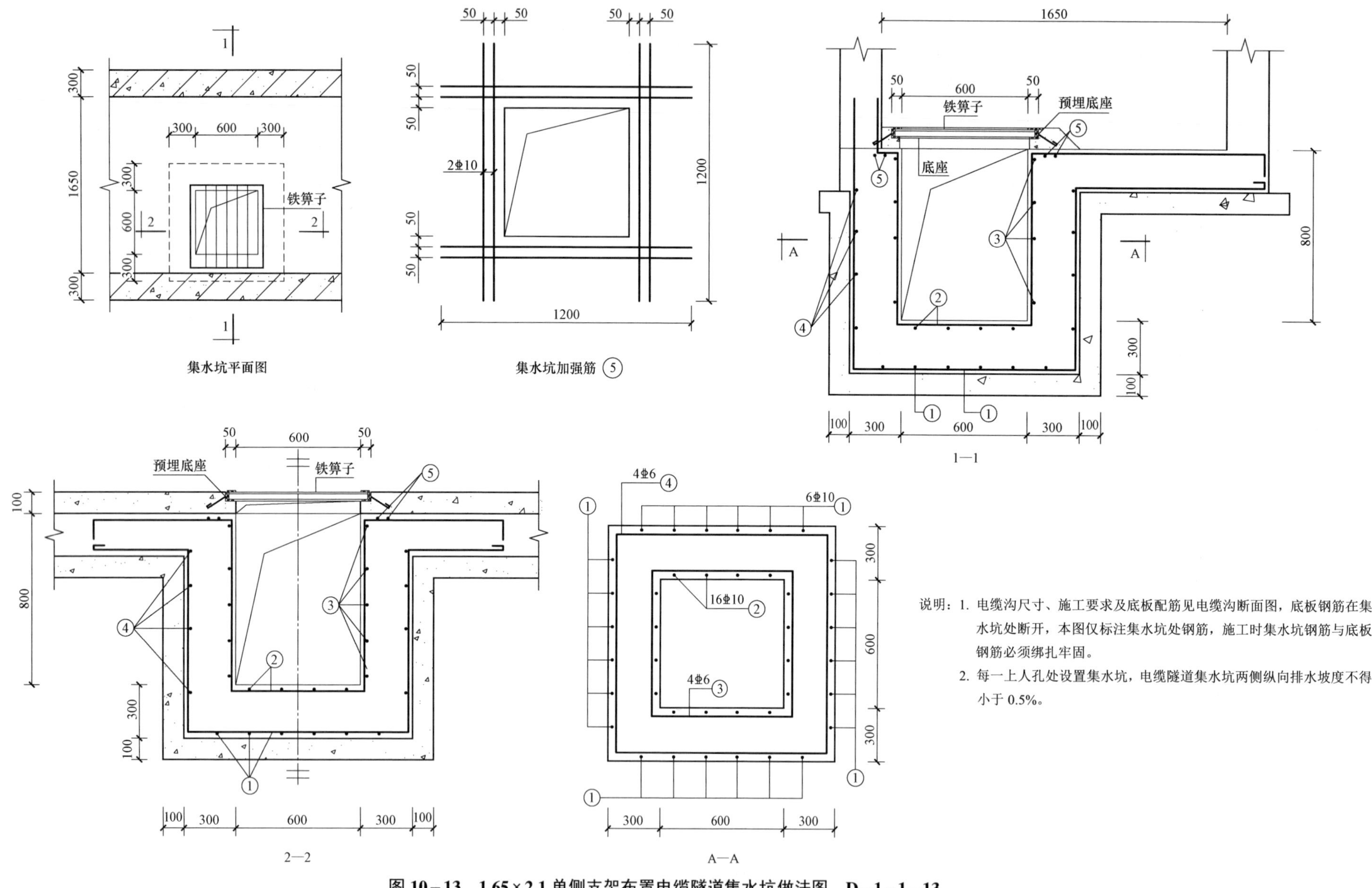

说明：1. 电缆沟尺寸、施工要求及底板配筋见电缆沟断面图，底板钢筋在集水坑处断开，本图仅标注集水坑处钢筋，施工时集水坑钢筋与底板钢筋必须绑扎牢固。

2. 每一上人孔处设置集水坑，电缆隧道集水坑两侧纵向排水坡度不得小于 0.5%。

图 10-13　1.65×2.1 单侧支架布置电缆隧道集水坑做法图　D-1-1-13

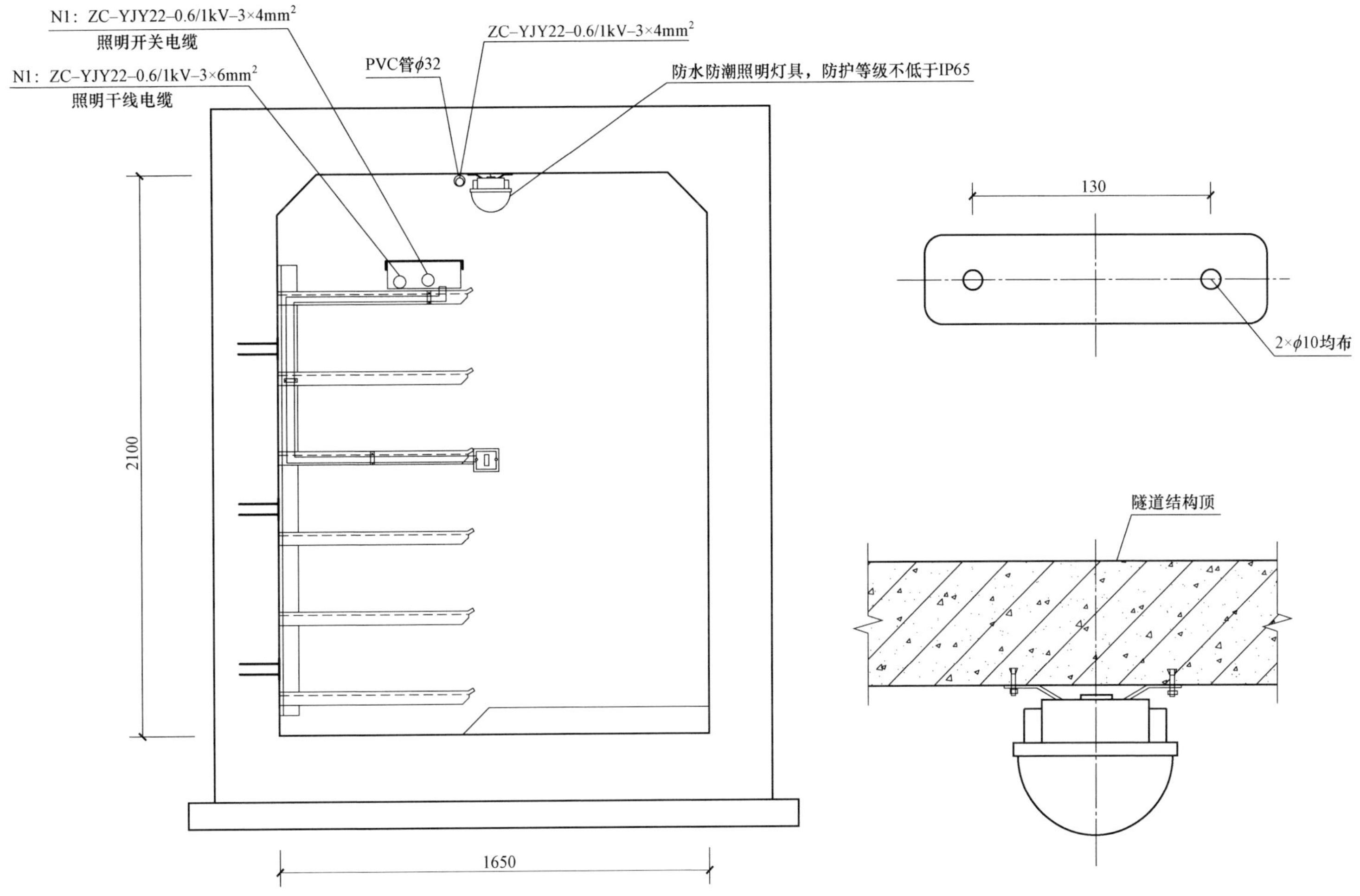

说明：1. 隧道灯具采用防潮防爆光源免维护灯具，吸顶安装。

2. 每个灯具用两个 M8mm×80mm 不锈钢膨胀螺栓（带平弹垫螺母）固定在隧道道顶板上。

3. 隧道照明开关采用防潮防爆型，如图安装于电缆支架上。

图 10–14 1.65×2.1 单侧支架布置电缆隧道灯具布置图 D–1–1–14

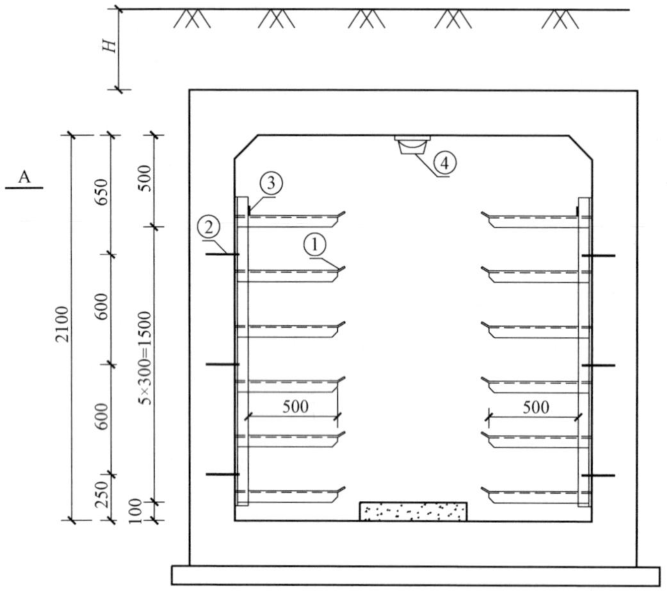

2.0m×2.1m隧道断面图

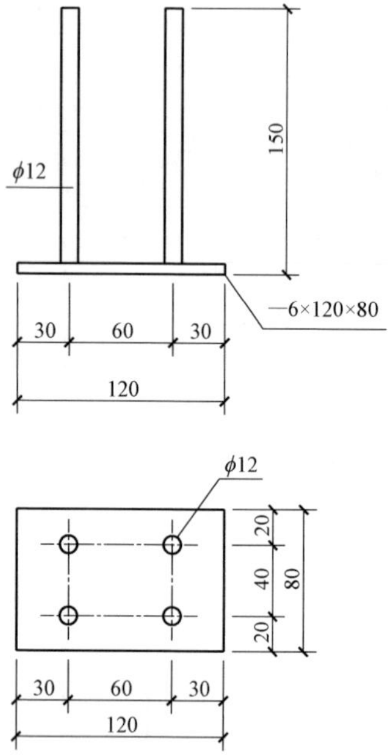

电缆支架预埋件1

材 料 表

编号	名称	型号	单位	数量	备注
①	电缆支架	ZJ11	只	间距 800mm	
②	预埋件		只	水平间距 800mm×3	见说明 2
③	内接地带	—50mm×5mm	m	通长	
④	照明		套		见说明 3

说明：1. 本电缆隧道适用于明开挖 2.0m×2.1m 电缆隧道，覆土深度 H 为 0.7～2.0m。隧道支架双侧布置，水平间距 0.8m 排列，上下层支架间距净空不得小于 0.2m。

2. 本图预埋件按照螺栓连接作图，各省市按照各自情况可采用其他方式，如预埋钢板等。但钢板与角钢支架连接需焊接时，焊接后需做好防腐。

3. 电缆隧道内照明、消防等系统，本图内仅示意，各省市使用时依据各自情况配置，本图不做统一要求。

4. 电缆隧道底板纵向排水坡度不得小于 0.5%。

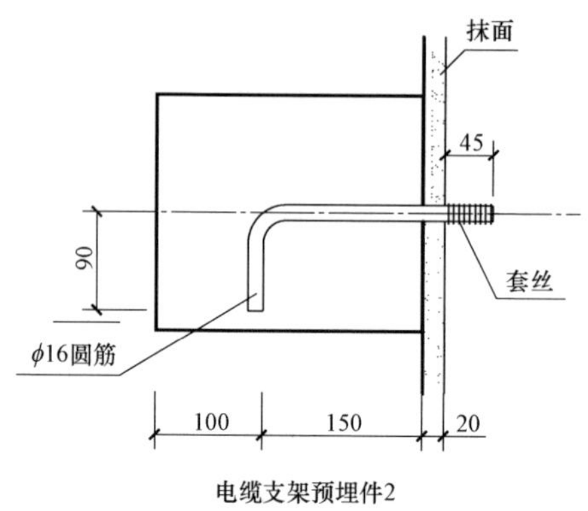

电缆支架预埋件2

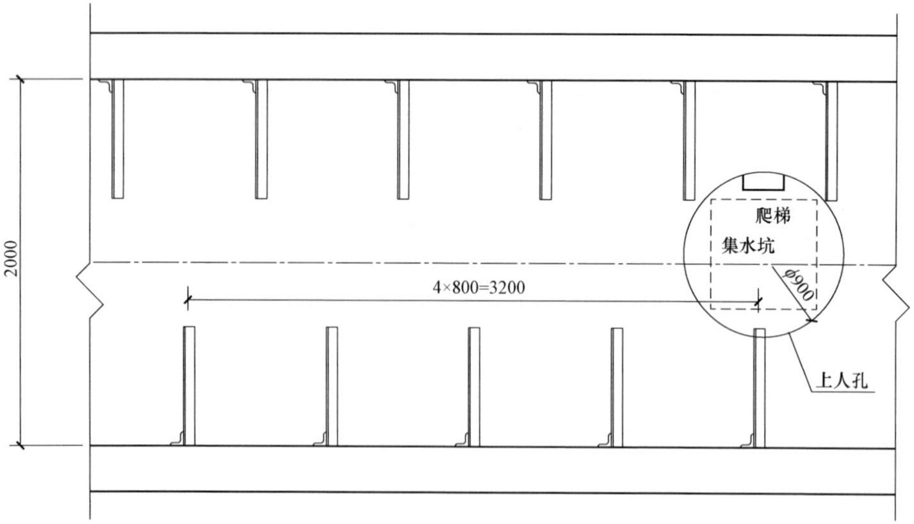

A—A视图（俯视图）

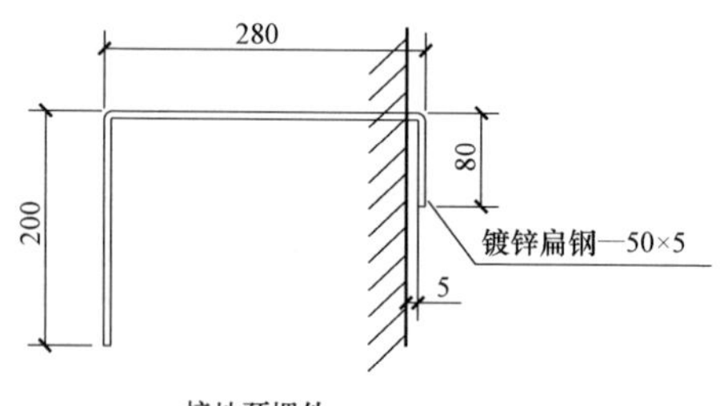

接地预埋件

图 10－15 2.0×2.1 双侧支架布置电缆隧道断面图 D－1－2－1

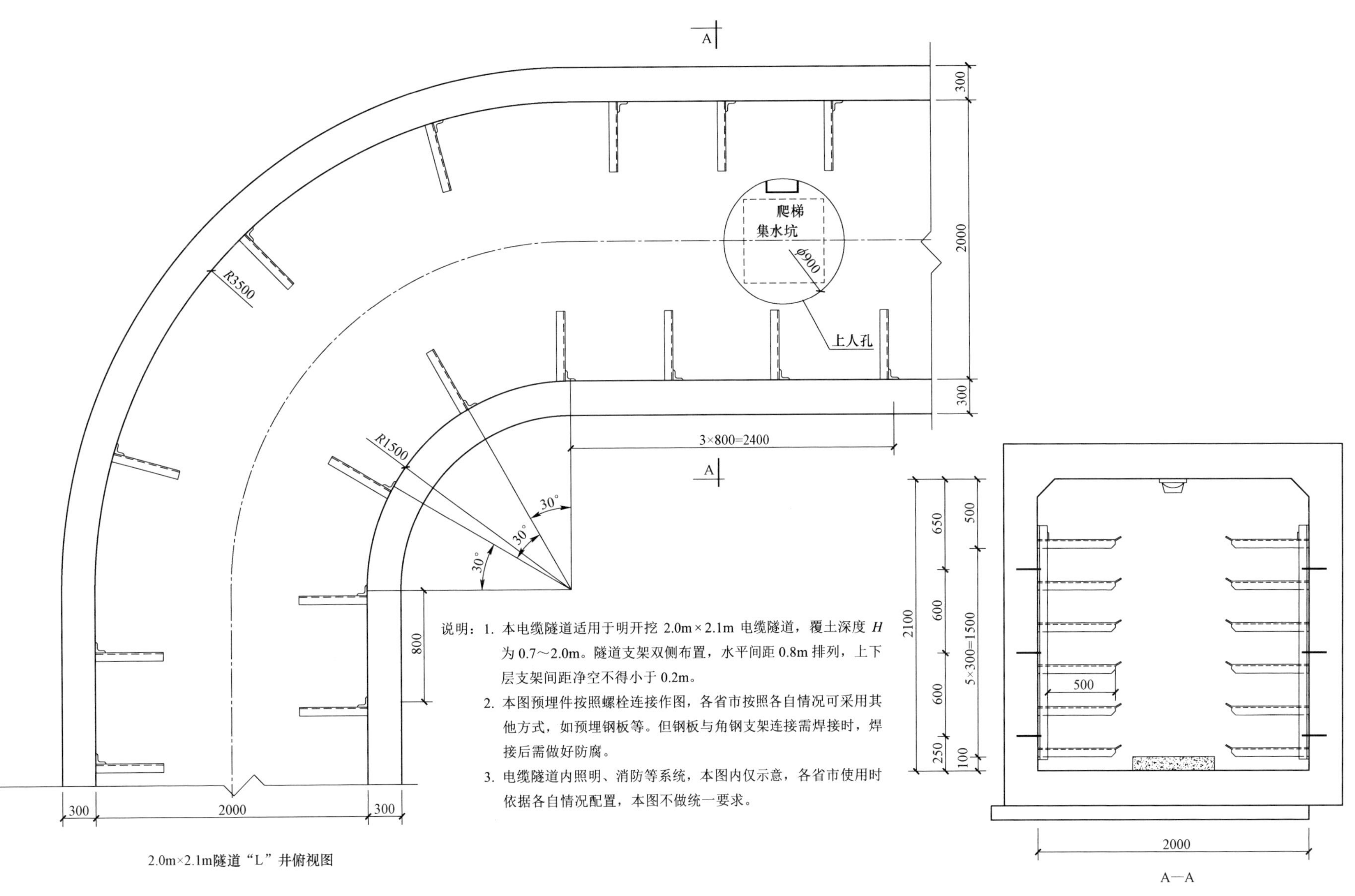

图 10－16　2.0×2.1 双侧支架布置电缆隧道“L”型井详图　D－1－2－2

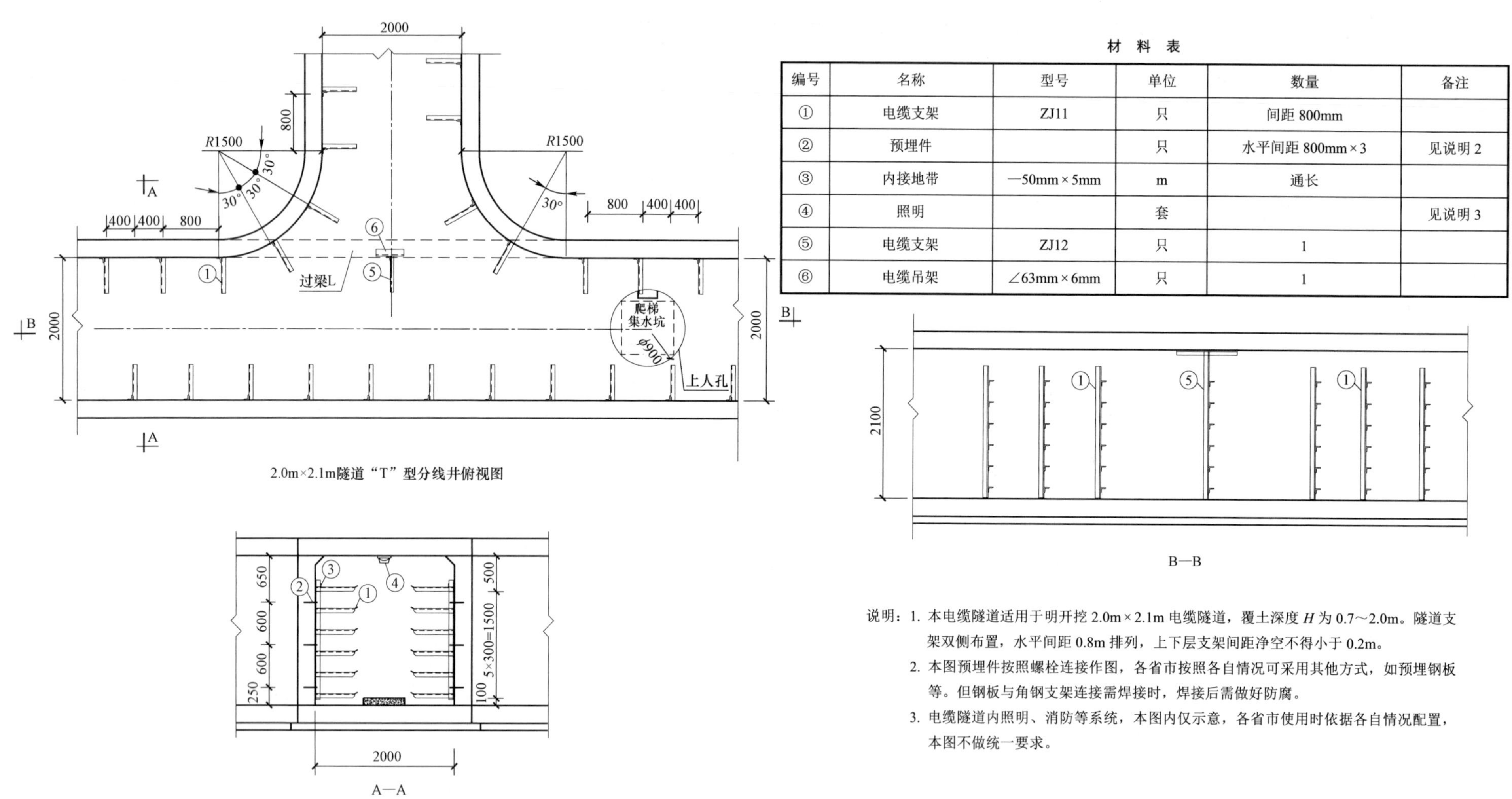

材　料　表

编号	名称	型号	单位	数量	备注
①	电缆支架	ZJ11	只	间距 800mm	
②	预埋件		只	水平间距 800mm × 3	见说明 2
③	内接地带	—50mm × 5mm	m	通长	
④	照明		套		见说明 3
⑤	电缆支架	ZJ12	只	1	
⑥	电缆吊架	∠63mm × 6mm	只	1	

说明：1. 本电缆隧道适用于明开挖 2.0m × 2.1m 电缆隧道，覆土深度 H 为 0.7～2.0m。隧道支架双侧布置，水平间距 0.8m 排列，上下层支架间距净空不得小于 0.2m。

2. 本图预埋件按照螺栓连接作图，各省市按照各自情况可采用其他方式，如预埋钢板等。但钢板与角钢支架连接需焊接时，焊接后需做好防腐。

3. 电缆隧道内照明、消防等系统，本图内仅示意，各省市使用时依据各自情况配置，本图不做统一要求。

图 10－17　2.0 × 2.1 双侧支架布置电缆隧道“T”型井详图　D－1－2－3

2100
①
⑤
①

B—B

材 料 表

编号	名称	型号	单位	数量	备注
①	电缆支架	ZJ11	只	间距 800mm	
②	预埋件		只	间距 800mm×3	见说明 2
③	内接地带	—50mm×5mm	m	通长	
④	照明		套		见说明 3
⑤	电缆支架	ZJ2	只	4	
⑥	电缆吊架	∠63mm×6mm	只	4	

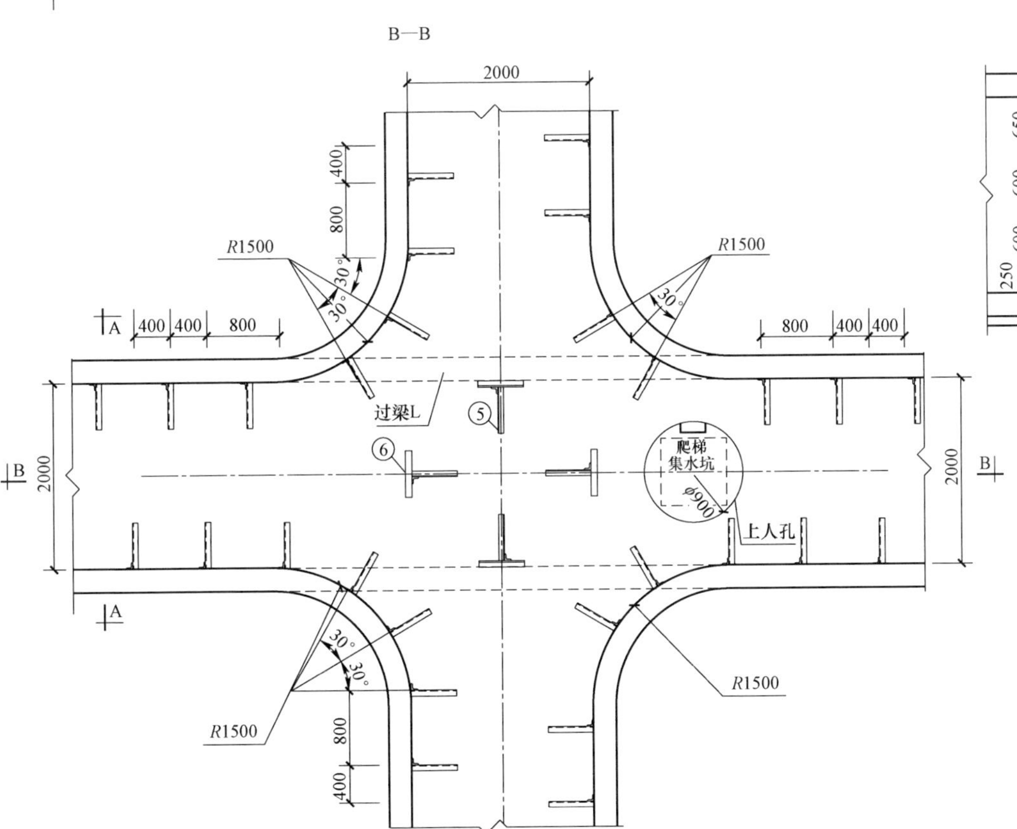

2.0m×2.1m隧道“十”型井俯视图

650
600
600
250
③
②
①
④
500
5×300=1500
100
2000

A—A

说明：1. 本电缆隧道适用于明开挖 2.0m×2.1m 电缆隧道，覆土深度 H 为 0.7～2.0m。隧道支架双侧布置，水平间距 0.8m 排列，上下层支架间距净空不得小于 0.2m。

2. 本图预埋件按照螺栓连接作图，各省市按照各自情况可采用其他方式，如预埋钢板等。但钢板与角钢支架连接需焊接时，焊接后需做好防腐。

3. 电缆隧道内照明、消防等系统，本图内仅示意；各省市使用时依据各自情况配置，本图不做统一要求。

图 10－18　2.0×2.1 双侧支架布置电缆隧道“十”型井详图　D－1－2－4

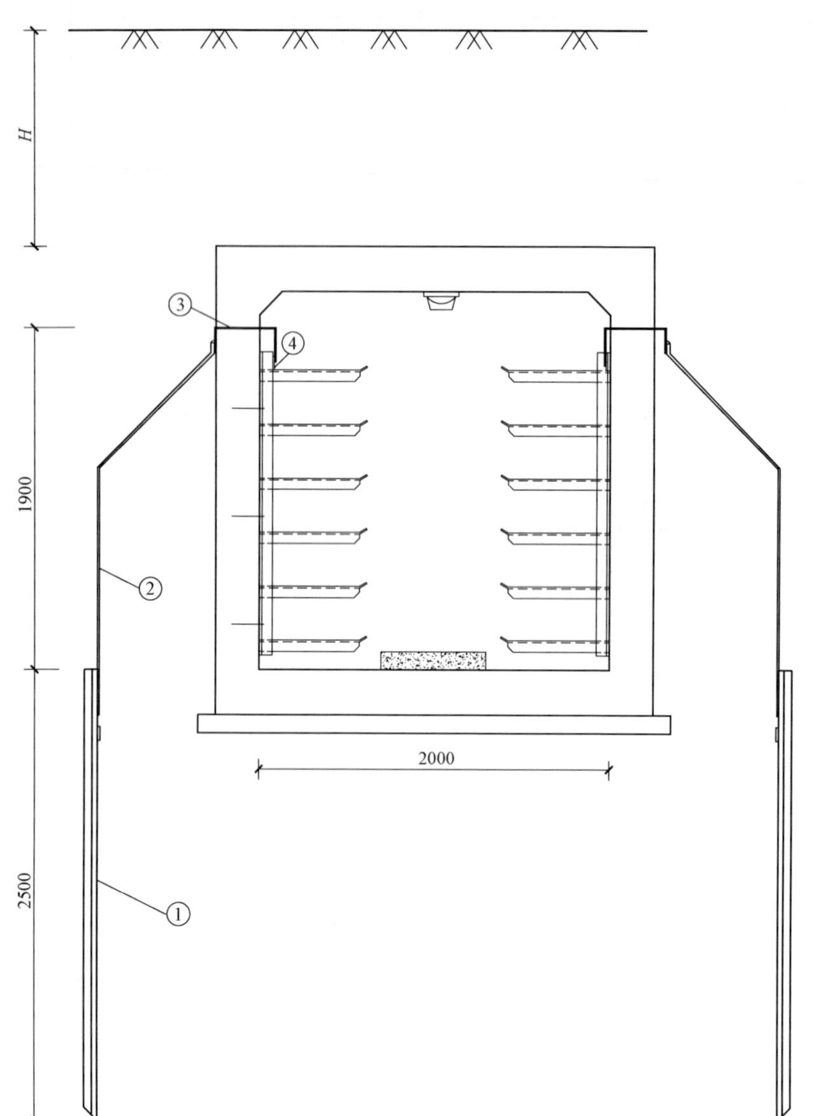

电缆接地装置材料表

编号	名称	规格	长度（mm）	单位	数量	单重（kg）	小计（kg）	备注
①	接地极	∠50mm×5mm	2500	根	2	9.45	18.9	与连接带焊接
②	外连接带	—50mm×5mm	2500	根	2	4.9	9.8	与预埋件及接地极焊接
③	预埋件	—50mm×5mm	900	根	2	1.76	3.52	每 50m 一道，预埋沟墙台帽内
④	内接地带	—50mm×5mm	电缆沟通长	根	2			与预埋件焊接，电缆支架焊接，电缆沟通长

注 每处接地极钢材总质量（不包含内接地带）为32.22kg。

说明：1. 部件连接处全部采用双面焊，且焊缝高度大于 6mm。
2. 焊接完毕后，清除焊渣，并涂一层防腐漆，两层银色油漆。
3. 接地带沿全沟内侧通长敷设，接地极每 50m 一处。
4. 电缆隧道接地电阻不宜大于 10Ω，接地形式可依据各自情况自行选择。

图 10－19　2.0×2.1 双侧支架布置电缆隧道接地详图　D－1－2－5

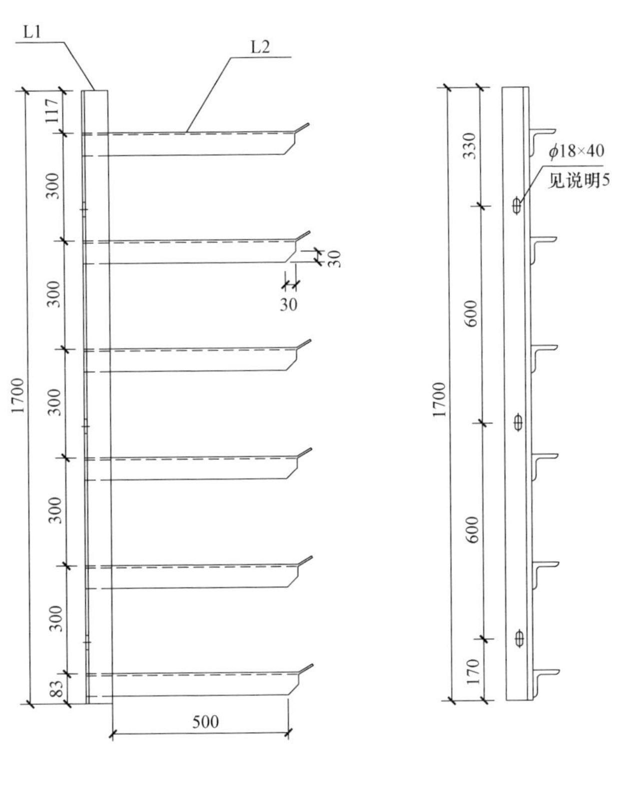

ZJ11支架加工图

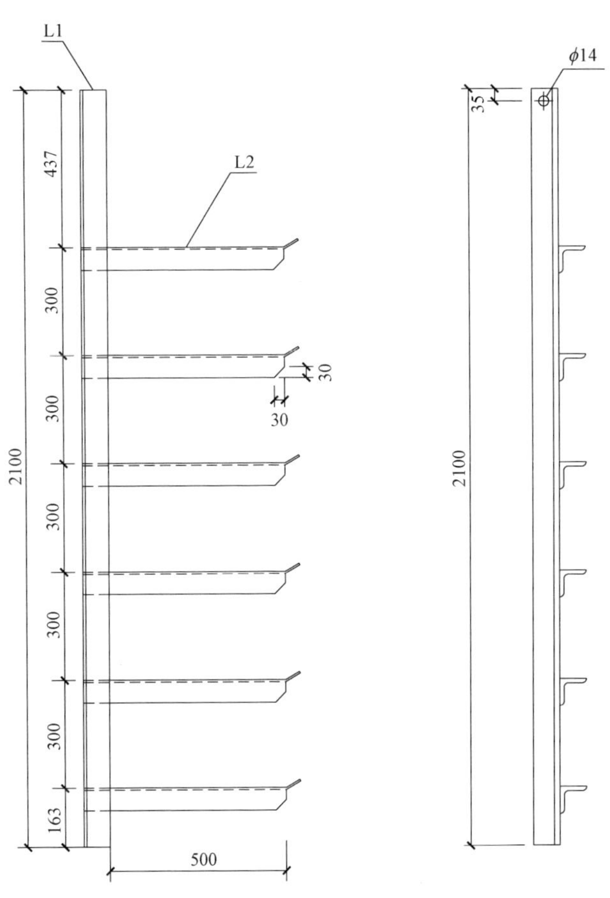

ZJ12支架加工图

说明：1. L1、L2之间焊接连接，焊缝高度不小于母材厚度。
2. 材料选用HPB300钢。
3. 电缆支架焊接后进行除锈处理，并整体镀锌防腐。
4. 支架横担不得有飞边毛刺，夹角需打磨圆滑。
5. 本支架按照与电缆隧道本体固定采用螺栓固定设计，与预埋钢板焊接情况，不需留该孔。
6. 电缆支架ZJ11用于正常隧道内，ZJ12用于“十”型井及“T”型井内，其固定方式各地可依据当地情况螺栓连接或焊接。

电缆隧道支架材料表

序号	支架类型	规格	长度（mm）	数量	单重（kg）	小计（kg）	合计（kg）
1	L1	∠75mm×8mm	1700	1	15.35	15.35	35.09
	L2	∠63mm×6mm	575	6	3.29	19.74	
2	L1	∠75mm×8mm	2100	1	18.963	18.963	38.70
	L2	∠63mm×6mm	575	6	3.29	19.74	

图10－20　2.0×2.1双侧支架布置电缆隧道支架加工图　D－1－2－6

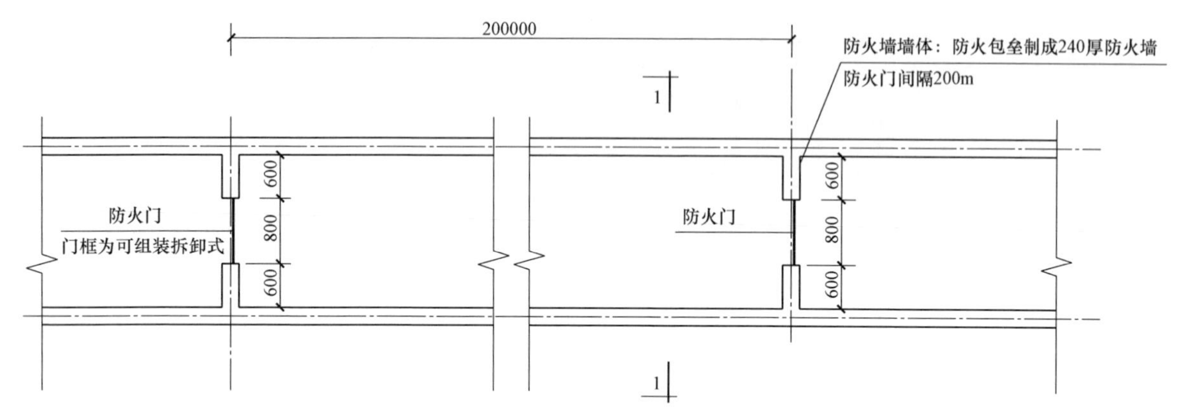

电缆隧道防火门平面图

材 料 表

编号	名称	型号	单位	数量	备注
①	阻火模块		m^3	0.6048	
②	防火门	见说明 2	处		门框为可组装拆卸式

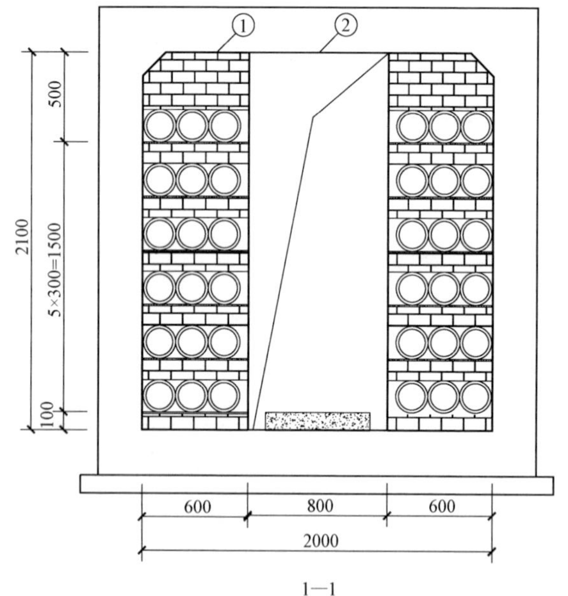

1—1

说明：1. 钢制防火门及门框材质为 304 不锈钢。
2. 防火门防火等级不小于乙级，耐火极限不小于 1h 的耐火完整性、隔热性。
3. 防火墙沿隧道每隔 200m 设置一处，并在主通道的分支处设置一处。
4. 有条件地区在电缆隧道的进出口处可设置消防器具，并在每一阻火分隔区内可设置温度和火灾监控。

图 10－21　2.0×2.1 双侧支架布置电缆隧道防火墙做法图　D－1－2－7

电缆隧道主断面

每米钢筋用量表

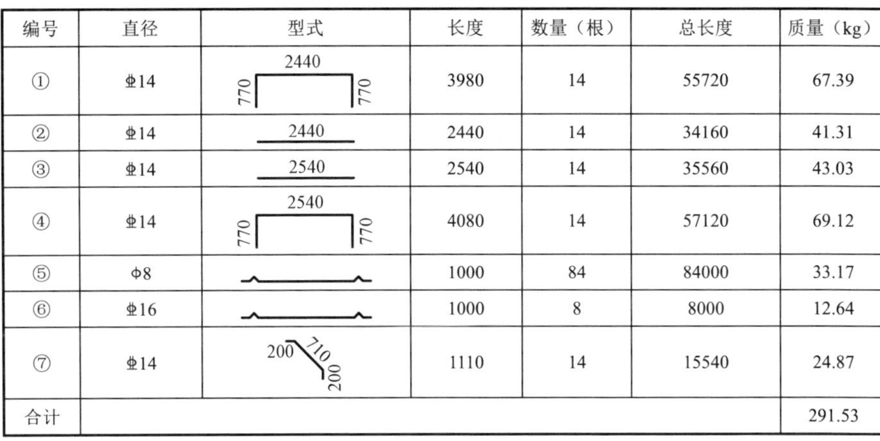

编号	直径	型式	长度	数量（根）	总长度	质量（kg）
①	⌀14	770 2440 770	3980	14	55720	67.39
②	⌀14	2440	2440	14	34160	41.31
③	⌀14	2540	2540	14	35560	43.03
④	⌀14	770 2540 770	4080	14	57120	69.12
⑤	Φ8		1000	84	84000	33.17
⑥	⌀16		1000	8	8000	12.64
⑦	⌀14	200 710 200	1110	14	15540	24.87
合计						291.53

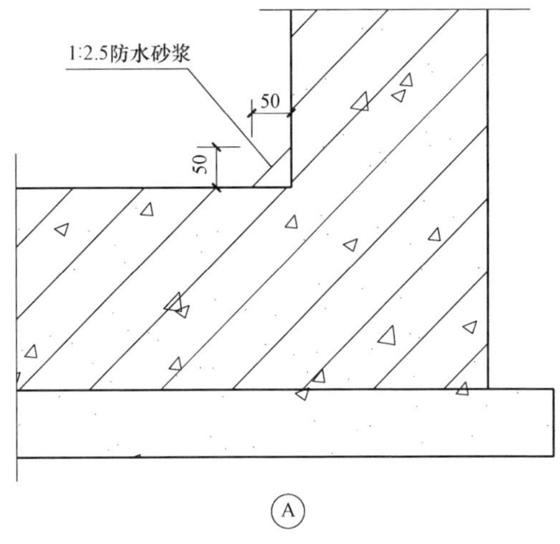

说明：1. 本电缆隧道适用于覆土厚度为0.7～2m之间，且隧道应在冻土层以下。
2. 本电缆隧道设计地基承载力特征值为100kPa。
3. 隧道混凝土采用C30混凝土，垫层采用C15混凝土，抗渗等级P6，钢筋采用HRB400级钢筋，其他钢材采用Q235。
4. 本电缆隧道伸缩缝间距不宜超过30m，缝宽不宜大于30mm。不同工法结构形式隧道衔接处、与变电站接口处、工艺井室外侧1m处、荷载和工程地质等条件发生显著改变处均设置变形缝。
5. 钢筋的混凝土保护层厚度应根据结构类别、环境条件和耐久性要求等确定，且不应小于30mm，并严格按施工规范控制保护层厚度。
6. 若土壤或水对混凝土及钢筋有腐蚀时，根据腐蚀等级采用相应的防腐处理。
7. 混凝土必须作施工配合比，并按规定提取试块。
8. 隧道纵向排水坡度不宜小于0.5%。

图10－22　2.0×2.1双侧支架布置电缆隧道断面配筋图　D－1－2－8

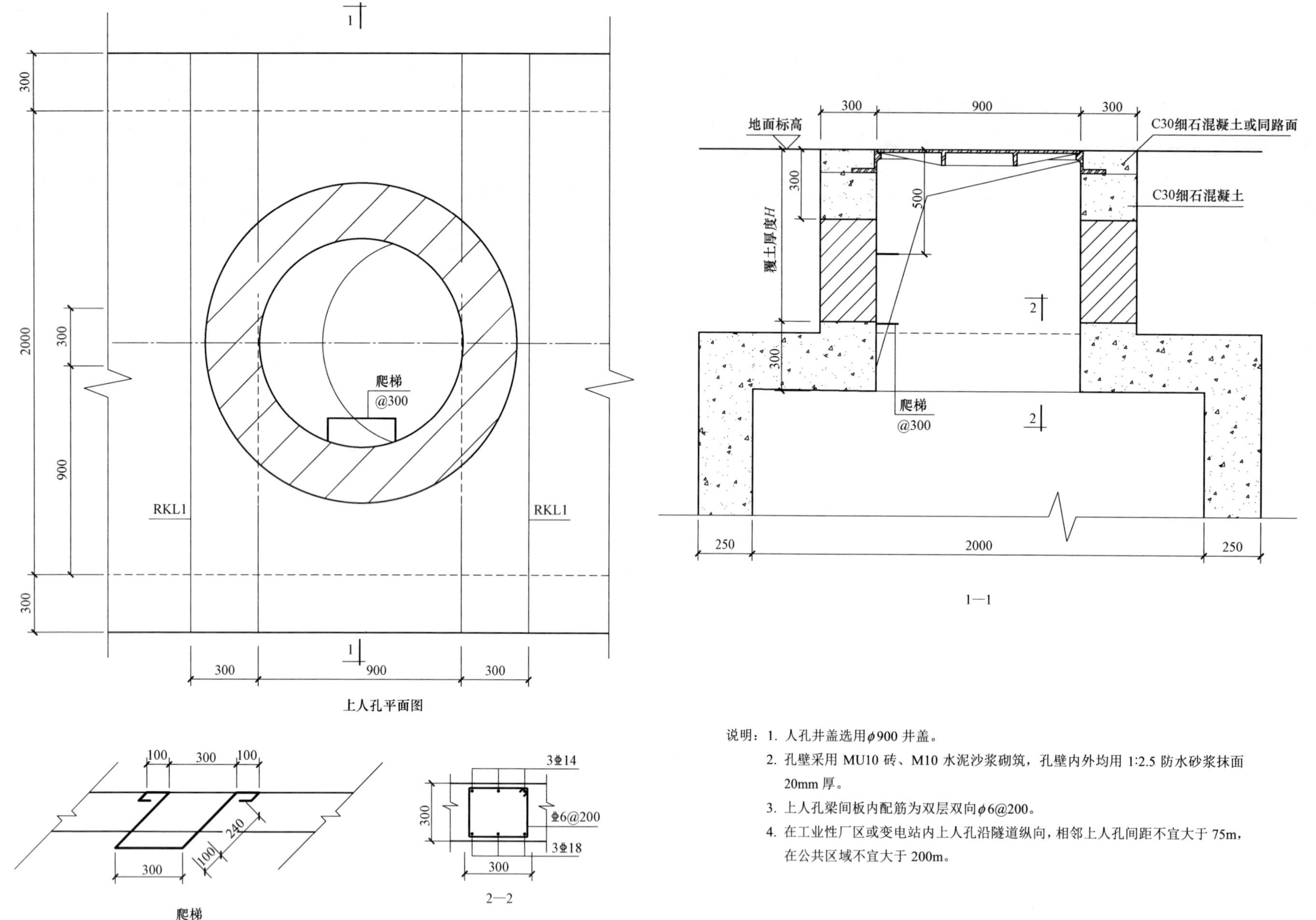

说明：1. 人孔井盖选用ϕ900 井盖。

2. 孔壁采用 MU10 砖、M10 水泥沙浆砌筑，孔壁内外均用 1:2.5 防水砂浆抹面 20mm 厚。

3. 上人孔梁间板内配筋为双层双向ϕ6@200。

4. 在工业性厂区或变电站内上人孔沿隧道纵向，相邻上人孔间距不宜大于 75m，在公共区域不宜大于 200m。

图 10－23　2.0×2.1 双侧支架布置电缆隧道上人孔详图　D－1－2－9

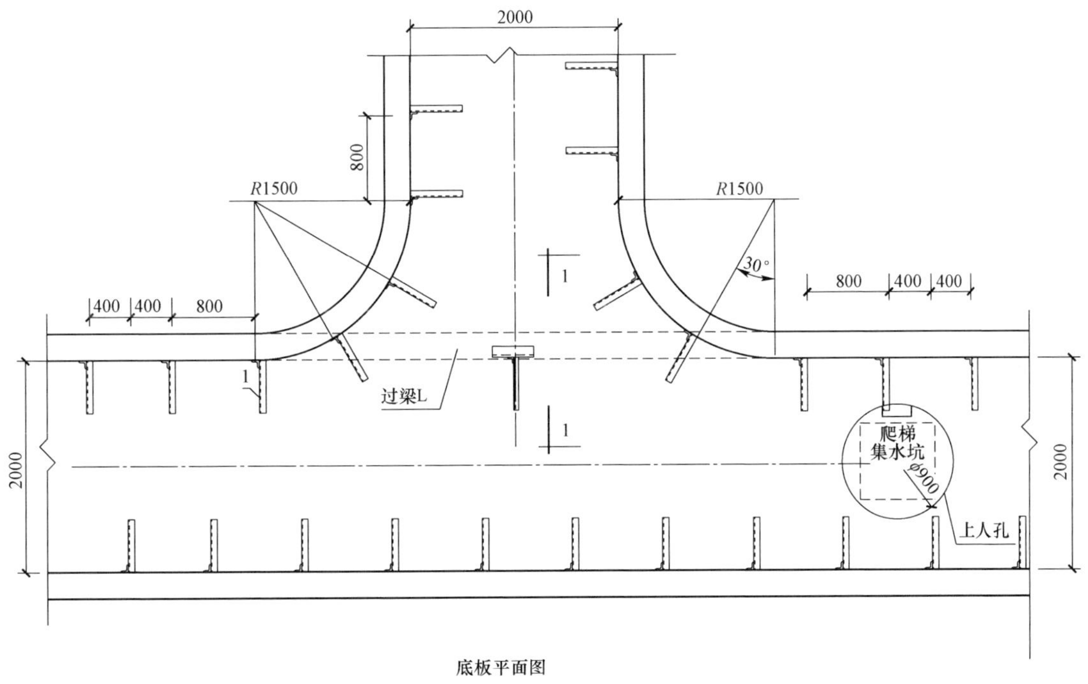

底板平面图

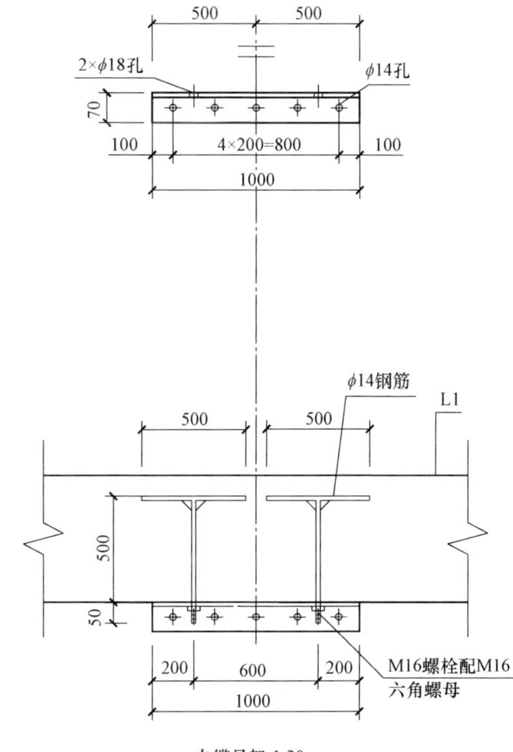

电缆吊架 1:20

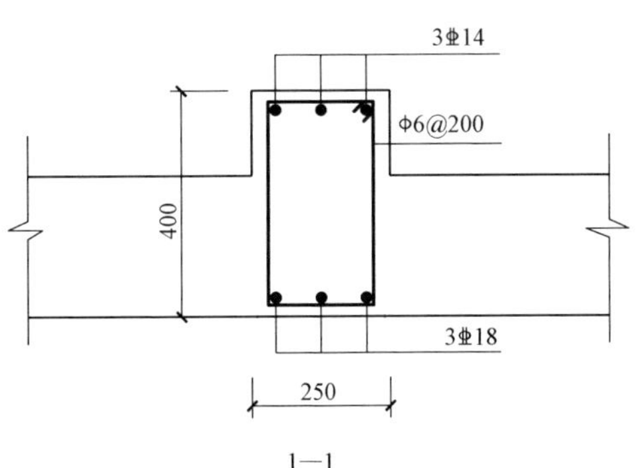

1—1

说明：1. “T”型、“十”型井过梁配筋均采用本图。

2. 转角处钢筋间距最大值须满足电缆沟配筋表中的间距要求。

图 10－24　2.0×2.1 双侧支架布置电缆隧道过梁配筋图　D－1－2－10

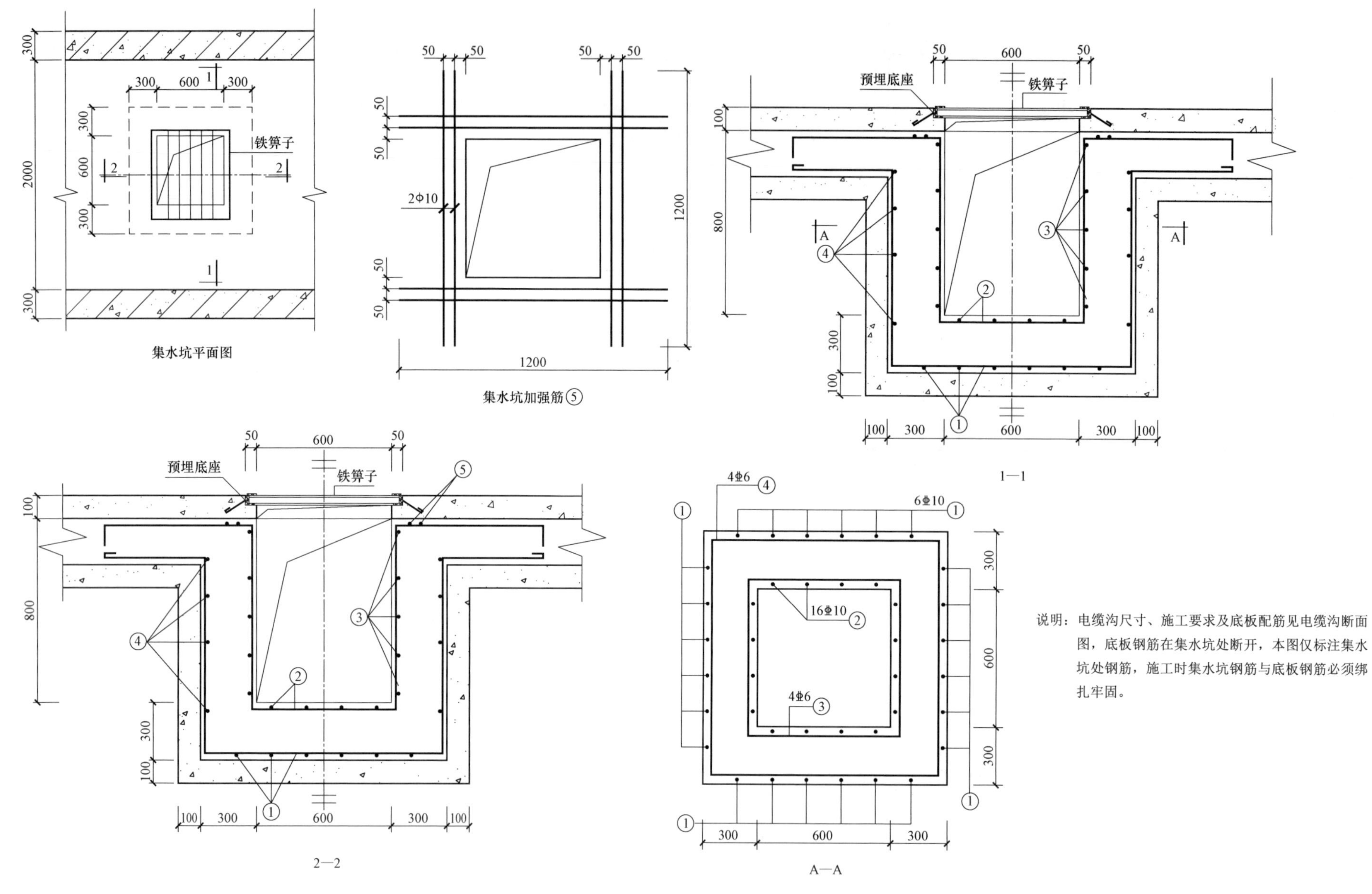

说明：电缆沟尺寸、施工要求及底板配筋见电缆沟断面图，底板钢筋在集水坑处断开，本图仅标注集水坑处钢筋，施工时集水坑钢筋与底板钢筋必须绑扎牢固。

图 10－25　2.0×2.1 双侧支架布置电缆隧道集水坑做法图　D－1－2－11

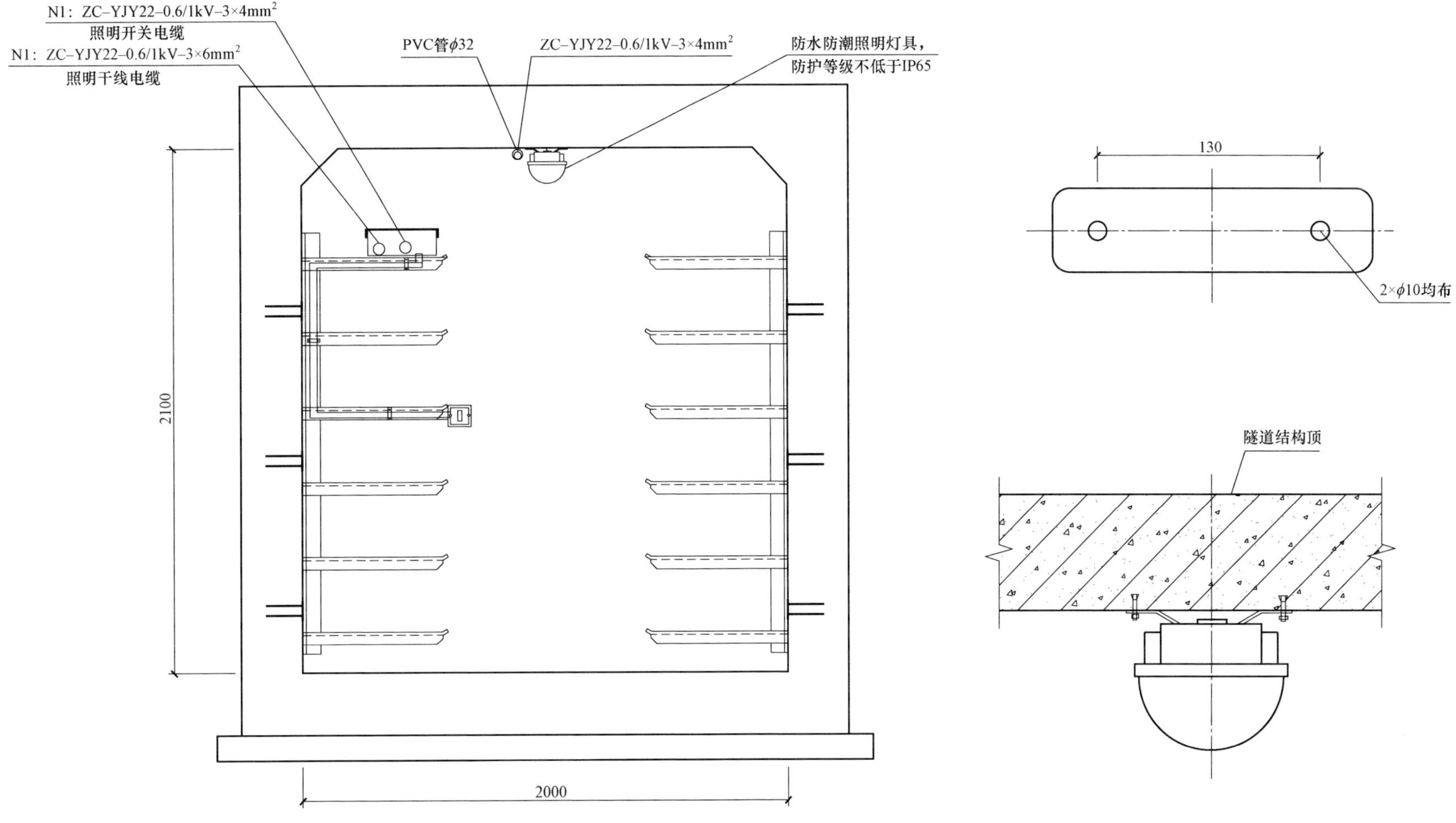

说明：1. 隧道灯具采用防潮防爆光源免维护灯具，吸顶安装。

2. 每个灯具用两个 M8×80 不锈钢膨胀螺栓（带平弹垫螺母）固定在隧道道顶板上。

3. 隧道照明开关采用防潮防爆型，如图安装于电缆支架上。

图 10－26　2.0×2.1 双侧支架布置电缆隧道灯具布置图　D－1－2－12

材　料　表

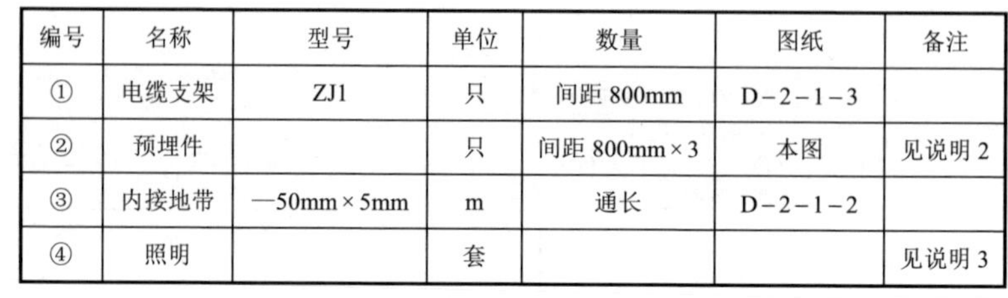

编号	名称	型号	单位	数量	图纸	备注
①	电缆支架	ZJ1	只	间距 800mm	D－2－1－3	
②	预埋件		只	间距 800mm×3	本图	见说明 2
③	内接地带	—50mm×5mm	m	通长	D－2－1－2	
④	照明		套			见说明 3

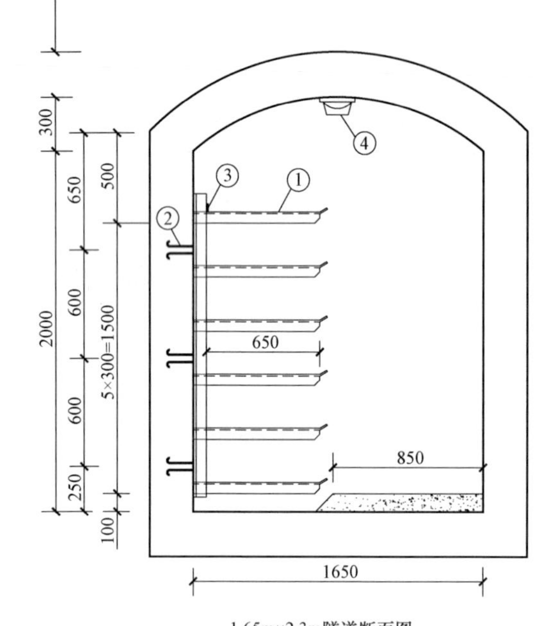

1.65m×2.3m隧道断面图

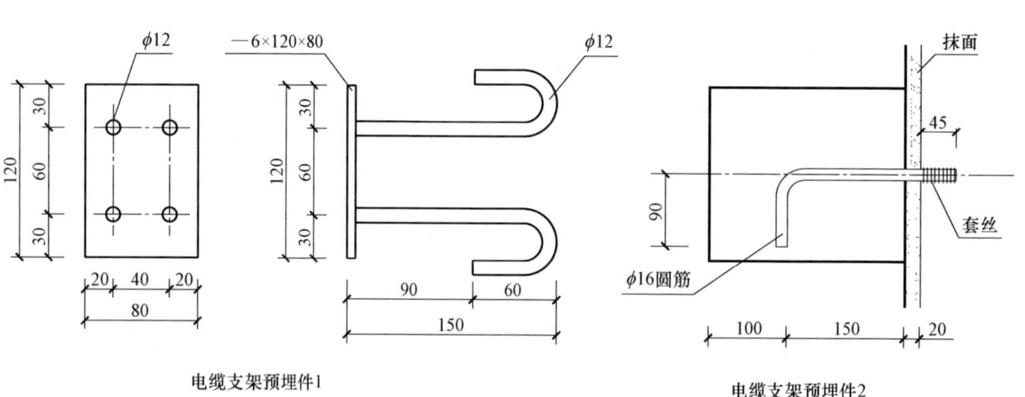

电缆支架预埋件1

电缆支架预埋件2

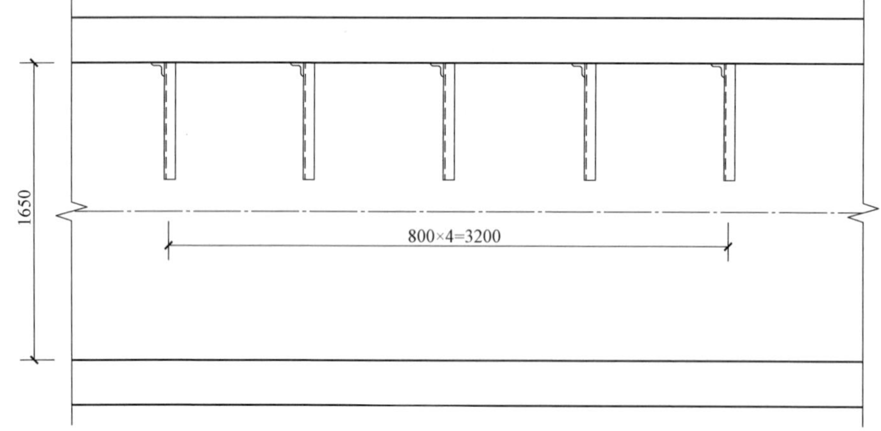

1.65m×2.3m隧道俯视图

说明：1. 本电缆隧道适用于浅埋暗挖 1.65m×2.3m 电缆隧道，覆土深度 H 不小于 7.0m。隧道支架单侧布置，水平间距 0.8m 排列，上下层支架间距净空不得小于 0.2m。

2. 本图预埋件按照螺栓连接作图，各省市按照各自情况可采用其他方式，如预埋钢板等。但钢板与角钢支架连接需焊接时，焊接后焊缝处需做好防腐。

3. 电缆隧道内照明、消防等系统，本图内仅示意；各省市使用时依据各自情况配置，本图不做统一要求。

4. 电缆隧道底板纵向排水坡度不得小于 0.5%，引致集水坑或排水管口，并根据实际情况确定是否与现状排水管网连接。

5. 本图给出 2 种电缆支架预埋件形式，实际情况可自行选择。

图 10－27　1.65×2.3 单侧支架布置暗挖电缆隧道断面图　D－2－1－1

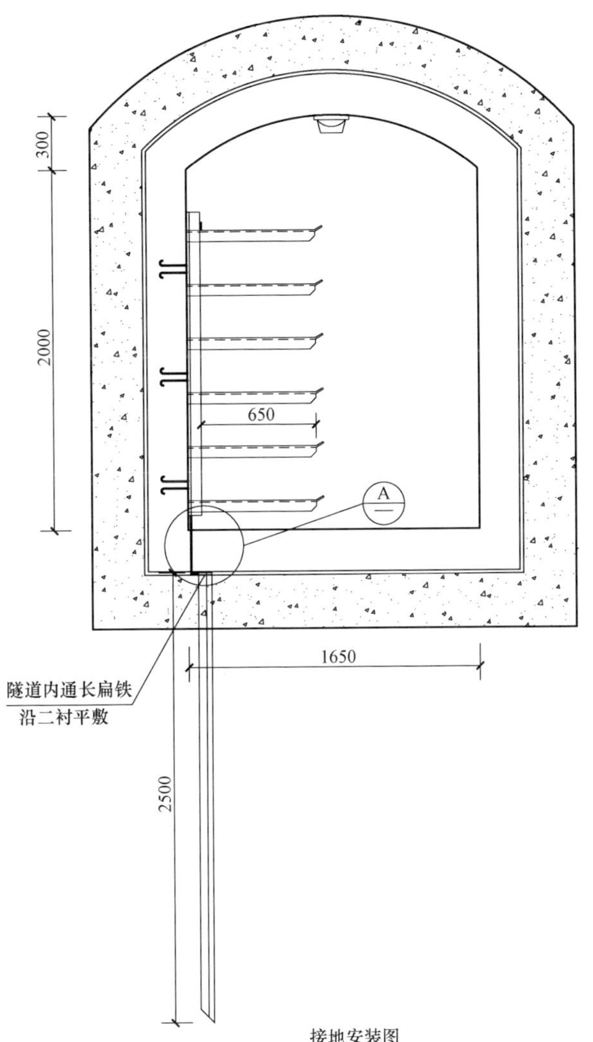

接地安装图

电缆接地装置材料表 统计单位：每 50m

编号	名称	规格	长度（mm）	单位	数量	单重（kg）	小计（kg）	总重（kg）	备注
①	接地极	∠50mm×5mm	2500	根	2	9.45	18.9	217.8	与连接带②焊接
②	连接带	—50mm×5mm	46800	根	1	91.25	91.25		与预埋部件⑤及接地极焊接
③	接入点连接带	—50mm×5mm	900	根	2	1.76	3.52		每 50m 四道，预埋隧道墙体内
④	内接地带	—50mm×5mm	50000	根	1	97.8	97.8		与电缆支架焊接，电缆隧道通长
⑤	钢板	—10mm×200mm×200mm		块	2	3.15	6.3		与连接带②③焊接

h/2 h/2 防水卷材包10mm ③ ⑤ 二衬结构 ② 初衬结构 防水卷材

Ⓐ 详图

⑤ ③ 50 100 50 200 75 50 75 200

引线与隔水板焊接位置图

80 80

Ⓐ 大样图

① ② 1650 ④ 接地引入点 ③ 1600 1600 1600 1600

平剖图

说明：1. 部件均为镀锌防腐，部件连接处全部采用双面焊，且焊接厚度大于 6mm。

2. 焊接完毕后，清除焊渣，并涂一层防腐漆，两层银色油漆。

3. 接地带沿全沟内侧通长敷设，接地极每 50m 一处。

4. 双侧支架电缆隧道设置双侧接地极，单侧支架电缆隧道设置单侧接地极。

5. 电缆隧道接地电阻不宜大于 10Ω。

图 10－28 1.65×2.3 单侧支架布置暗挖电缆隧道接地详图 D－2－1－2

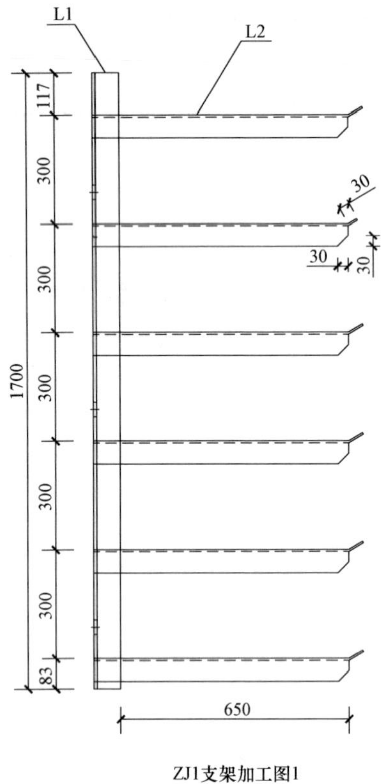

ZJ1支架加工图1

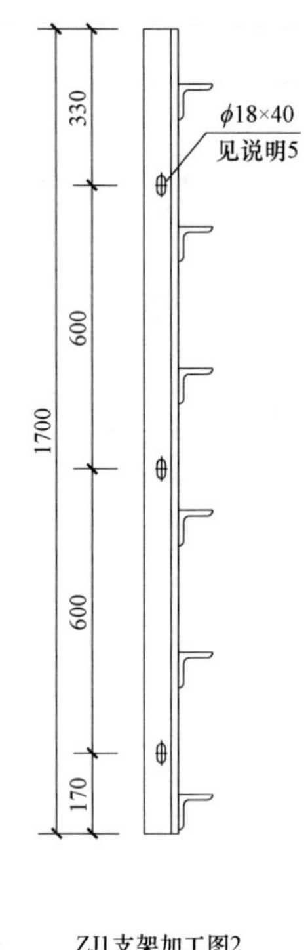

ZJ1支架加工图2

电缆隧道支架材料表

支架类型	规格	长度（mm）	数量	单重（kg）	小计（kg）	合计（kg）
L1	∠75mm×8mm	1700	1	15.35	15.35	40.24
L2	∠63mm×6mm	725	6	4.148	24.89	

说明：1. L1、L2之间焊接连接，焊缝高度不小于母材厚度。
2. 材料选用Q235B钢。
3. 电缆支架焊接后进行除锈处理，并整体镀锌防腐。
4. 支架横担不得有飞边毛刺，夹角需打磨圆滑。
5. 本图支架与电缆隧道本体固定采用螺栓固定方式设计，当采用与预埋钢板焊接方式时不需留该孔，焊缝高度不小于母材厚度。
6. 电缆支架ZJ1其固定方式各地可依据当地情况螺栓连接或焊接。

图10－29　1.65×2.3单侧支架布置暗挖电缆隧道支架加工图　D－2－1－3

材 料 表

编号	名称	型号	单位	数量	图纸	备注
①	电缆支架	ZJ1	只	间距 800mm	D－2－2－3	
②	预埋件		只	水平间距 800mm×3	本图	见说明 2
③	内接地带	—50mm×5mm	m	通长	D－2－2－2	
④	照明		套			见说明 3

2.0m×2.3m隧道断面图

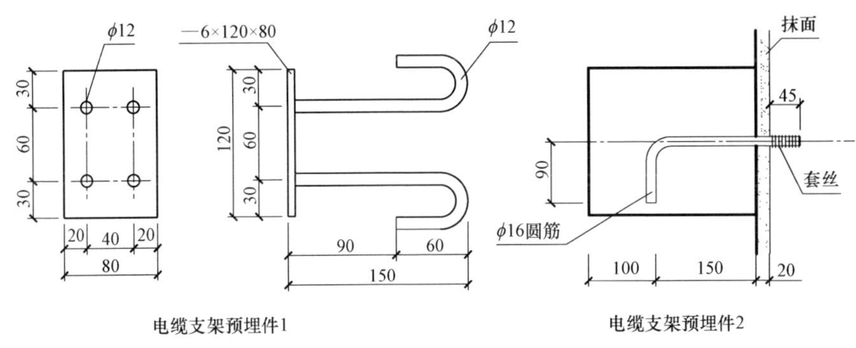

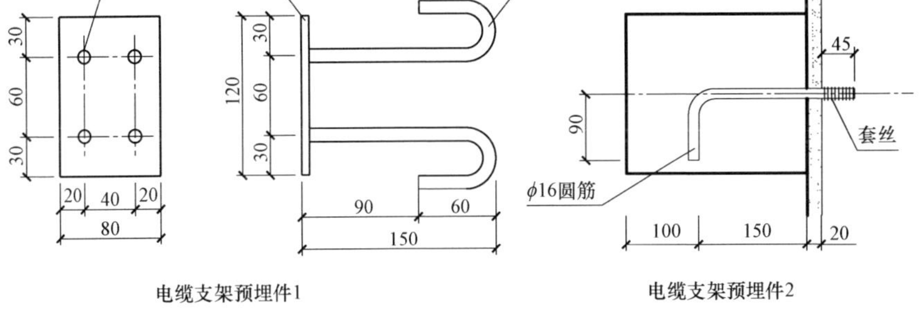

电缆支架预埋件1

电缆支架预埋件2

说明：1. 本电缆隧道适用于浅埋暗挖 2.0m×2.3m 电缆隧道，覆土深度 H 不小于 7.0m。隧道支架双侧布置，水平间距 0.8m 排列，上下层支架间距净空不得小于 0.2m。

2. 本图预埋件按照螺栓连接作图，各省市按照各自情况可采用其他方式，如预埋钢板等。但钢板与角钢支架连接需焊接时，焊接后焊缝处需做好防腐。
3. 电缆隧道内照明、消防等系统，本图内仅示意，各省市使用时依据各自情况配置，本图不做统一要求。
4. 电缆隧道底板纵向排水坡度不得小于 0.5%，引致集水坑或排水管口，并根据实际情况确定是否与现状排水管网连接。
5. 本图给出 2 种电缆支架预埋件形式，实际情况可自行选择。

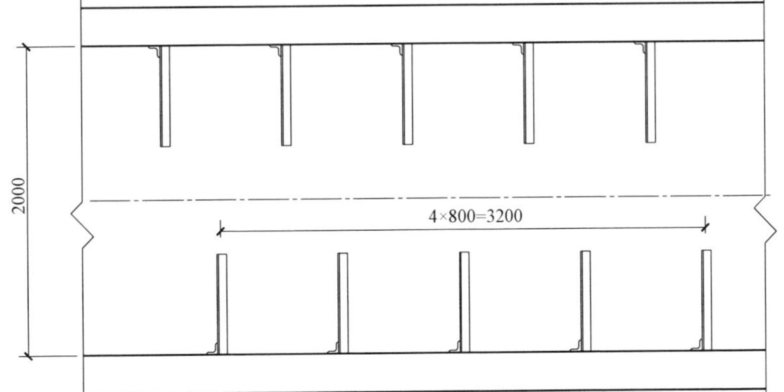

2.0m×2.3m隧道俯视图

图 10－30 2.0×2.3 双侧支架布置暗挖电缆隧道断面图 D－2－2－1

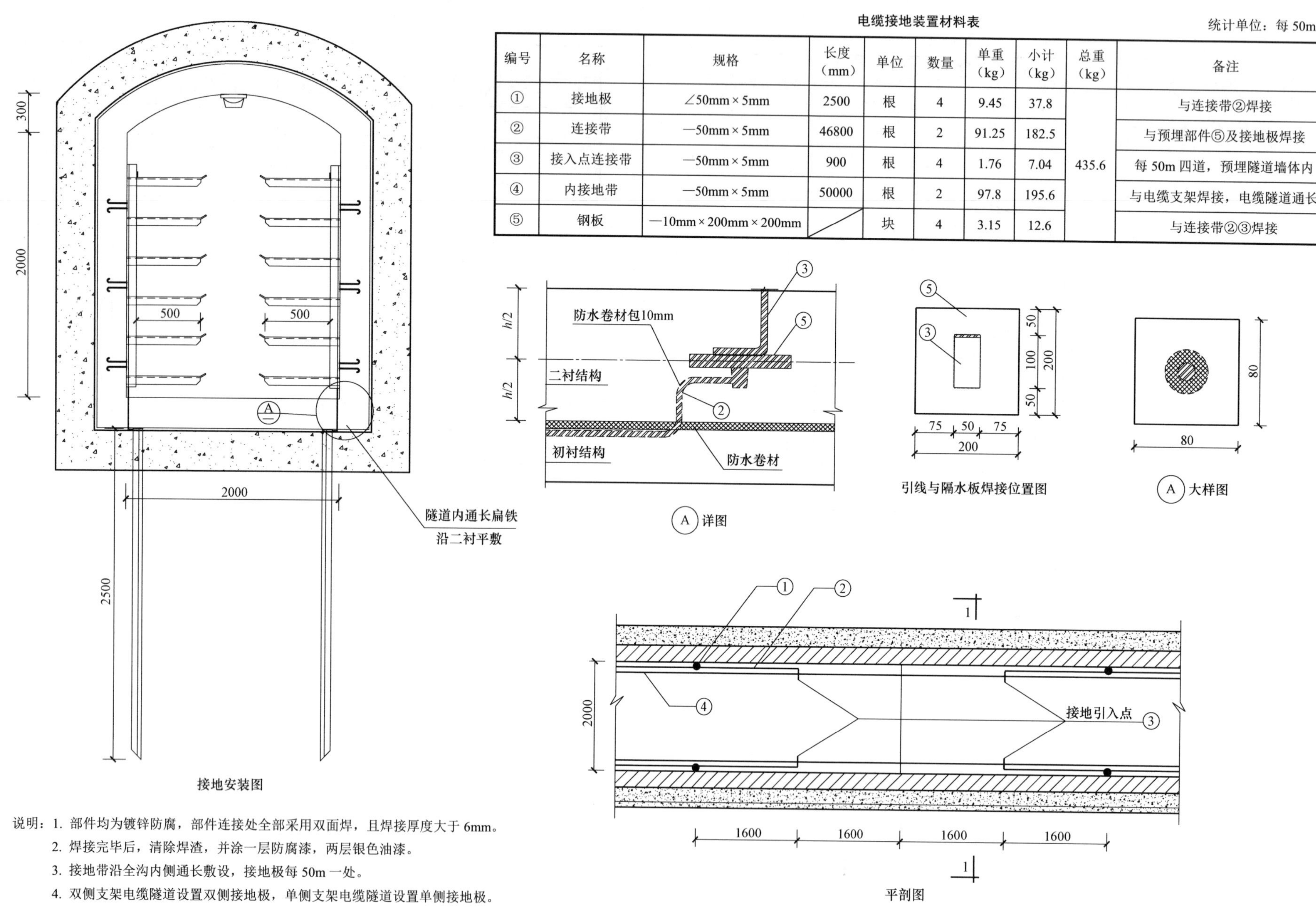

电缆接地装置材料表

统计单位：每 50m

编号	名称	规格	长度（mm）	单位	数量	单重（kg）	小计（kg）	总重（kg）	备注
①	接地极	∠50mm×5mm	2500	根	4	9.45	37.8	435.6	与连接带②焊接
②	连接带	—50mm×5mm	46800	根	2	91.25	182.5		与预埋部件⑤及接地极焊接
③	接入点连接带	—50mm×5mm	900	根	4	1.76	7.04		每 50m 四道，预埋隧道墙体内
④	内接地带	—50mm×5mm	50000	根	2	97.8	195.6		与电缆支架焊接，电缆隧道通长
⑤	钢板	—10mm×200mm×200mm		块	4	3.15	12.6		与连接带②③焊接

说明：1. 部件均为镀锌防腐，部件连接处全部采用双面焊，且焊接厚度大于 6mm。
2. 焊接完毕后，清除焊渣，并涂一层防腐漆，两层银色油漆。
3. 接地带沿全沟内侧通长敷设，接地极每 50m 一处。
4. 双侧支架电缆隧道设置双侧接地极，单侧支架电缆隧道设置单侧接地极。
5. 电缆隧道接地电阻不宜大于 10Ω。

图 10－31　2.0×2.3 双侧支架布置暗挖电缆隧道接地详图　D－2－2－2

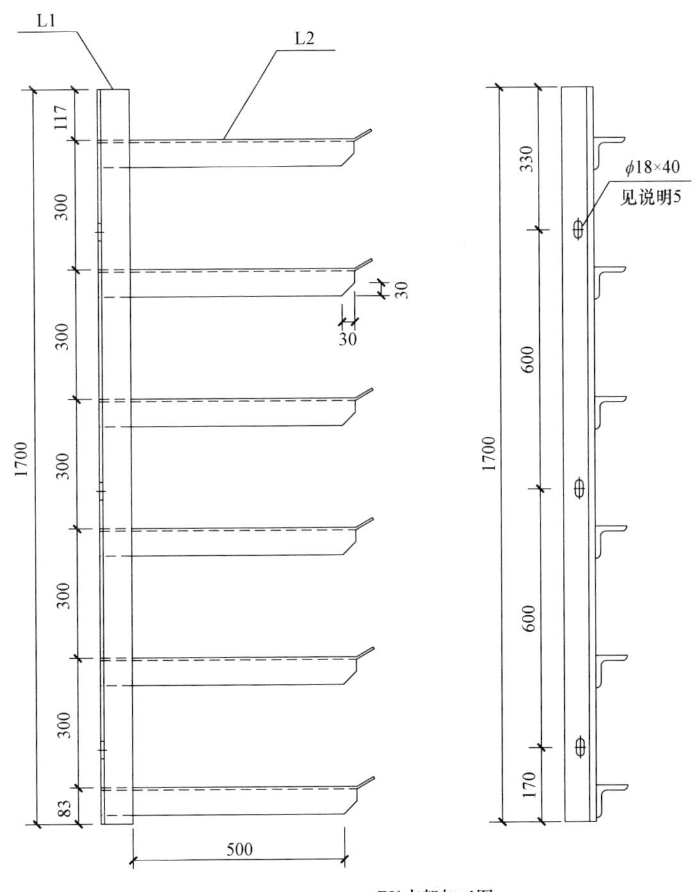

ZJ1支架加工图

电缆隧道支架材料表

序号	支架类型	规格	长度（mm）	数量	单重（kg）	小计（kg）	合计（kg）
1	L1	∠75mm×8mm	1700	1	15.35	15.35	35.09
	L2	∠63mm×6mm	575	6	3.29	19.74	

说明：1. L1、L2之间焊接连接，焊缝高度不小于母材厚度。
2. 材料选用HPB300钢。
3. 电缆支架焊接后进行除锈处理，并整体镀锌防腐。
4. 支架横担不得有飞边毛刺，夹角需打磨圆滑。
5. 本图支架与电缆隧道本体固定采用螺栓固定方式设计，当采用与预埋钢板焊接方式时不需留该孔，焊缝高度不小于母材厚度。
6. 电缆支架ZJ1其固定方式各地可依据当地情况螺栓连接或焊接。

图10－32　2.0×2.3双侧支架布置暗挖电缆隧道支架加工图　D－2－2－3

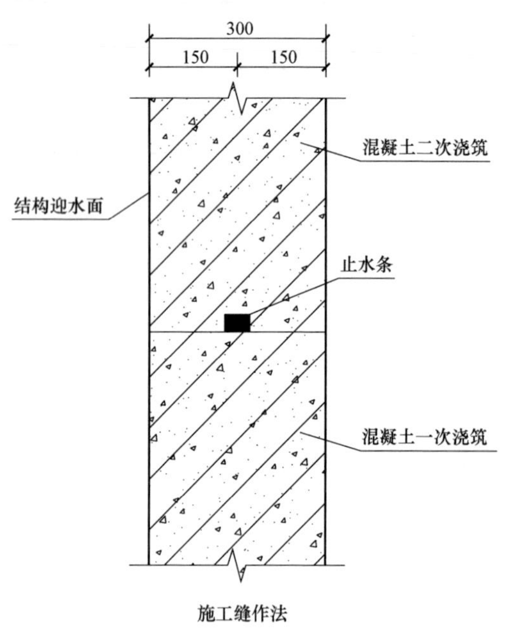

施工缝作法

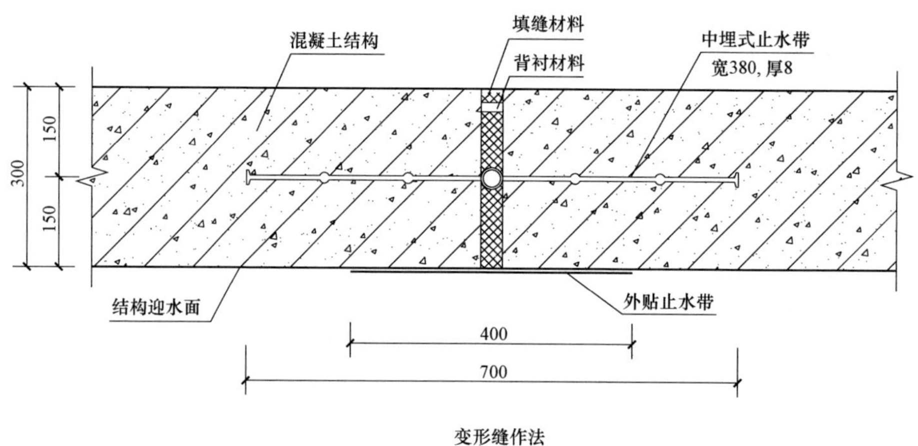

变形缝作法

说明：1. 施工缝的施工应符合下列规定：

（1）水平施工缝浇筑混凝土前，应将其表面浮浆和杂物清除，然后铺设净浆或涂刷混凝土界面处理剂等材料，再铺 30～50mm 厚的 1∶1 水泥砂浆，并应按《普通混凝土用碎石或混凝土用碎石或卵石质量标准及检验方法》（JGJ 52—2006）的有关规定及时浇筑。

（2）砂宜选用坚硬、抗风化性强、洁净的中粗砂，不应使用海砂，砂的质量要求应符合 JGJ 52—2006 有关规定。

2. 中埋式止水带施工应符合下列规定：

（1）止水带埋设位置应准确，其中间空心圆环应与变形缝的中心线重合。

（2）止水带应固定，顶、底板内止水带应成盆状安设。

（3）中埋式止水带先施工一侧混凝土时，其端模应支撑牢固，并应严防漏浆。

（4）止水带的接缝宜为一处，应设在边墙较高位置上，不得设在结构转角处，接头宜采用热压焊接。

（5）中埋式止水带在转弯处应做成圆弧形，（钢边）橡胶止水带的转角半径不应小于 200mm，转角半径应随止水带的宽度增大而相应加大。

（6）变形缝沿电缆隧道纵向每隔 30m 设置一处。

图 10－33　电缆隧道变形缝、施工缝做法图　D－T－1

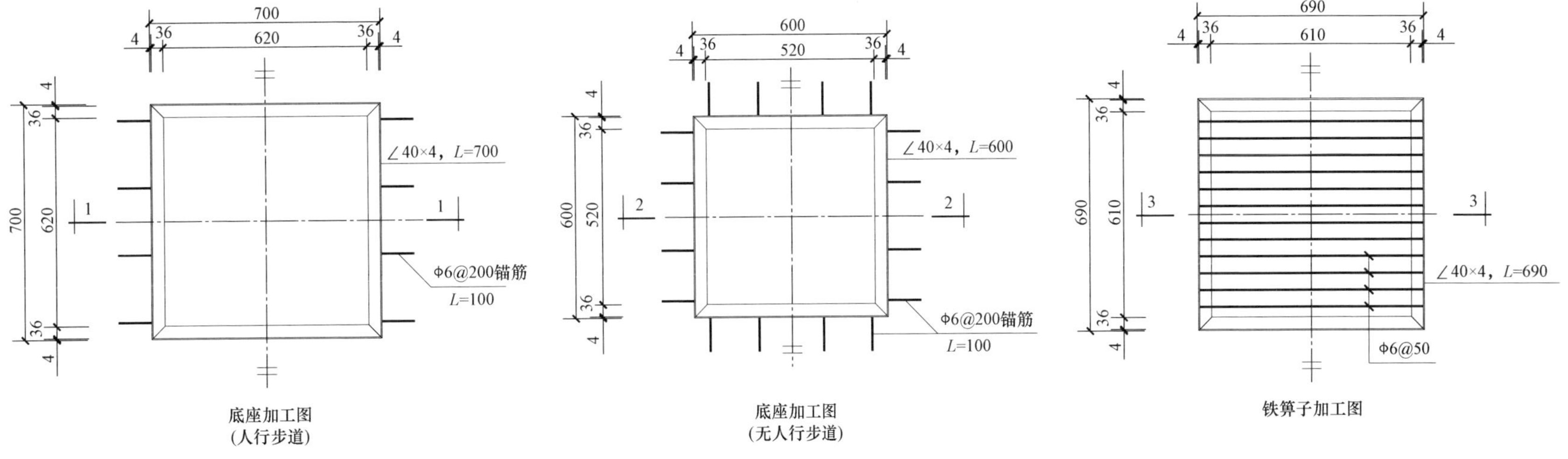

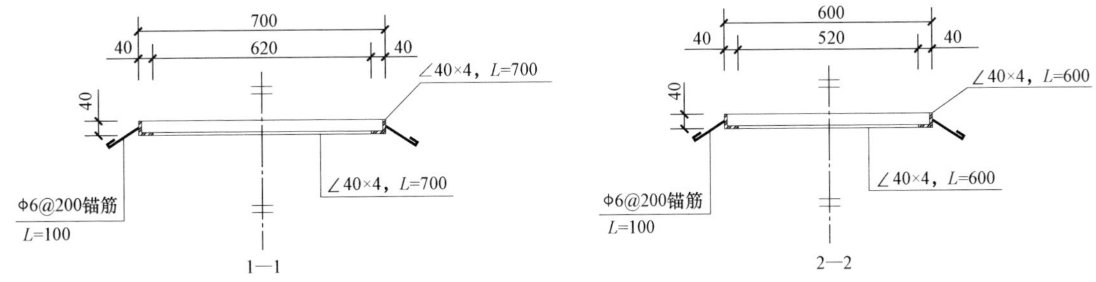

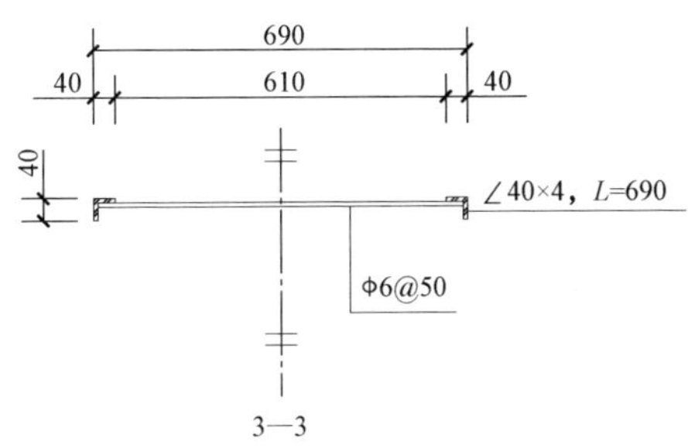

说明：1. 人行步道的有无见电缆隧道断面图。

2. 底座的预埋位置见集水坑详图。

图 10－34　电缆隧道集水坑底座及箅子加工图　D－T－2

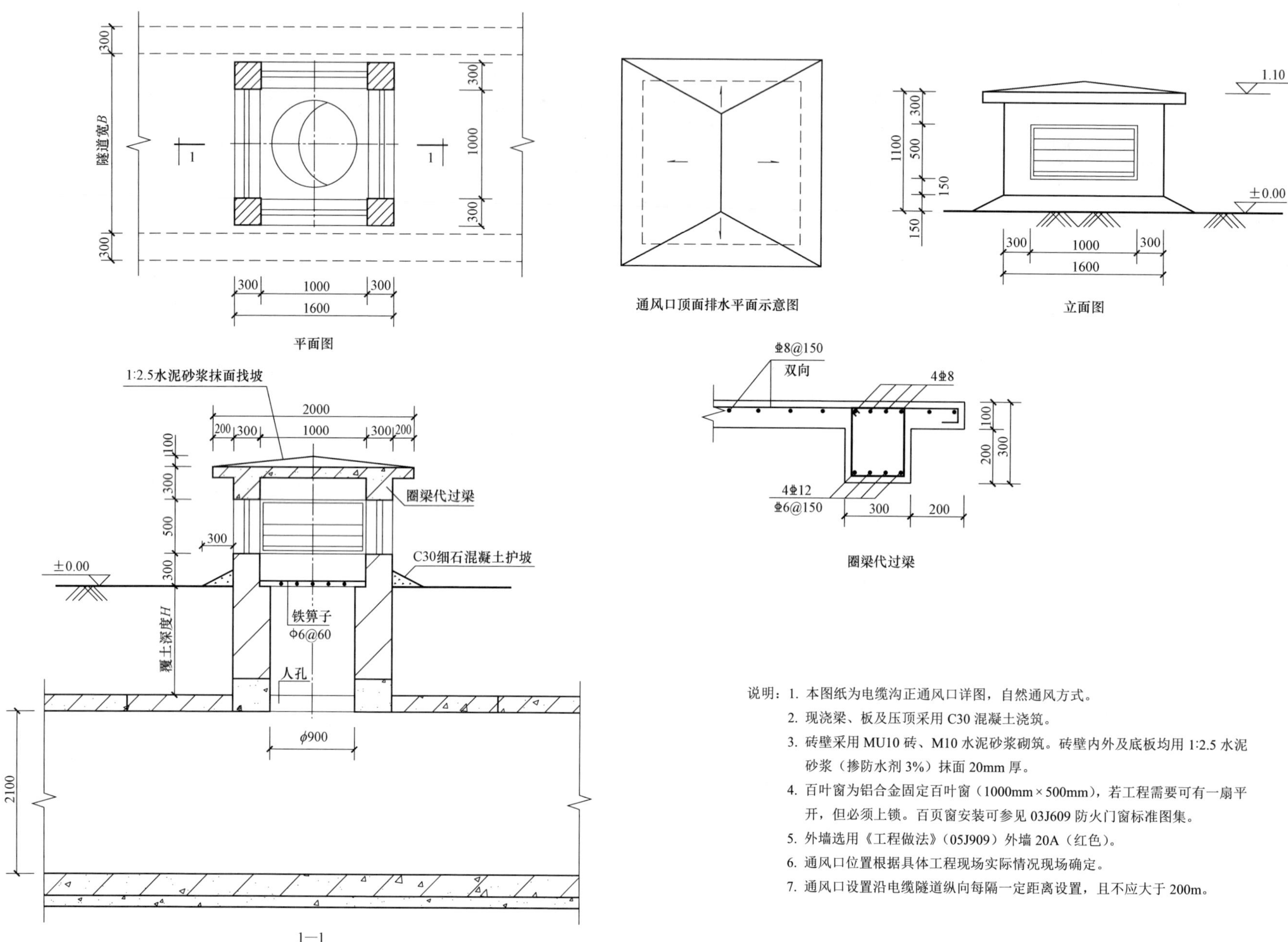

说明：1. 本图纸为电缆沟正通风口详图，自然通风方式。
2. 现浇梁、板及压顶采用 C30 混凝土浇筑。
3. 砖壁采用 MU10 砖、M10 水泥砂浆砌筑。砖壁内外及底板均用 1:2.5 水泥砂浆（掺防水剂 3%）抹面 20mm 厚。
4. 百叶窗为铝合金固定百叶窗（1000mm×500mm），若工程需要可有一扇平开，但必须上锁。百页窗安装可参见 03J609 防火门窗标准图集。
5. 外墙选用《工程做法》（05J909）外墙 20A（红色）。
6. 通风口位置根据具体工程现场实际情况现场确定。
7. 通风口设置沿电缆隧道纵向每隔一定距离设置，且不应大于 200m。

图 10－35　电缆隧道正通风口详图　D－T－3

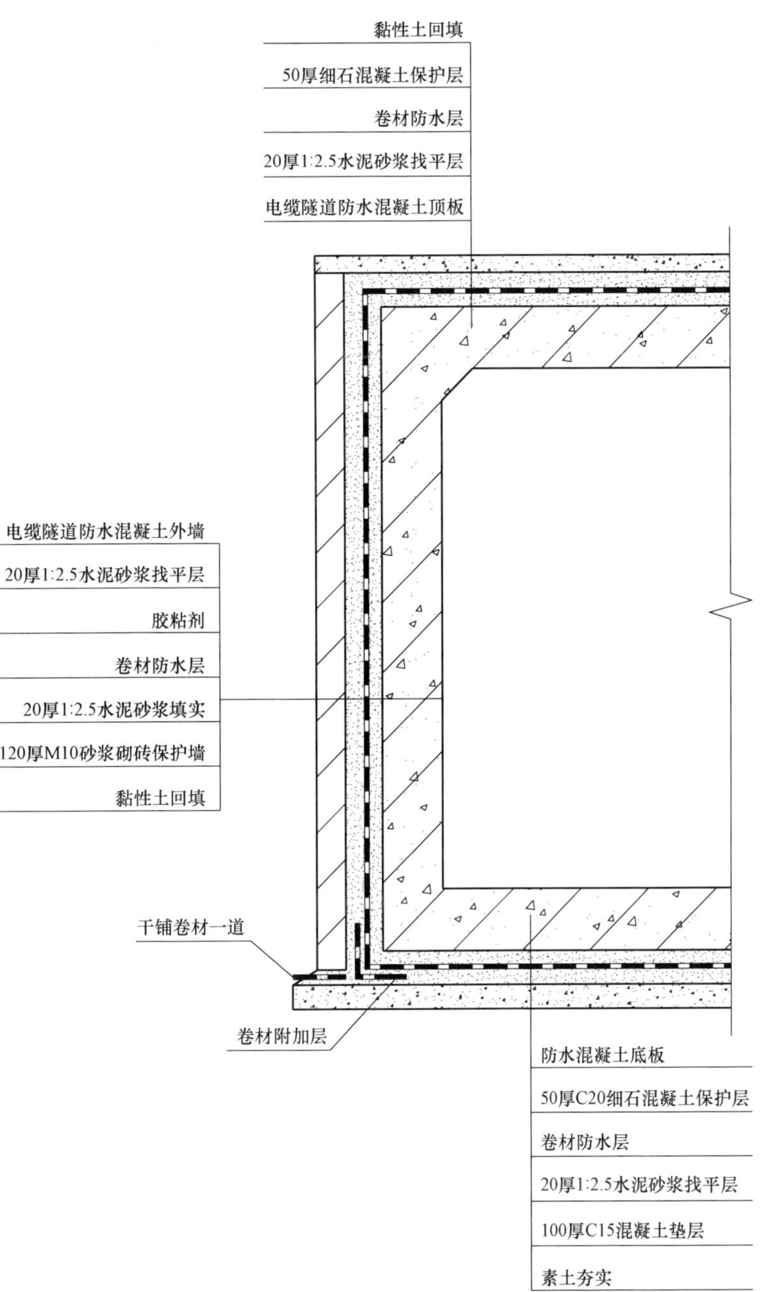

说明：1. 电缆隧道防水等级为二级。

2. 卷材可选用合成高分子防水卷材，高聚物改性沥青防水卷材、水泥基柔性防水卷材、自粘性橡胶沥青防水卷材。
3. 保护层可选用聚苯板、聚氯乙烯泡沫塑料、非黏土烧结砖。
4. 当混凝土表面平整、光滑，找平层可取消。
5. 回填土可采用素黏土或 2:8 灰土，分层夯实，宽度不小于 500mm。
6. 卷材附加层宽度不小于 500mm。
7. 卷材防水层转角构造等参照《地下建筑防水构造》(02J301)。

图 10－36　电缆隧道外防水做法图　D－T－4

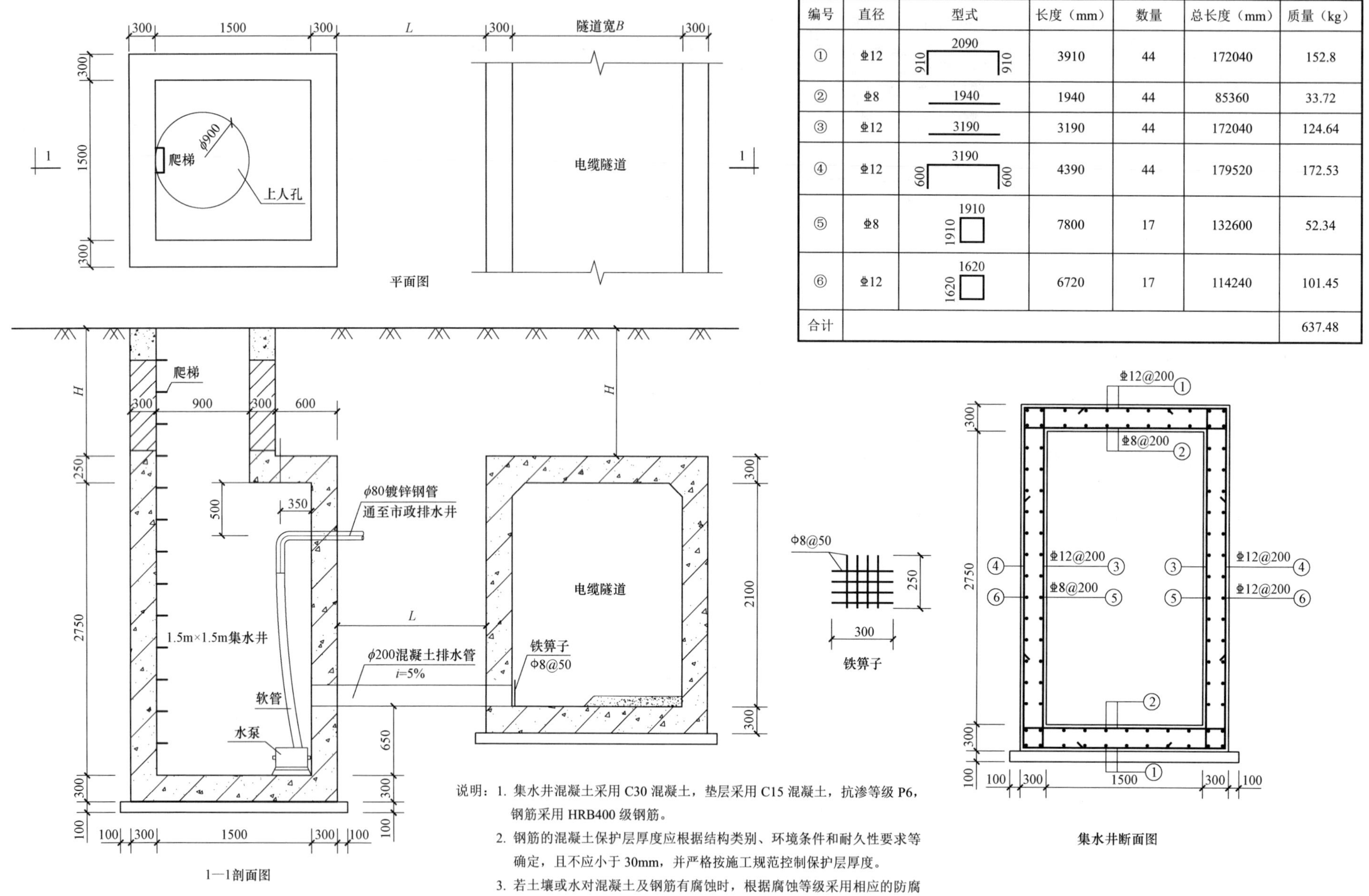

每米钢筋用量表

编号	直径	型式	长度（mm）	数量	总长度（mm）	质量（kg）
①	⏀12	910 2090 910	3910	44	172040	152.8
②	⏀8	1940	1940	44	85360	33.72
③	⏀12	3190	3190	44	172040	124.64
④	⏀12	600 3190 600	4390	44	179520	172.53
⑤	⏀8	1910 1910	7800	17	132600	52.34
⑥	⏀12	1620 1620	6720	17	114240	101.45
合计						637.48

说明：1. 集水井混凝土采用 C30 混凝土，垫层采用 C15 混凝土，抗渗等级 P6，钢筋采用 HRB400 级钢筋。

2. 钢筋的混凝土保护层厚度应根据结构类别、环境条件和耐久性要求等确定，且不应小于 30mm，并严格按施工规范控制保护层厚度。

3. 若土壤或水对混凝土及钢筋有腐蚀时，根据腐蚀等级采用相应的防腐处理。

图 10-37 电缆隧道集水井做法图 D-T-5

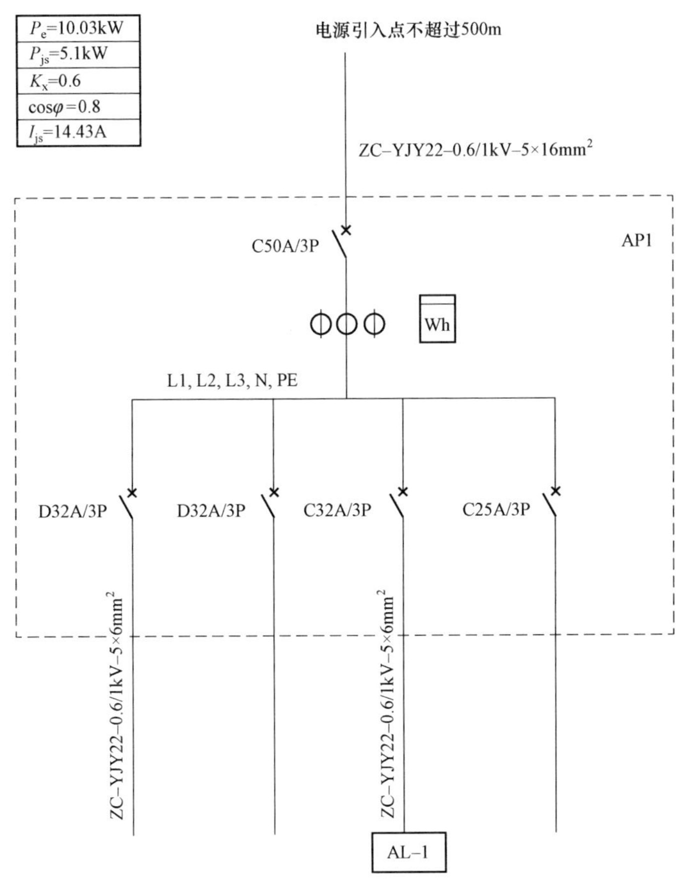

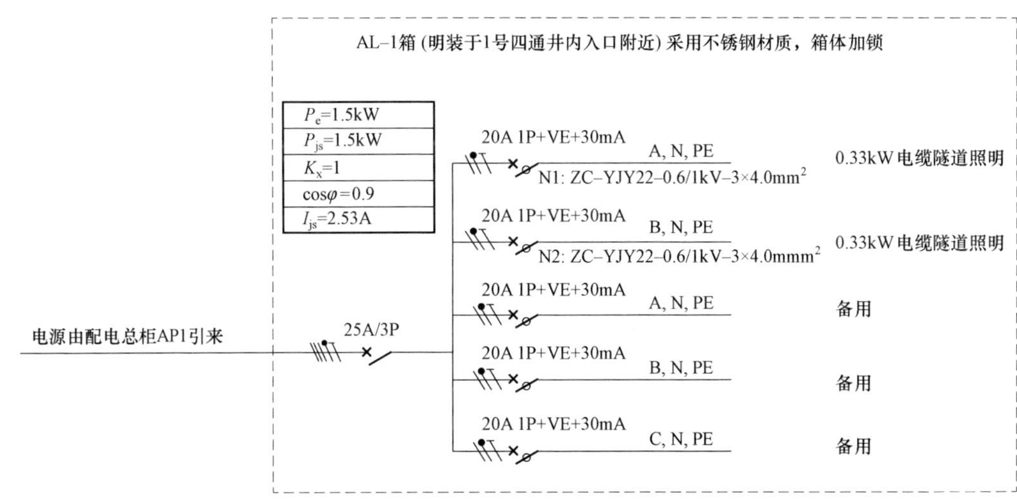

说明：1. 本隧道每125m照明由两段供电，照明AL－1箱电源由AP1柜提供。
2. 每5m设一个照明灯具，不超过125m内照明灯具为一个照明支路，超过125m后增加回路数且每回路灯具数不超过25盏，照度不小于15lx。
3. 在靠近检查井入口处及灯具回路分界处设置双控开关。
4. 照明电源AL－1内空气开关正常在合闸状态，当人员从任意检查井进入隧道后，通过操作位于入口处的双控开关来控制隧道内灯具的开启和关闭。
5. AP1由附近不大于500m的电源点供电，系统图如图所示。

设备容量（kW）	3	3	1.5	1.5
用途	排水泵	备用	照明电源	备用
备注				

图10－38　电缆隧道配电系统图　D－T－6

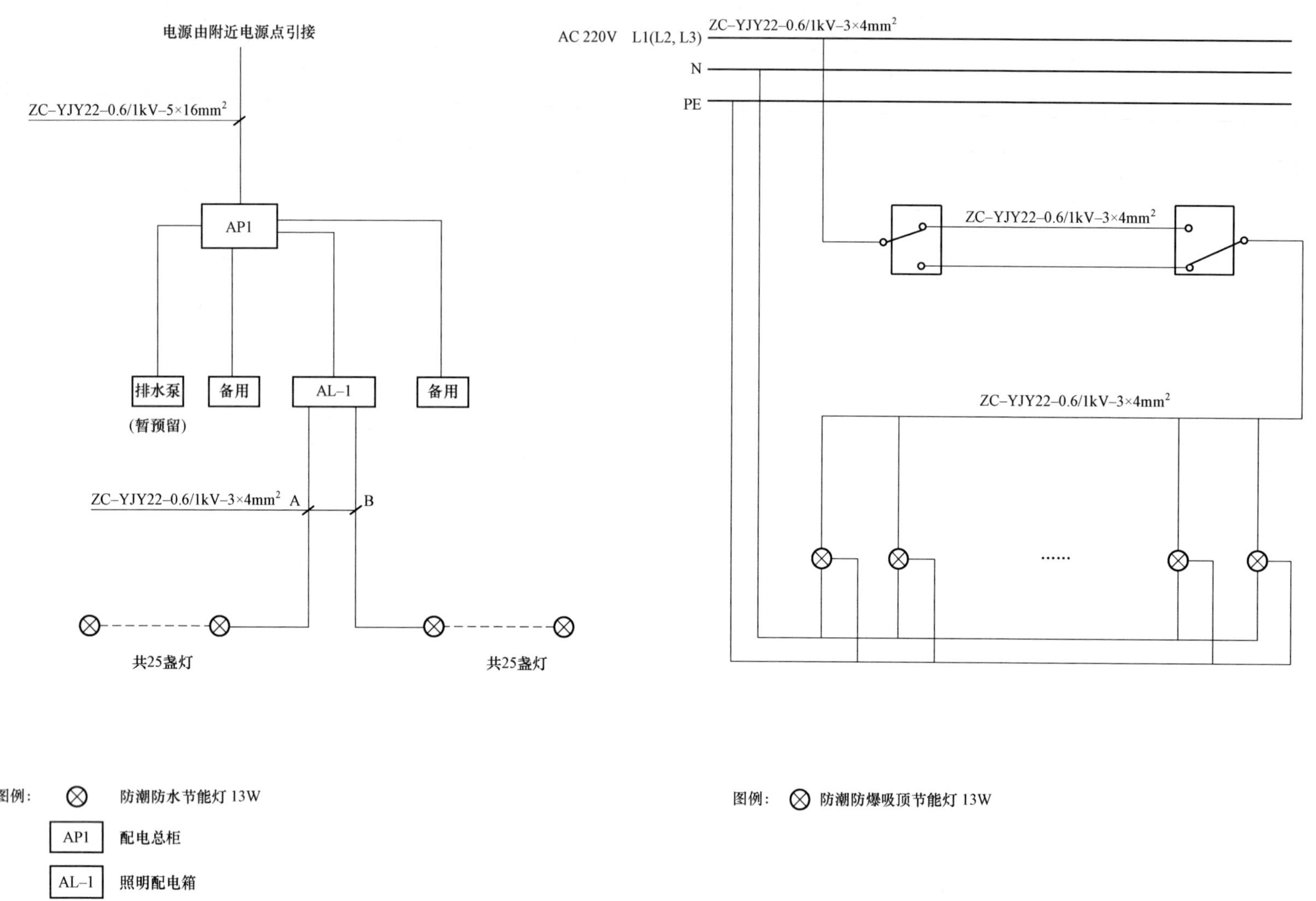

图 10-39　电缆隧道照明系统原理接线图　D-T-7

第 11 章　电缆井敷设方案（E 模块）

11.1　概述

电缆井敷设方案共分为 5 个子模块，分别为 E－1（直线井）、E－2（转角井）、E－3（三通井）、E－4（四通井）、E－5（八角形四通井）。根据电缆敷设工艺要求，采用人员下井工作模式时，电缆井深度不小于 1.9m，其井盖尺寸应满足人员上下井；当采用人员不下井工作模式时，电缆井深度可适当调整，其盖板全部可开启。

11.2　模块适用范围

本模块一般与 B、C 模块一起组合使用。

E－1 子模块：用于电缆通道的直线段。

E－2 子模块：用于电缆通道的转角处。

E－3 子模块：用于电缆通道的直线加转角处。

E－4 子模块：用于两个电缆通道的交叉处。

E－5 子模块：用于两个电缆通道的交叉，场地尺寸受限制处。

11.3　模块设计说明

11.3.1　E－1 子模块

E－1 子模块为直线井子模块，按外部荷载、盖板模式等要求，敷设方式分 4 个断面，有两种盖板模式。E－1 子模块技术参数一览表见表 11－1。

表 11－1　　E－1 子模块技术参数一览表

序号	沟体结构	荷载通车轴标准轴载（kN）	长（m）×宽（m）×深（m）	盖板模式	断面编号
1	钢筋混凝土	≤100	6×1.6×1.9	人孔	E－1－11
			6×1.3×1.8	全开启	E－1－18
2	钢筋混凝土	≤100	6×2.0×1.9	人孔	E－1－15
			6×1.9×1.8	全开启	E－1－20

11.3.2　E－2 子模块

E－2 子模块为转角井子模块，按外部荷载、盖板模式等要求，敷设方式分 4 个断面，有两种盖板模式。E－2 子模块技术参数一览表见表 11－2。

表 11－2　　E－2 子模块技术参数一览表

序号	沟体结构	荷载通车轴标准轴载（kN）	长（m）×宽（m）×深（m）	盖板模式	断面编号
1	钢筋混凝土	≤100	（6～10）×1.6×1.9	人孔	E－2－3
			（6～10）×1.3×1.8	全开启	E－2－7
2	钢筋混凝土	≤100	（6～10）×2.0×1.9	人孔	E－2－5
			（6～10）×1.9×1.8	全开启	E－2－8

11.3.3　E－3 子模块

E－3 子模块为三通井子模块，按外部荷载、盖板模式等要求，敷设方式分 4 个断面，有两种盖板模式。E－3 子模块技术参数一览表见表 11－3。

表 11－3　　E－3 子模块技术参数一览表

序号	沟体结构	荷载通车轴标准轴载（kN）	长（m）×宽（m）×深（m）	盖板模式	断面编号
1	钢筋混凝土	≤100	5×1.6×1.9	人孔	E－3－3
			6×1.3×1.8	全开启	E－3－7
2	钢筋混凝土	≤100	5×2.0×1.9	人孔	E－3－5
			6×1.9×1.8	全开启	E－3－8

注　分支通道宽度根据实际情况，可选择 1.6m 或 2.0m。

11.3.4　E－4 子模块

E－4 子模块为四通井子模块，按外部荷载、盖板模式等要求，敷设方式分 2 种断面，有两种盖板模式，E－4 子模块技术参数一览表见表 11－4。

表 11-4　　E-4 子模块技术参数一览表

序号	沟体结构	荷载通车轴标准轴载（kN）	长（m）×宽（m）×深（m）	盖板模式	子模块编号
1	钢筋混凝土	≤100	5×（2.0/2.0）×1.9	人孔	E-4-5
			6×（1.9/1.9）×1.8	全开启	E-4-11

11.3.5　E-5 子模块

E-5 子模块为八角形四通井子模块，设计 2 种断面，1 种盖板模式。E-5 子模块技术参数一览表见表 11-5。

表 11-5　　E-5 子模块技术参数一览表

序号	沟体结构	荷载通车轴标准轴载（kN）	长（m）×宽（m）×深（m）	盖板模式	子模块编号
1	钢筋混凝土	≤100	3.6×3.6×1.8	全开启	E-5-1
2	钢筋混凝土	≤100	4.6×4.6×1.8	全开启	E-5-2

11.3.6　附属设施

电缆盖板上表面应设置电力标识。

11.3.7　使用说明

电缆井土建设计应满足电气尺寸要求，遵循结构安全可靠、经济合理、技术先进、坚固耐久、施工简便原则。电缆井采用混凝土构成，其结构应满足可能承受的荷载和适合环境耐久的要求，根据地形情况设置直线井、转角井、三通井、四通井和八角形四通井等型式。

11.3.7.1　电缆井主要使用原则

（1）电缆井长度根据敷设在同一工井内最长的电缆接头以及能吸收来自排管内电缆的热伸缩量所需的伸缩弧尺寸决定，且伸缩弧的尺寸应满足电缆在寿命周期内电缆金属护套不出现疲劳现象。

（2）电缆井间距按计算牵引力不超过电缆容许牵引力来确定，直线段一般控制在 50m 左右。

（3）电缆井需设置集水坑，泄水坡度不小于 0.5%。

（4）非全开启电缆井设人孔 2 个，用于采光、通风以及施工和运行人员上下，人孔基座的具体预留尺寸及方式，各地可根据实际运行情况适当调整。

（5）人孔上应设置井盖，并在井盖上设有电力标识，井盖材料可采用铸铁或复合高强度材料等，井盖应能承受汽-15 级荷载。

（6）人孔处根据实际情况可采取防坠落网等防护措施。

（7）电缆和中间接头密集及其他重要电缆井，可根据实际情况参照电缆隧道设置环境监控系统。

（8）电缆井内电缆支架等所有铁附件均需可靠接地，其接地电阻应不大于 10Ω。

（9）电缆井内外侧壁做聚合物防水砂浆防水层，与预埋管结合处抹成 45°喇叭口（井内侧），井底向排水孔方向应有 0.5%的坡度。

（10）电缆支架主要采用角钢支架，本模块设计图纸以镀锌角钢支架为例。

11.3.7.2　电缆井选型说明

（1）电缆排管选择适用电缆井时，电缆排管断面高度与电缆井净深能完全满足，只需校验电缆排管断面宽度与电缆井净宽的对应关系

$$W=D_1+2\times d_1+(N-1)\times a+2\times s \qquad (9-1)$$

式中　D_1——电缆管内径，mm；

a——管中心间距，mm；

d_1——电缆管管壁厚度，mm；

s——最外侧电缆排管与电缆井井壁内侧工作空间，mm；

N——列数，以排管断面 3×3 为例，$N=3$；

W——电缆井最小宽度。

（2）电缆沟选择适用电缆井尺寸时，要求电缆井净宽与净深不小于电缆沟的净宽与净深。

11.3.7.3　电缆井内电缆交叉情况说明

（1）四通井（以图 11-23 为例）电缆交叉情况见表 11-6。

表 11-6　　四通井电缆交叉情况表

序号	支架类型	层数	支架类型	层数	交叉情况
1	支架三	1	支架一	1	1×1
2		2		1	2×1
3		2		2	2×2

续表

序号	支架类型	层数	支架类型	层数	交叉情况
4	支架四	1	支架一	1	1×1
5		2		1	2×1
6		3		1	3×1
7		2		2	2×2
8		3		2	3×2
9	支架五	1	支架一	1	1×1
10		2		1	2×1
11		3		1	3×1
12		4		1	4×1
13		2		2	2×2
14		3		2	3×2
15		4		2	4×2

注　具体支架类型及层数应根据实际需要选择。

（2）八角形四通井（以图 11－53 为例）电缆交叉情况见表 11－7。

表 11－7　　八角形四通井电缆交叉情况表

序号	吊架类型	层数	吊架类型	层数	交叉情况
1	主线吊架	1	支线吊架	1	1×1
2		2		1	2×1
3		3		1	3×1
4		2		2	2×2

注　具体支架类型及层数应根据实际需要选择。

11.4　设计图

E 模块设计图清单见表 11－8，图中标高单位为 m，尺寸未注明单位者均为 mm。图名中的数字表示长（m）×宽（m）×深（m）。

表 11－8　　E 模块设计图清单

图序	图名	图纸编号
图 11－1	6.0×1.6×1.9 钢筋混凝土直线电缆井（一）	E－1－11
图 11－2	6.0×1.6×1.9 钢筋混凝土直线电缆井（二）	E－1－11
图 11－3	6.0×1.6×1.9 钢筋混凝土直线电缆井（三）	E－1－11
图 11－4	6.0×2.0×1.9 钢筋混凝土直线电缆井（一）	E－1－15
图 11－5	6.0×2.0×1.9 钢筋混凝土直线电缆井（二）	E－1－15
图 11－6	6.0×2.0×1.9 钢筋混凝土直线电缆井（三）	E－1－15
图 11－7	（6.0～10.0）×1.6×1.9 钢筋混凝土转弯电缆井（一）	E－2－3
图 11－8	（6.0～10.0）×1.6×1.9 钢筋混凝土转弯电缆井（二）	E－2－3
图 11－9	（6.0～10.0）×1.6×1.9 钢筋混凝土转弯电缆井（三）	E－2－3
图 11－10	（6.0～10.0）×1.6×1.9 钢筋混凝土转弯电缆井（四）	E－2－3
图 11－11	（6.0～10.0）×2.0×1.9 钢筋混凝土转弯电缆井（一）	E－2－5
图 11－12	（6.0～10.0）×2.0×1.9 钢筋混凝土转弯电缆井（二）	E－2－5
图 11－13	（6.0～10.0）×2.0×1.9 钢筋混凝土转弯电缆井（三）	E－2－5
图 11－14	（6.0～10.0）×2.0×1.9 钢筋混凝土转弯电缆井（四）	E－2－5
图 11－15	5.0×1.6×1.9 钢筋混凝土三通电缆井（一）	E－3－3
图 11－16	5.0×1.6×1.9 钢筋混凝土三通电缆井（二）	E－3－3
图 11－17	5.0×1.6×1.9 钢筋混凝土三通电缆井（三）	E－3－3
图 11－18	5.0×1.6×1.9 钢筋混凝土三通电缆井（四）	E－3－3
图 11－19	5.0×2.0×1.9 钢筋混凝土三通电缆井（一）	E－3－5
图 11－20	5.0×2.0×1.9 钢筋混凝土三通电缆井（二）	E－3－5
图 11－21	5.0×2.0×1.9 钢筋混凝土三通电缆井（三）	E－3－5
图 11－22	5.0×2.0×1.9 钢筋混凝土三通电缆井（四）	E－3－5
图 11－23	5.0×（2.0/2.0）×1.9 钢筋混凝土四通电缆井（一）	E－4－5
图 11－24	5.0×（2.0/2.0）×1.9 钢筋混凝土四通电缆井（二）	E－4－5
图 11－25	5.0×（2.0/2.0）×1.9 钢筋混凝土四通电缆井（三）	E－4－5

续表

图序	图名	图纸编号
图 11－26	5.0×（2.0/2.0）×1.9 钢筋混凝土四通电缆井（四）	E－4－5
图 11－27	5.0×（2.0/2.0）×1.9 钢筋混凝土四通电缆井（五）	E－4－5
图 11－28	GB2350A、GB1950A 盖板加工图	E－T－4、E－T－8
图 11－29	GB1815A、GB1615A 盖板加工图	E－T－11、E－T－12
图 11－30	GB2396A、GB1985A 盖板加工图	E－T－9
图 11－31	6×1.3×1.8 直线井（钢筋混凝土）盖板开启式（一）	E－1－18
图 11－32	6×1.3×1.8 直线井（钢筋混凝土）盖板开启式（二）	E－1－18
图 11－33	6×1.3×1.8 直线井（钢筋混凝土）盖板开启式（三）	E－1－18
图 11－34	6×1.9×1.8 直线井（钢筋混凝土）盖板开启式（一）	E－1－20
图 11－35	6×1.9×1.8 直线井（钢筋混凝土）盖板开启式（二）	E－1－20
图 11－36	6×1.9×1.8 直线井（钢筋混凝土）盖板开启式（三）	E－1－20
图 11－37	（6～10）×1.3×1.8 转角井（钢筋混凝土）盖板开启式（一）	E－2－7
图 11－38	（6～10）×1.3×1.8 转角井（钢筋混凝土）盖板开启式（二）	E－2－7
图 11－39	（6～10）×1.3×1.8 转角井（钢筋混凝土）盖板开启式（三）	E－2－7
图 11－40	（6～10）×1.9×1.8 转角井（钢筋混凝土）盖板开启式（一）	E－2－8
图 11－41	（6～10）×1.9×1.8 转角井（钢筋混凝土）盖板开启式（二）	E－2－8
图 11－42	（6～10）×1.9×1.8 转角井（钢筋混凝土）盖板开启式（三）	E－2－8
图 11－43	6×1.3×1.8 三通井（钢筋混凝土）盖板开启式（一）	E－3－7
图 11－44	6×1.3×1.8 三通井（钢筋混凝土）盖板开启式（二）	E－3－7
图 11－45	6×1.3×1.8 三通井（钢筋混凝土）盖板开启式（三）	E－3－7
图 11－46	6×1.9×1.8 三通井（钢筋混凝土）盖板开启式（一）	E－3－8

续表

图序	图名	图纸编号
图 11－47	6×1.9×1.8 三通井（钢筋混凝土）盖板开启式（二）	E－3－8
图 11－48	6×1.9×1.8 三通井（钢筋混凝土）盖板开启式（三）	E－3－8
图 11－49	6×（1.9/1.9）×1.8 四通井（钢筋混凝土）盖板开启式（一）	E－4－11
图 11－50	6×（1.9/1.9）×1.8 四通井（钢筋混凝土）盖板开启式（二）	E－4－11
图 11－51	6×（1.9/1.9）×1.8 四通井（钢筋混凝土）盖板开启式（三）	E－4－11
图 11－52	6×（1.9/1.9）×1.8 四通井（钢筋混凝土）盖板开启式（四）	E－4－11
图 11－53	3.6×3.6×1.8 八角形四通井（钢筋混凝土）盖板开启式（一）	E－5－1
图 11－54	3.6×3.6×1.8 八角形四通井（钢筋混凝土）盖板开启式（二）	E－5－1
图 11－55	3.6×3.6×1.8 八角形四通井（钢筋混凝土）盖板开启式（三）	E－5－1
图 11－56	3.6×3.6×1.8 八角形四通井（钢筋混凝土）盖板开启式（四）	E－5－1
图 11－57	4.6×4.6×1.8 八角形四通井（钢筋混凝土）盖板开启式（一）	E－5－2
图 11－58	4.6×4.6×1.8 八角形四通井（钢筋混凝土）盖板开启式（二）	E－5－2
图 11－59	4.6×4.6×1.8 八角形四通井（钢筋混凝土）盖板开启式（三）	E－5－2
图 11－60	4.6×4.6×1.8 八角形四通井（钢筋混凝土）盖板开启式（四）	E－5－2
图 11－61	开启式盖板加工图	E－T－13
图 11－62	电缆工井接地图	E－T－14
图 11－63	八角形四通井电缆交叉示意图（一）	E－T－17
图 11－64	八角形四通井电缆交叉示意图（二）	E－T－18
图 11－65	集水坑示意图	E－T－19
图 11－66	双层井盖安装示意图	E－T－20

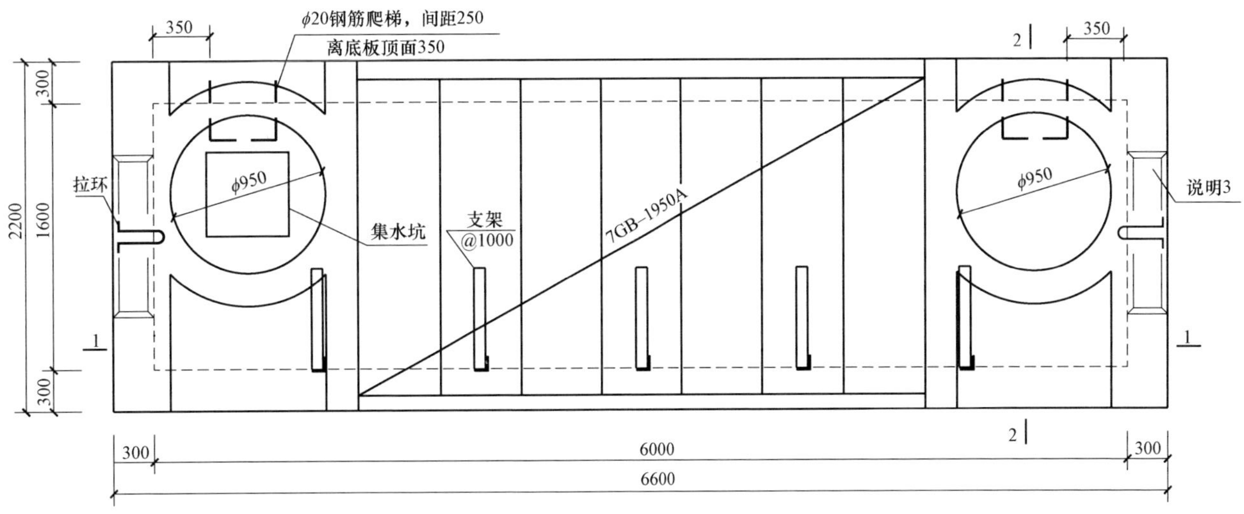

电缆井平面图

说明：1. Φ 表示 HPB300 钢筋，Φ 表示 HRB400 钢筋，受力钢筋保护层厚度除侧墙外侧、底板底部为 40mm，其他部位为 25mm。未标注的纵向钢筋搭接锚固不小于 35*d*。

2. 图中除垫层混凝土等级为 C15 外，其余混凝土等级均 C30。混凝土抗渗等级为 P6。

3. 排管底部宜高于电缆井底部 100mm。

4. 井壁钢筋遇洞口切断并弯折，洞口每边附加钢筋为被切断钢筋面积的 0.75 倍，伸过洞边各 30*d*。侧壁设梅花布置@=500 的 Φ8 拉结筋，底板设马凳筋。

5. 井内壁用 1:2.5 防水砂浆抹面（掺 5%防水剂），井内壁与预埋管结合处抹成 45°喇叭口，且应做好防水处理。井底向集水坑方向应有 0.5%的坡度。

6. 铁件外露部分均进行热镀锌防腐，所有焊缝焊后都需刷两道防锈漆，两道银粉漆。

7. 预埋铁 M－1 面与沟壁抹灰面平，电缆支架面应与沟壁贴紧。要求满焊，焊缝高度不小于 5mm，焊条 E4303。

图 11－1　6.0×1.6×1.9 钢筋混凝土直线电缆井（一）　E－1－11

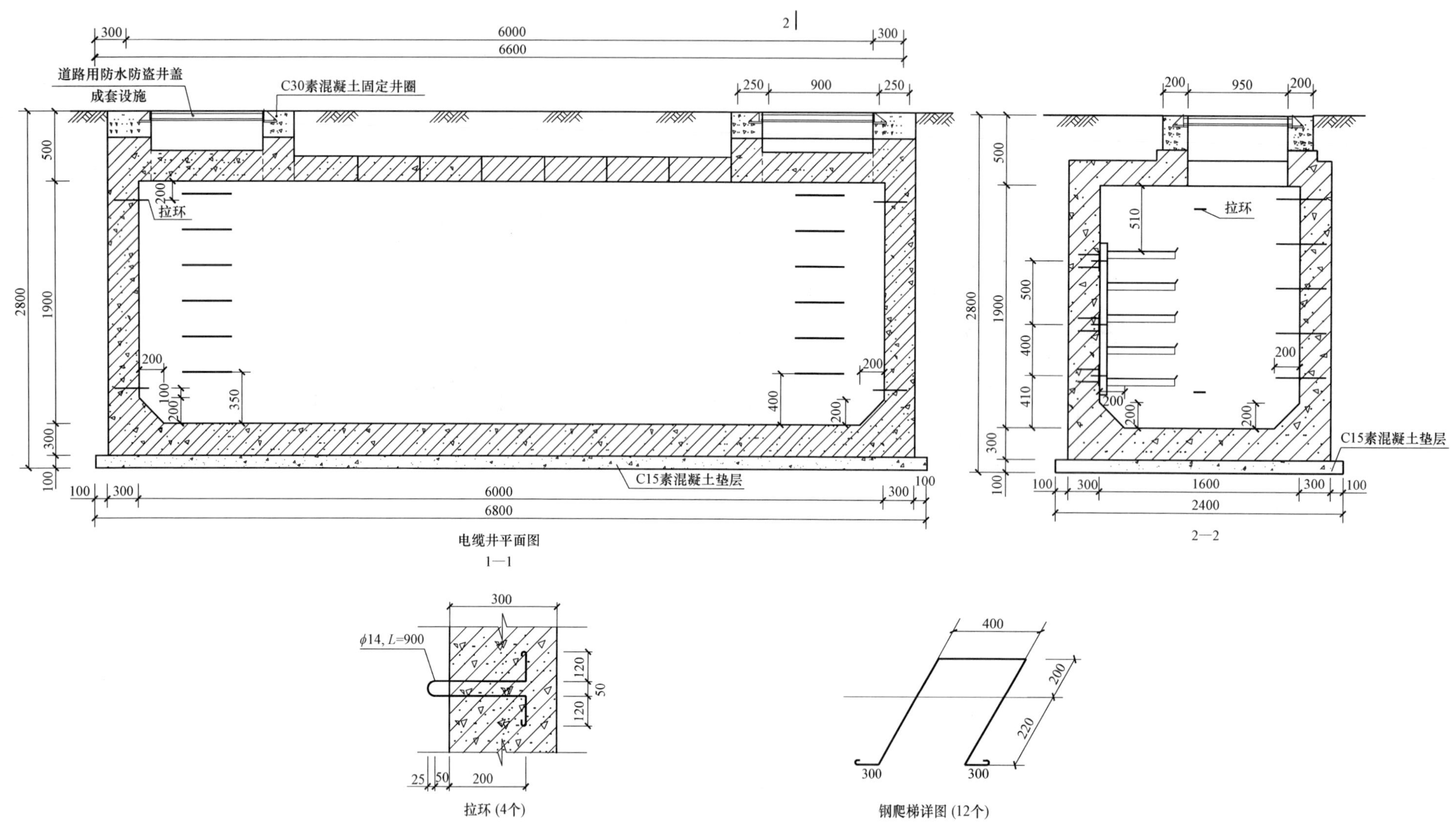

图 11－2　6.0×1.6×1.9 钢筋混凝土直线电缆井（二）　E－1－11

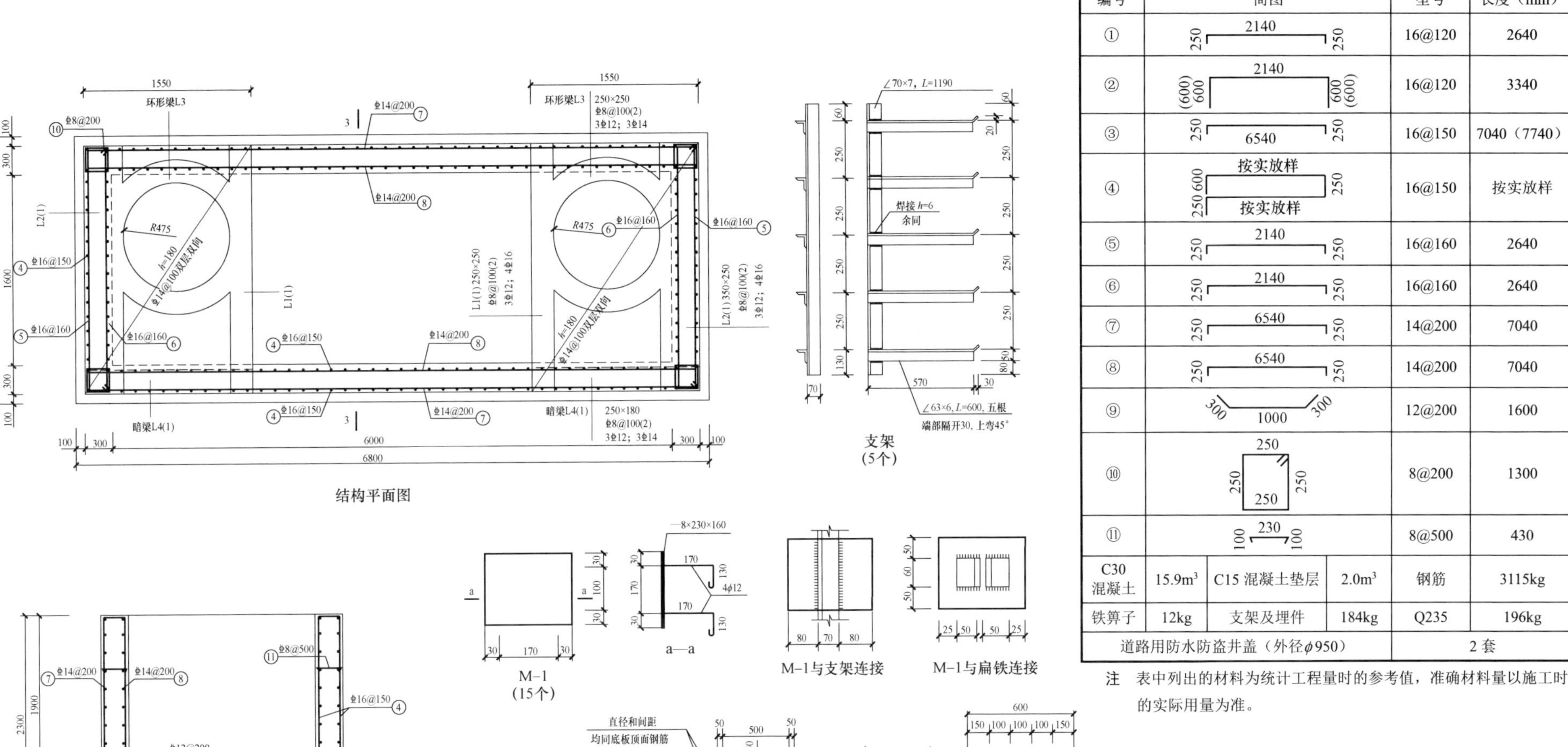

6.0 × 1.6 × 1.9 直线电缆井材料表

<table>
<tr><th>编号</th><th colspan="3">简图</th><th>型号</th><th>长度（mm）</th></tr>
<tr><td>①</td><td colspan="3">250 2140 250</td><td>16@120</td><td>2640</td></tr>
<tr><td>②</td><td colspan="3">(600) 600 2140 600 (600)</td><td>16@120</td><td>3340</td></tr>
<tr><td>③</td><td colspan="3">250 6540 250</td><td>16@150</td><td>7040（7740）</td></tr>
<tr><td>④</td><td colspan="3">250 600 250 按实放样 按实放样 250</td><td>16@150</td><td>按实放样</td></tr>
<tr><td>⑤</td><td colspan="3">250 2140 250</td><td>16@160</td><td>2640</td></tr>
<tr><td>⑥</td><td colspan="3">250 2140 250</td><td>16@160</td><td>2640</td></tr>
<tr><td>⑦</td><td colspan="3">250 6540 250</td><td>14@200</td><td>7040</td></tr>
<tr><td>⑧</td><td colspan="3">250 6540 250</td><td>14@200</td><td>7040</td></tr>
<tr><td>⑨</td><td colspan="3">300 1000 300</td><td>12@200</td><td>1600</td></tr>
<tr><td>⑩</td><td colspan="3">250 250 250 250</td><td>8@200</td><td>1300</td></tr>
<tr><td>⑪</td><td colspan="3">100 230 100</td><td>8@500</td><td>430</td></tr>
<tr><td>C30混凝土</td><td>15.9m³</td><td>C15 混凝土垫层</td><td>2.0m³</td><td>钢筋</td><td>3115kg</td></tr>
<tr><td>铁箅子</td><td>12kg</td><td>支架及埋件</td><td>184kg</td><td>Q235</td><td>196kg</td></tr>
<tr><td colspan="4">道路用防水防盗井盖（外径 ϕ950）</td><td colspan="2">2 套</td></tr>
</table>

注　表中列出的材料为统计工程量时的参考值，准确材料量以施工时的实际用量为准。

说明：1. 铁箅子采用 Q235B 钢材焊接，焊条采用 E43 型，焊缝厚度为 5mm，满焊。

2. 铁箅子钢材应除锈，除锈等级不低于 St2，涂铁红环氧酯底漆一道。

3. 排水坡度按 0.5%坡向集水井。

图 11-3　6.0×1.6×1.9 钢筋混凝土直线电缆井（三）　E-1-11

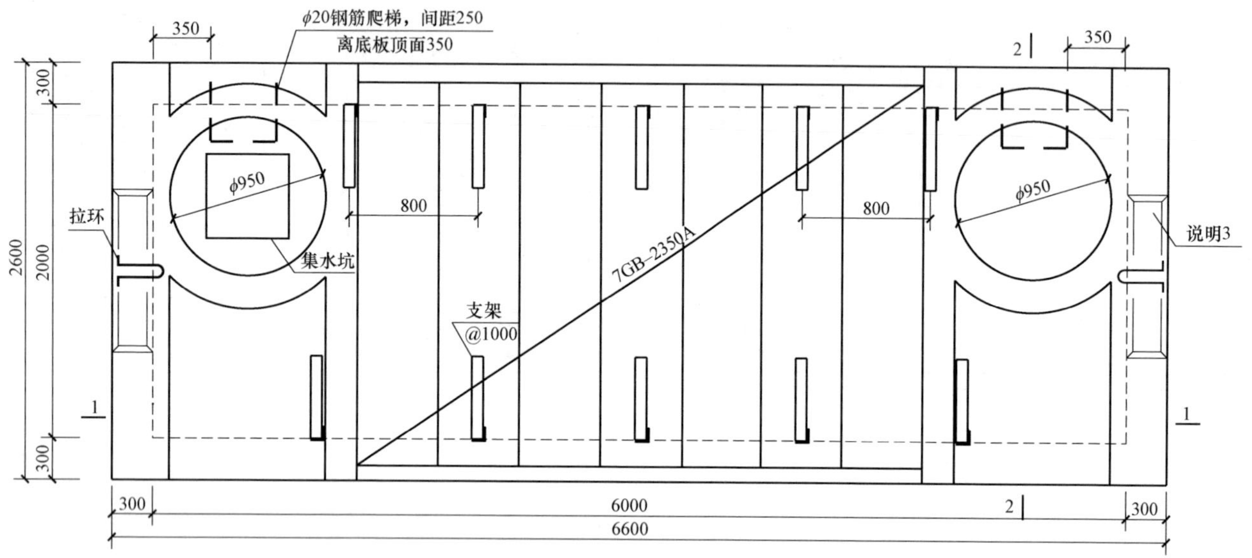

电缆井平面图

说明：1. ϕ 表示 HPB300 钢筋，ф 表示 HRB400 钢筋，受力钢筋保护层厚度除侧墙外侧、底板底部为 40mm，其他部位为 25mm。未标注的纵向钢筋搭接锚固不小于 35*d*。

2. 图中除垫层混凝土等级为 C15 外，其余混凝土等级均 C30。混凝土抗渗等级为 P6。

3. 排管底部宜高于电缆井底部 100mm。

4. 井壁钢筋遇洞口切断并弯折，洞口每边附加钢筋为被切断钢筋面积的 0.75 倍，伸过洞边各 30*d*。侧壁设梅花布置@ = 500 的ϕ 8 拉结筋，底板设马凳筋。

5. 井内壁用 1:2.5 防水砂浆抹面（掺 5%防水剂），井内壁与预埋管结合处抹成 45°喇叭口，且应做好防水处理。井底向集水坑方向应有 0.5%的坡度。

6. 铁件外露部分均进行热镀锌防腐，所有焊缝焊后都需刷两道防锈漆，两道银粉漆。

7. 预埋铁 M－1 面与沟壁抹灰面平，电缆支架面应与沟壁贴紧。要求满焊，焊缝高度不小于 5mm，焊条 E4303。

图 11－4　6.0 × 2.0 × 1.9 钢筋混凝土直线电缆井（一）　E－1－15

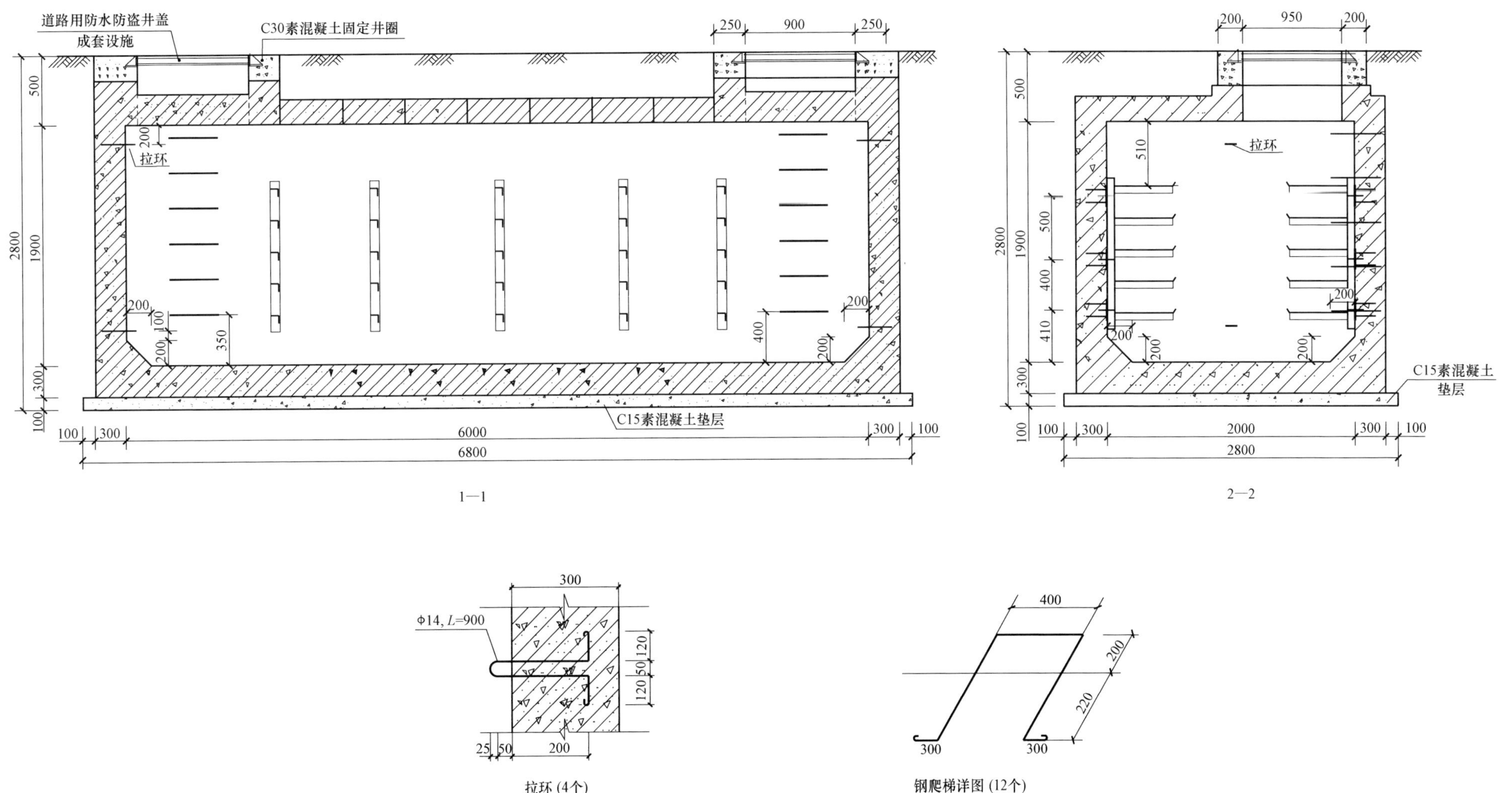

图 11－5　6.0×2.0×1.9 钢筋混凝土直线电缆井（二）　E－1－15

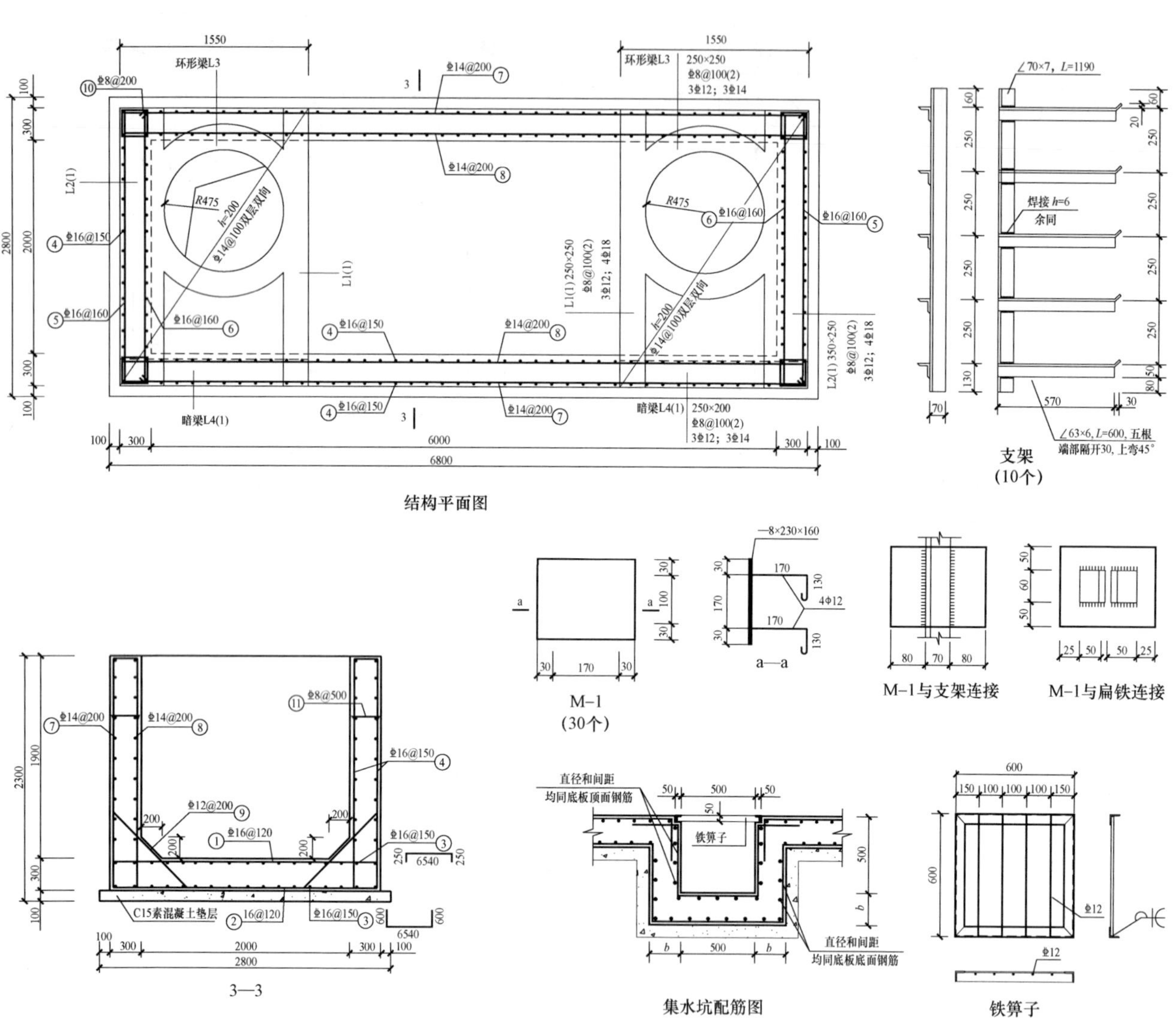

6.0 × 2.0 × 1.9 直线电缆井材料表

<table>
<tr><th>编号</th><th colspan="3">简图</th><th>型号</th><th>长度（mm）</th></tr>
<tr><td>①</td><td colspan="3">250 2540 250</td><td>16@120</td><td>3040</td></tr>
<tr><td>②</td><td colspan="3">600(600) 2540 600(600)</td><td>16@120</td><td>3740</td></tr>
<tr><td>③</td><td colspan="3">250 6540 250</td><td>16@150</td><td>7040（7740）</td></tr>
<tr><td>④</td><td colspan="3">250 600 按实放样 250 按实放样</td><td>16@150</td><td>按实放样</td></tr>
<tr><td>⑤</td><td colspan="3">250 2540 250</td><td>16@160</td><td>3040</td></tr>
<tr><td>⑥</td><td colspan="3">250 2540 250</td><td>16@160</td><td>3040</td></tr>
<tr><td>⑦</td><td colspan="3">250 6540 250</td><td>14@200</td><td>7040</td></tr>
<tr><td>⑧</td><td colspan="3">250 6540 250</td><td>14@200</td><td>7040</td></tr>
<tr><td>⑨</td><td colspan="3">300 1000 300</td><td>12@200</td><td>1600</td></tr>
<tr><td>⑩</td><td colspan="3">250 250 250 250</td><td>8@200</td><td>1300</td></tr>
<tr><td>⑪</td><td colspan="3">100 230 100</td><td>8@500</td><td>430</td></tr>
<tr><td>C30
混凝土</td><td>17.5m³</td><td>C15 混凝土垫层</td><td>2.2m³</td><td>钢筋</td><td>3411kg</td></tr>
<tr><td>铁箅子</td><td>12kg</td><td>支架及埋件</td><td>354kg</td><td>Q235</td><td>366kg</td></tr>
<tr><td colspan="4">道路用防水防盗井盖（外径ϕ950）</td><td colspan="2">2 套</td></tr>
</table>

注 表中列出的材料为统计工程量时的参考值，准确材料量以施工时的实际用量为准。

说明：1. 铁箅子采用 Q235B 钢材焊接，焊条采用 E43 型，焊缝厚度为 5mm，满焊。

2. 铁箅子钢材应除锈，除锈等级不低于 St2，涂铁红环氧酯底漆一道。

3. 排水坡度按 0.5%坡向集水井。

图 11−6　6.0×2.0×1.9 钢筋混凝土直线电缆井（三）　E−1−15

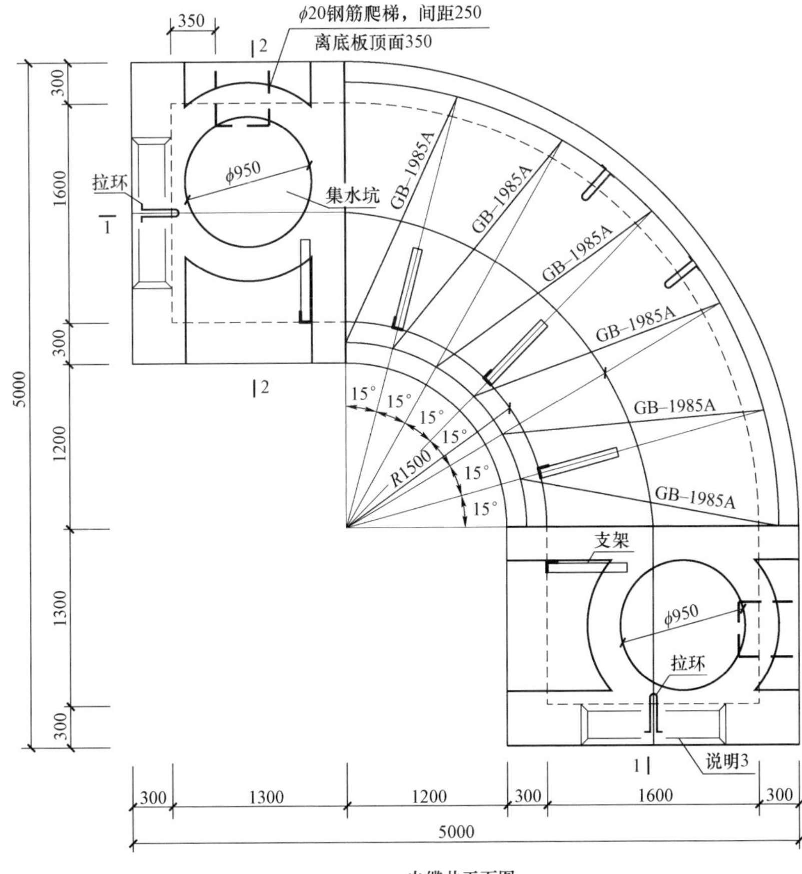

电缆井平面图

说明：1. Φ 表示 HPB300 钢筋，Φ 表示 HRB400 钢筋，受力钢筋保护层厚度除侧墙外侧、底板底部为 40mm，其他部位为 25mm。未标注的纵向钢筋搭接锚固不小于 35*d*。

2. 图中除垫层混凝土等级为 C15 外，其余混凝土等级均 C30。混凝土抗渗等级为 P6。

3. 排管底部宜高于电缆井底部 100mm。

4. 井壁钢筋遇洞口切断并弯折，洞口每边附加钢筋为被切断钢筋面积的 0.75 倍，伸过洞边各 30*d*。侧壁设梅花布置@＝500 的 Φ8 拉结筋，底板设马凳筋。

5. 井内壁用 1:2.5 防水砂浆抹面（掺 5% 防水剂），井内壁与预埋管结合处抹成 45°喇叭口，且应做好防水处理。井底向集水坑方向应有 0.5%的坡度。

6. 铁件外露部分均进行热镀锌防腐，所有焊缝焊后都需刷两道防锈漆，两道银粉漆。

7. 预埋铁 M－1 面与沟壁抹灰面平，电缆支架面应与沟壁贴紧。要求满焊，焊缝高度不小于 5mm，焊条 E4303。

图 11－7 （6.0～10.0）×1.6×1.9 钢筋混凝土转弯电缆井（一） E－2－3

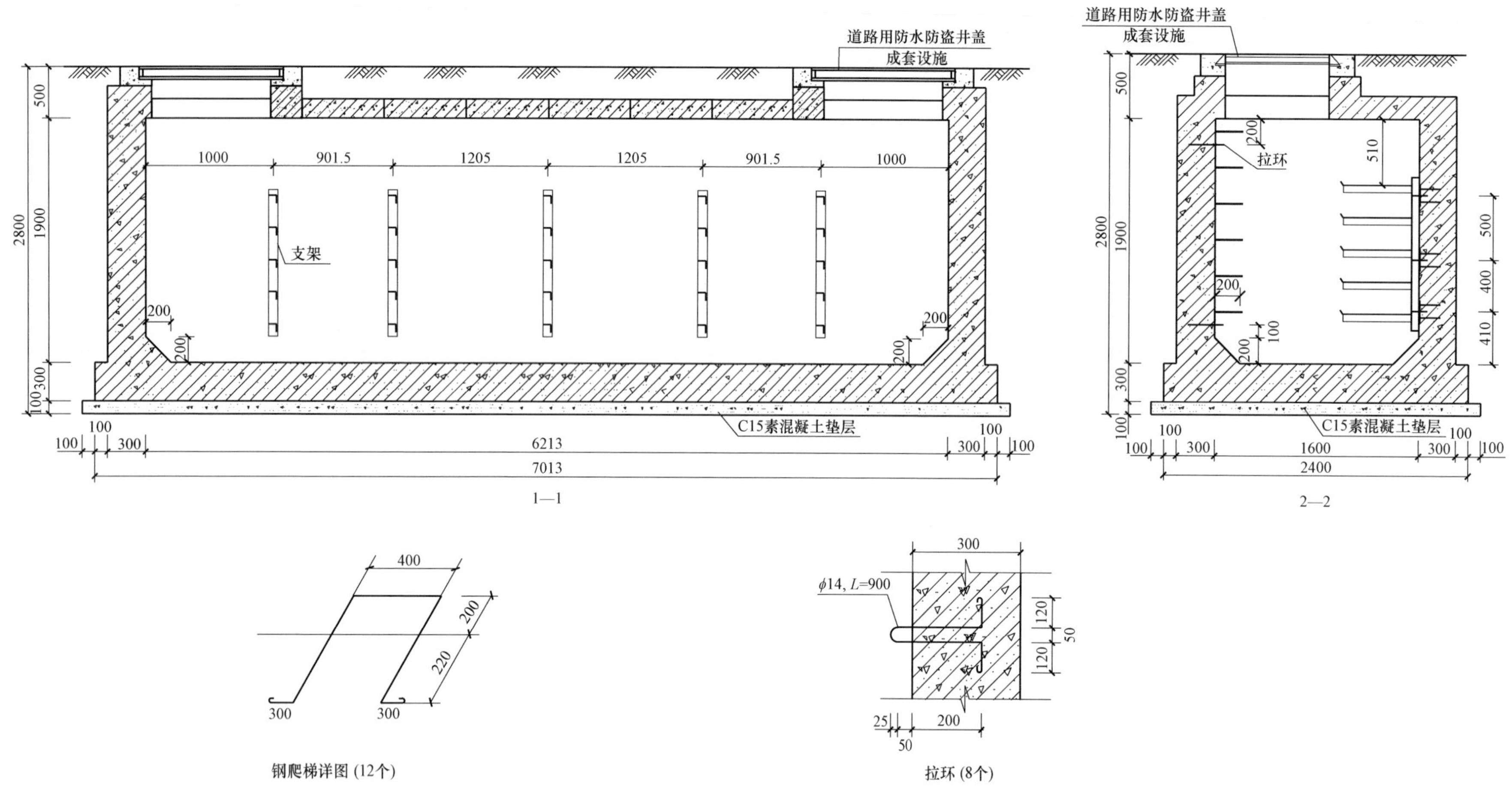

图 11－8　(6.0～10.0) ×1.6×1.9 钢筋混凝土转弯电缆井（二）　E－2－3

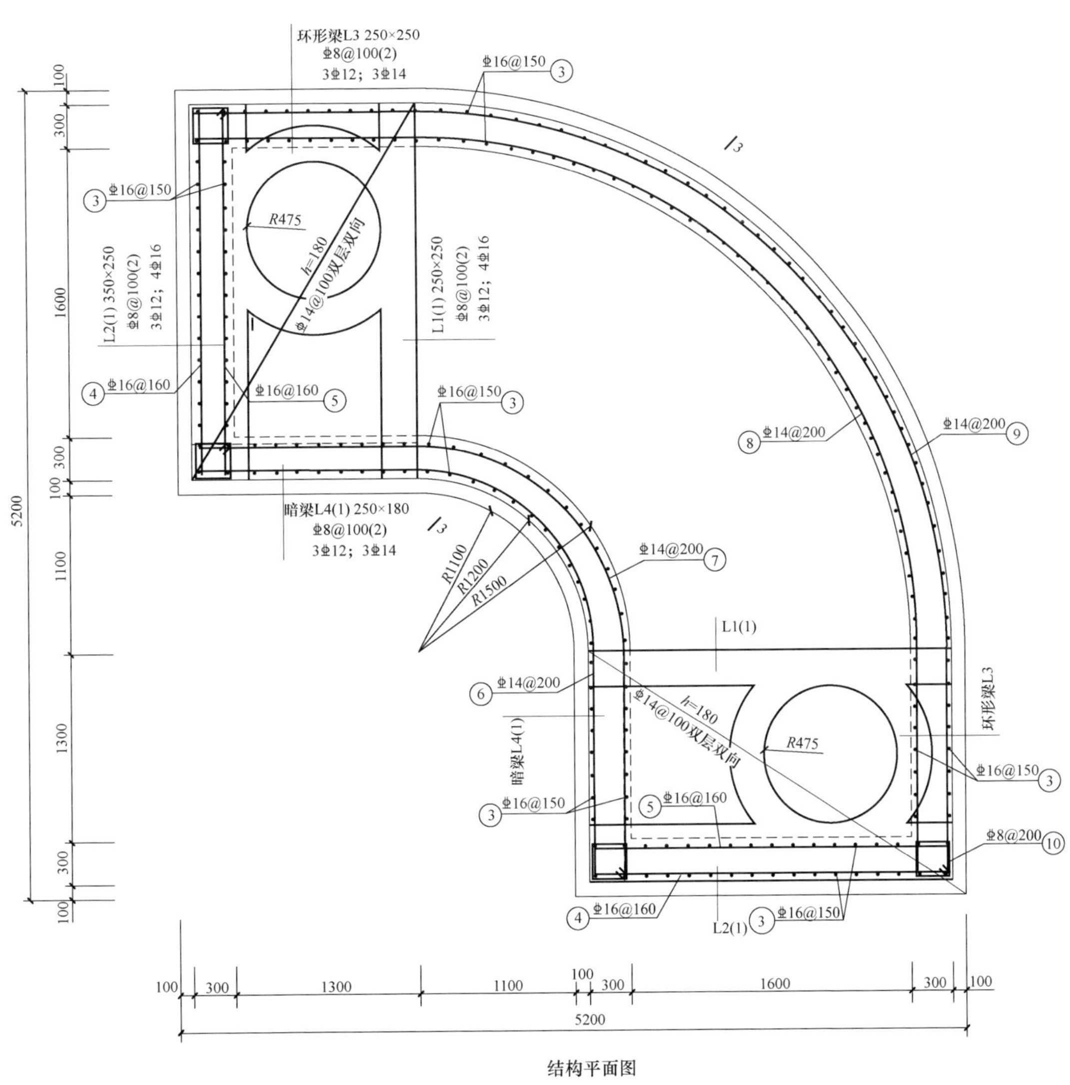

结构平面图

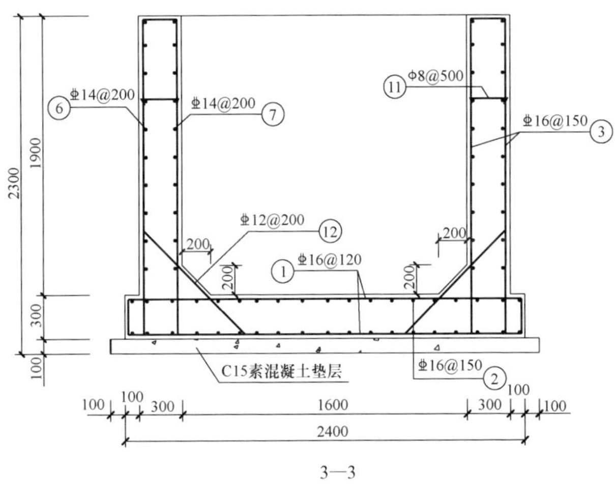

3—3

图 11-9　(6.0～10.0)×1.6×1.9 钢筋混凝土转弯电缆井（三）　E-2-3

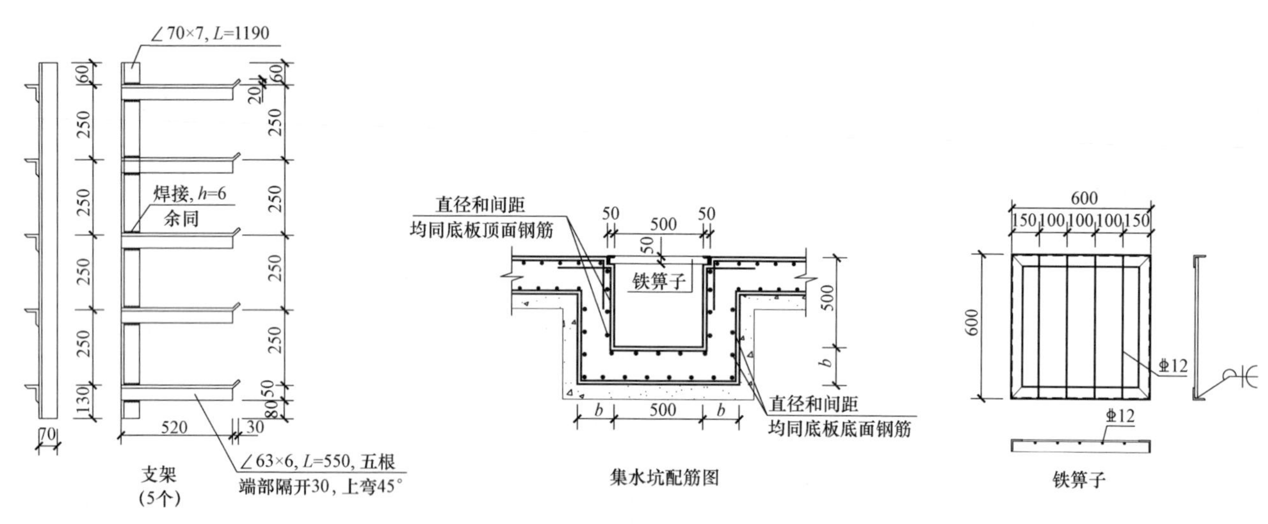

说明：1. 铁箅子采用 Q235B 钢材焊接，焊条采用 E43 型，焊缝厚度为 5mm，满焊。
2. 铁箅子钢材应除锈，除锈等级不低于 St2，涂铁红环氧酯底漆一道。
3. 排水坡度按 0.5% 坡向集水井。

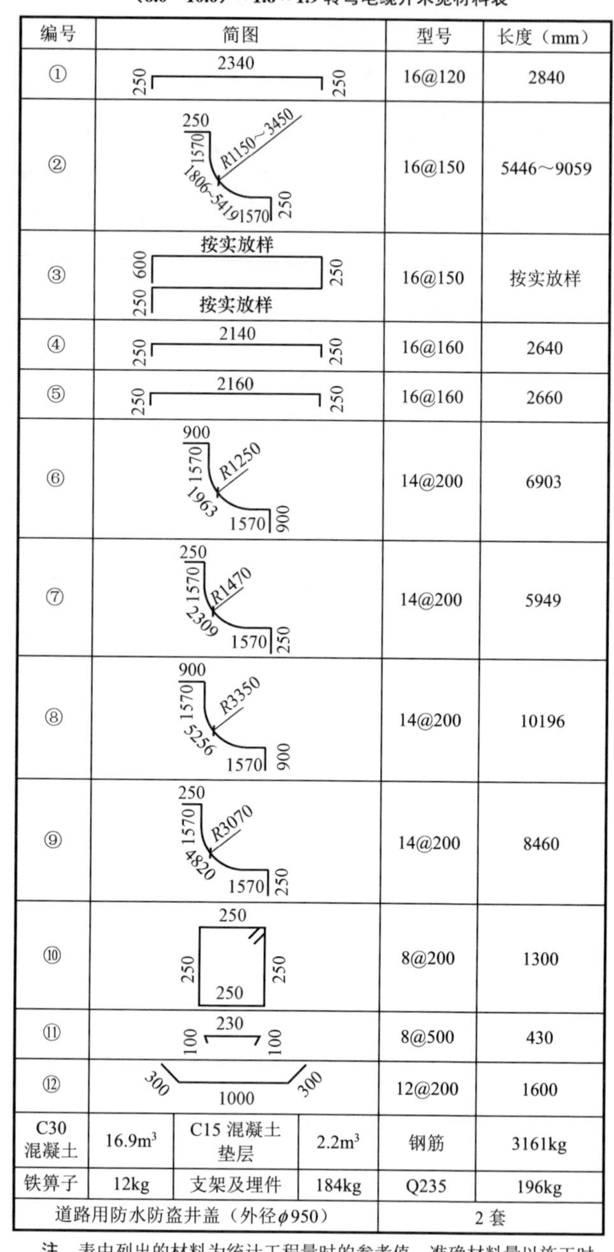

（6.0～10.0）× 1.6 × 1.9 转弯电缆井米宽材料表

编号	简图	型号	长度（mm）
①	250 2340 250	16@120	2840
②	250 1570 R1150～3450 1806～5419 1570 250	16@150	5446～9059
③	按实放样 600 250 250 按实放样	16@150	按实放样
④	250 2140 250	16@160	2640
⑤	250 2160 250	16@160	2660
⑥	900 1570 R1250 1963 1570 900	14@200	6903
⑦	250 1570 R1470 2309 1570 250	14@200	5949
⑧	900 1570 R3350 5256 1570 900	14@200	10196
⑨	250 1570 R3070 4820 1570 250	14@200	8460
⑩	250 250 250 250	8@200	1300
⑪	100 230 100	8@500	430
⑫	300 1000 300	12@200	1600

C30 混凝土	16.9m³	C15 混凝土垫层	2.2m³	钢筋	3161kg
铁箅子	12kg	支架及埋件	184kg	Q235	196kg
道路用防水防盗井盖（外径 ϕ950）				2 套	

注 表中列出的材料为统计工程量时的参考值，准确材料量以施工时的实际用量为准。

图 11－10 （6.0～10.0）× 1.6 × 1.9 钢筋混凝土转弯电缆井（四） E－2－3

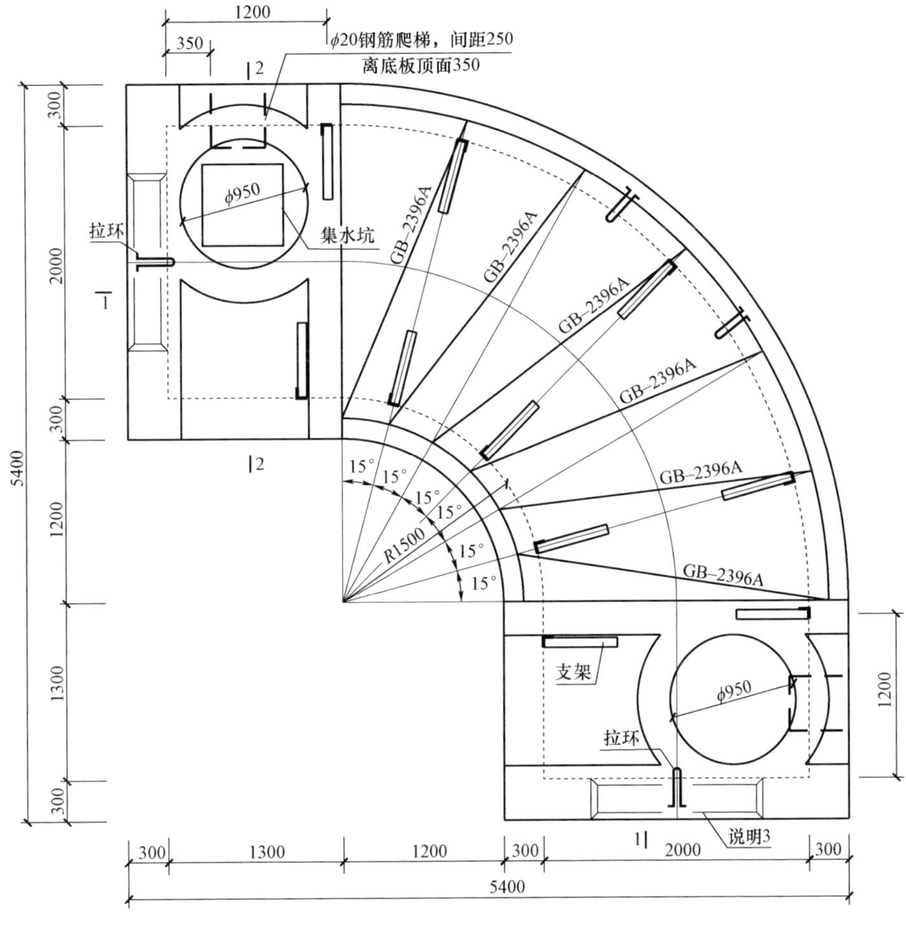

电缆井平面图

说明：1. ɸ 表示 HPB300 钢筋，ɸ 表示 HRB400 钢筋，受力钢筋保护层厚度除侧墙外侧、底板底部为 40mm，其他部位为 25mm。未标注的纵向钢筋搭接锚固不小于 35*d*。

2. 图中除垫层混凝土等级为 C15 外，其余混凝土等级均 C30。混凝土抗渗等级为 P6。
3. 排管底部宜高于电缆井底部 100mm。
4. 井壁钢筋遇洞口切断并弯折，洞口每边附加钢筋为被切断钢筋面积的 0.75 倍，伸过洞边各 30*d*。侧壁设梅花布置@=500 的 ɸ8 拉结筋，底板设马凳筋。
5. 井内壁用 1:2.5 防水砂浆抹面（掺 5% 防水剂），井内壁与预埋管结合处抹成 45°喇叭口，且应做好防水处理。井底向集水坑方向应有 0.5% 的坡度。
6. 铁件外露部分均进行热镀锌防腐，所有焊缝焊后都需刷两道防锈漆，两道银粉漆。
7. 预埋铁 M－1 面与沟壁抹灰面平，电缆支架面应与沟壁贴紧。要求满焊，焊缝高度不小于 5mm，焊条 E4303。

图 11－11　(6.0～10.0) × 2.0 × 1.9 钢筋混凝土转弯电缆井（一）　E－2－5

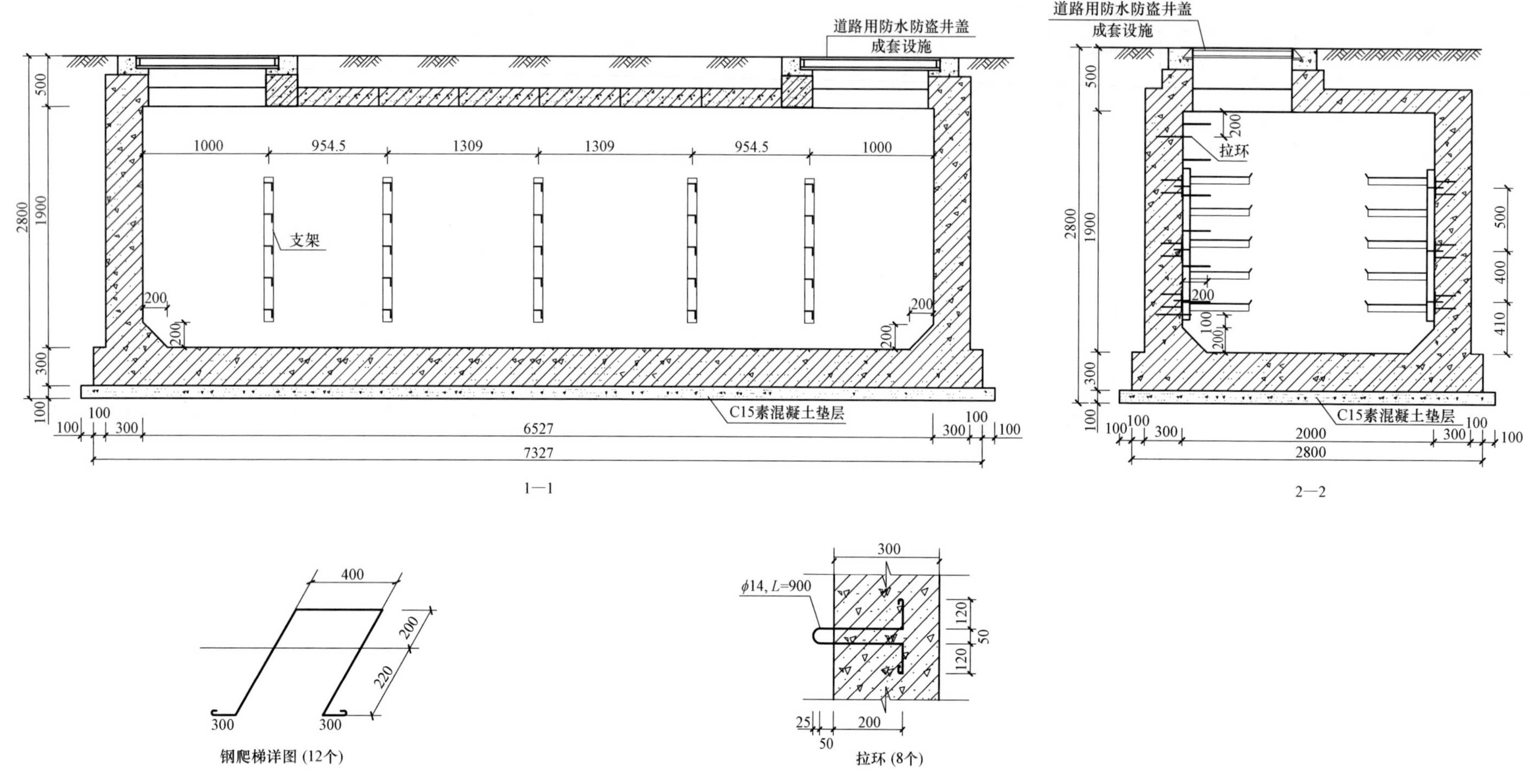

图 11－12　(6.0～10.0) × 2.0 × 1.9 钢筋混凝土转弯电缆井（二）　E－2－5

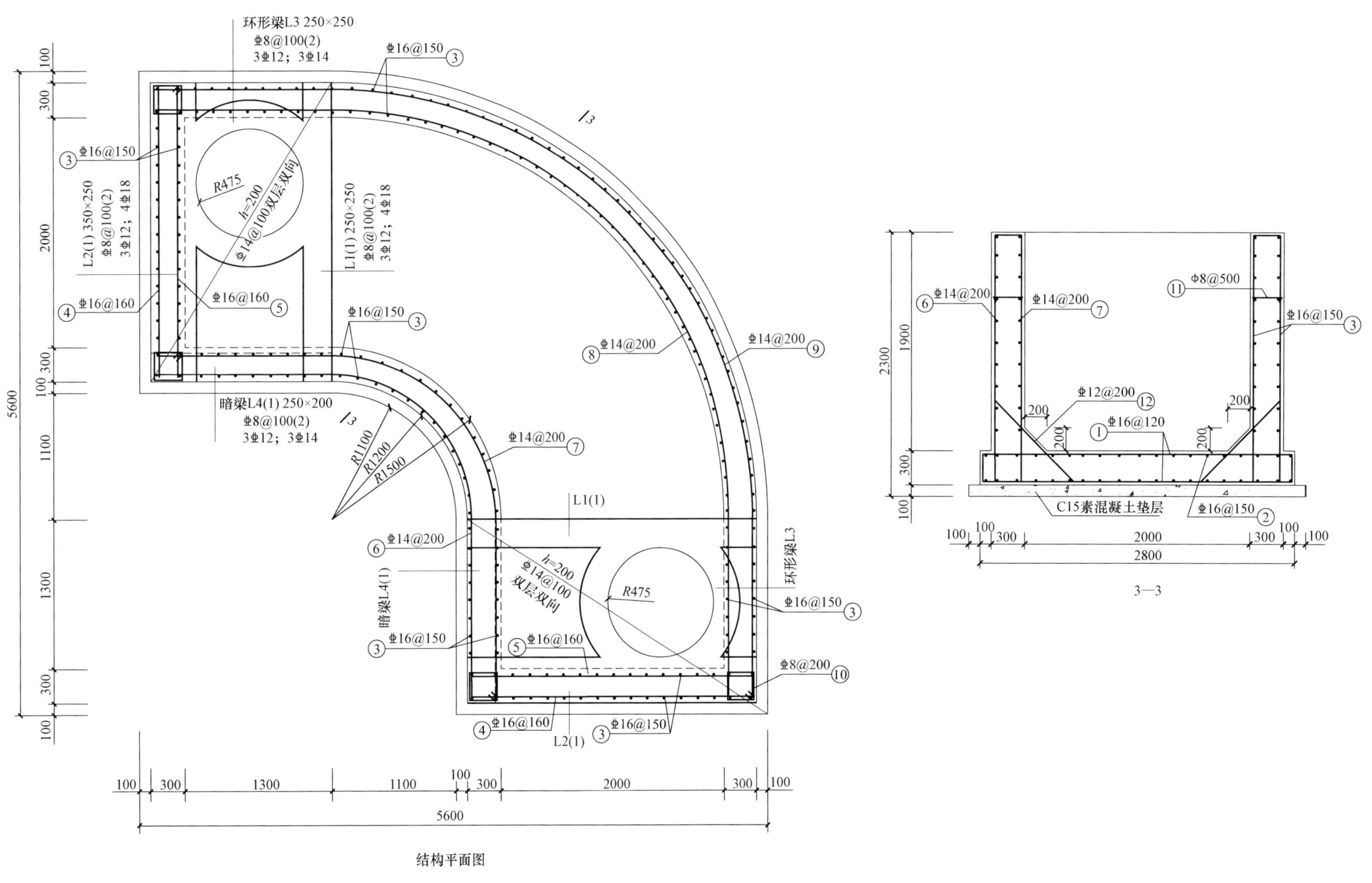

图 11－13 （6.0～10.0）×2.0×1.9 钢筋混凝土转弯电缆井（三） E－2－5

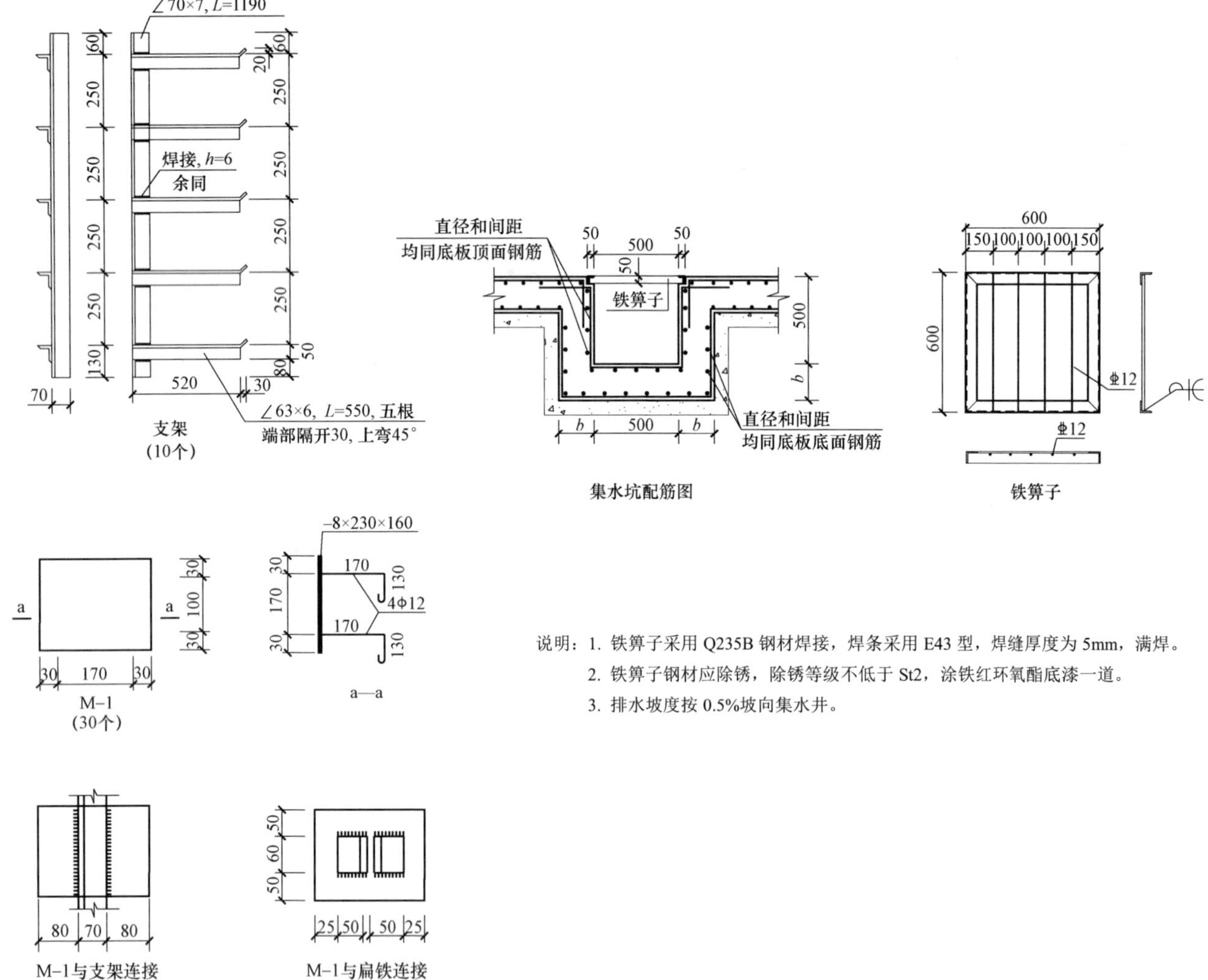

说明：1. 铁箅子采用 Q235B 钢材焊接，焊条采用 E43 型，焊缝厚度为 5mm，满焊。

2. 铁箅子钢材应除锈，除锈等级不低于 St2，涂铁红环氧酯底漆一道。

3. 排水坡度按 0.5%坡向集水井。

（6.0～10.0）×2.0×1.9 转弯电缆井材料表

编号	简图			型号	长度（mm）
①	250 2740 250			16@120	3240
②	250 1570 R1150～3850 1806～6048 1570 250			16@150	5446～9688
③	按实放样 600 250 250 按实放样			16@150	按实放样
④	250 2540 250			16@160	3040
⑤	250 2560 250			16@160	3060
⑥	900 1570 R1250 1963 1570 900			14@200	6903
⑦	250 1570 R1470 2309 1570 250			14@200	5949
⑧	900 1570 R3750 5890 1570 900			14@200	10830
⑨	250 1570 R3470 5451 1570 250			14@200	9091
⑩	250 250 250 250			8@200	1300
⑪	100 230 100			8@500	430
⑫	300 1000 300			12@200	1600
C30混凝土	19.1m³	C15 混凝土垫层	2.6m³	钢筋	3554kg
铁箅子	12kg	支架及埋件	354kg	Q235	366kg
道路用防水防盗井盖（外径ϕ950）				2 套	

注 表中列出的材料为统计工程量时的参考值，准确材料量以施工时的实际用量为准。

图 11－14 （6.0～10.0）×2.0×1.9 钢筋混凝土转弯电缆井（四） E－2－5

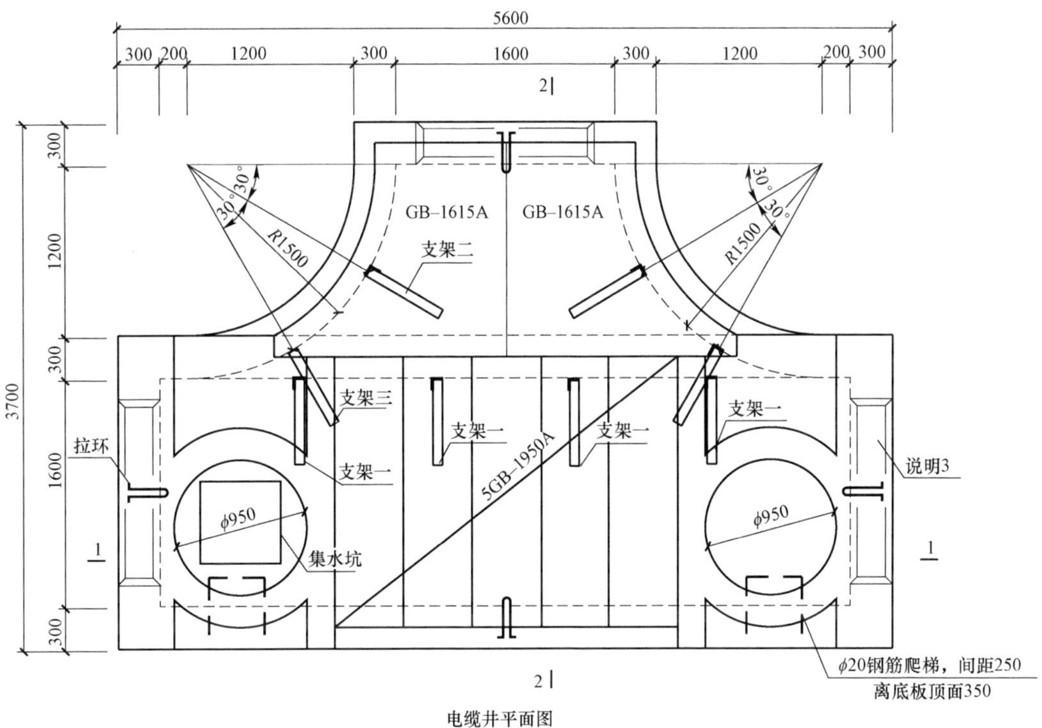

电缆井平面图

说明：1. ф 表示 HPB300 钢筋，ф 表示 HRB400 钢筋，受力钢筋保护层厚度除侧墙外侧、底板底部为 40mm，其他部位为 25mm。未标注的纵向钢筋搭接锚固不小于 35*d*。

2. 图中除垫层混凝土等级为 C15 外，其余混凝土等级均 C30。混凝土抗渗等级为 P6。

3. 排管底部宜高于电缆井底部 100mm。

4. 井壁钢筋遇洞口切断并弯折，洞口每边附加钢筋为被切断钢筋面积的 0.75 倍，伸过洞边各 30*d*。侧壁设梅花布置@＝500 的ф 8 拉结筋，底板设马凳筋。

5. 井内壁用 1:2.5 防水砂浆抹面（掺 5%防水剂），井内壁与预埋管结合处抹成 45° 喇叭口，且应做好防水处理。井底向集水坑方向应有 0.5%的坡度。

6. 铁件外露部分均进行热镀锌防腐，所有焊缝焊后都需刷两道防锈漆，两道银粉漆。

7. 预埋铁 M－1 面与沟壁抹灰面平，电缆支架面应与沟壁贴紧。要求满焊，焊缝高度不小于 5mm，焊条 E4303。

图 11－15　5.0×1.6×1.9 钢筋混凝土三通电缆井（一）　E－3－3

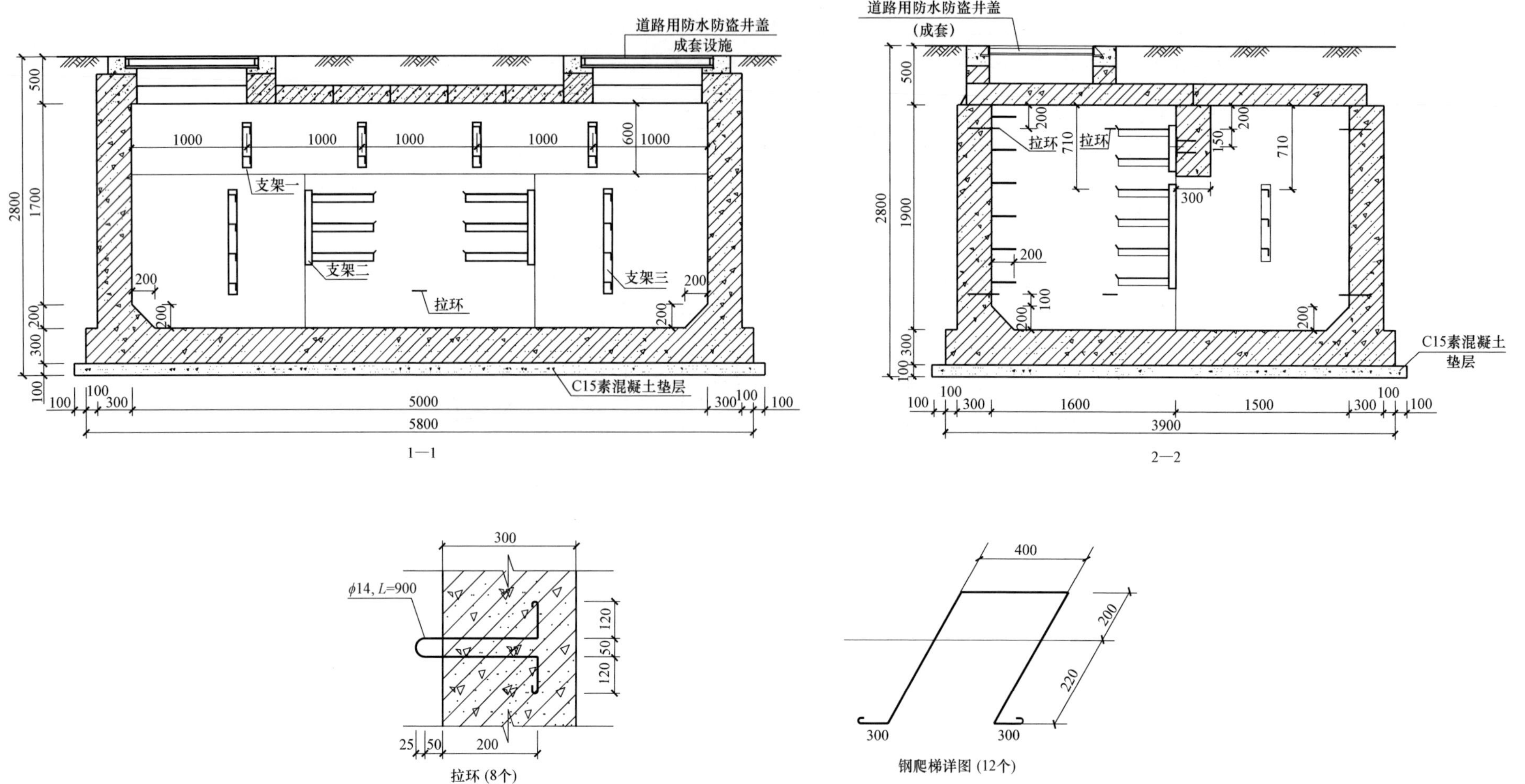

图 11－16　5.0×1.6×1.9 钢筋混凝土三通电缆井（二）　E－3－3

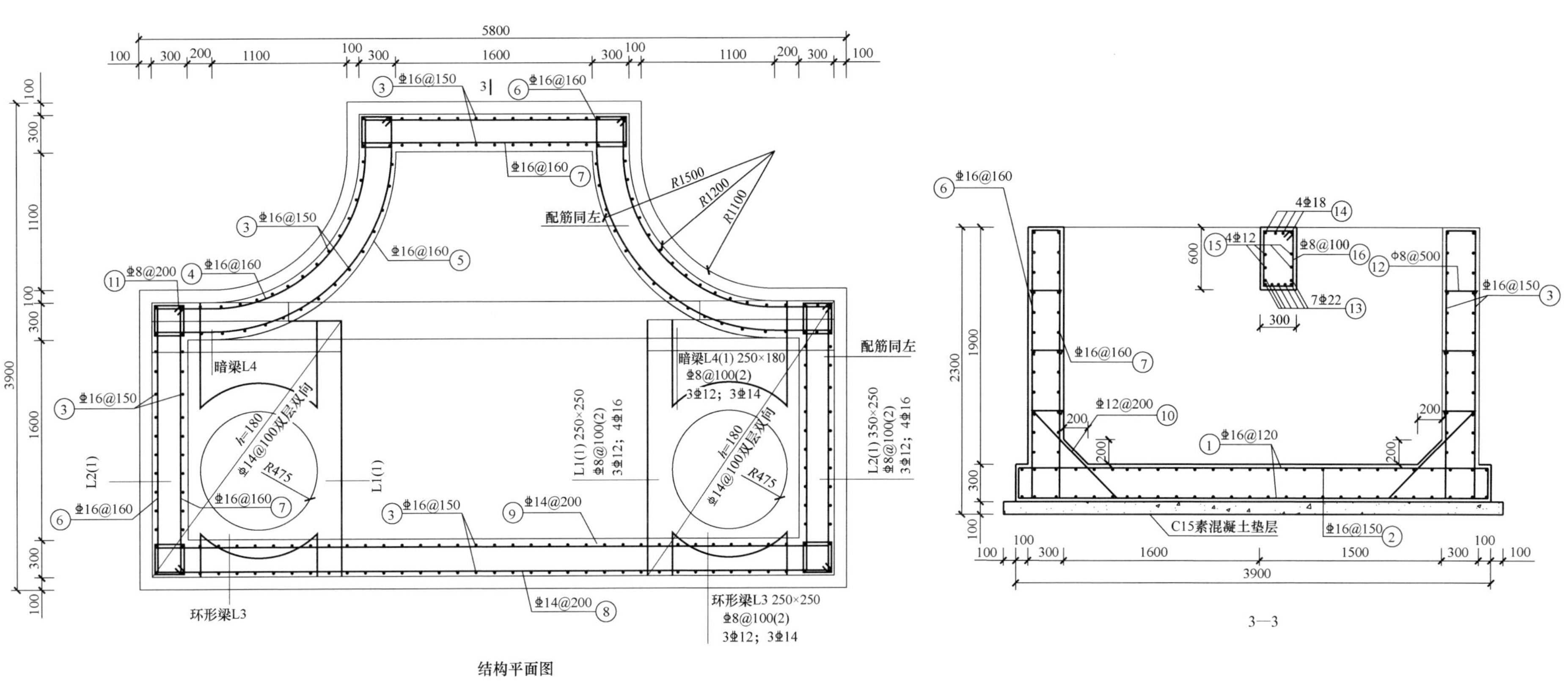

图 11-17　5.0×1.6×1.9 钢筋混凝土三通电缆井（三）　E-3-3

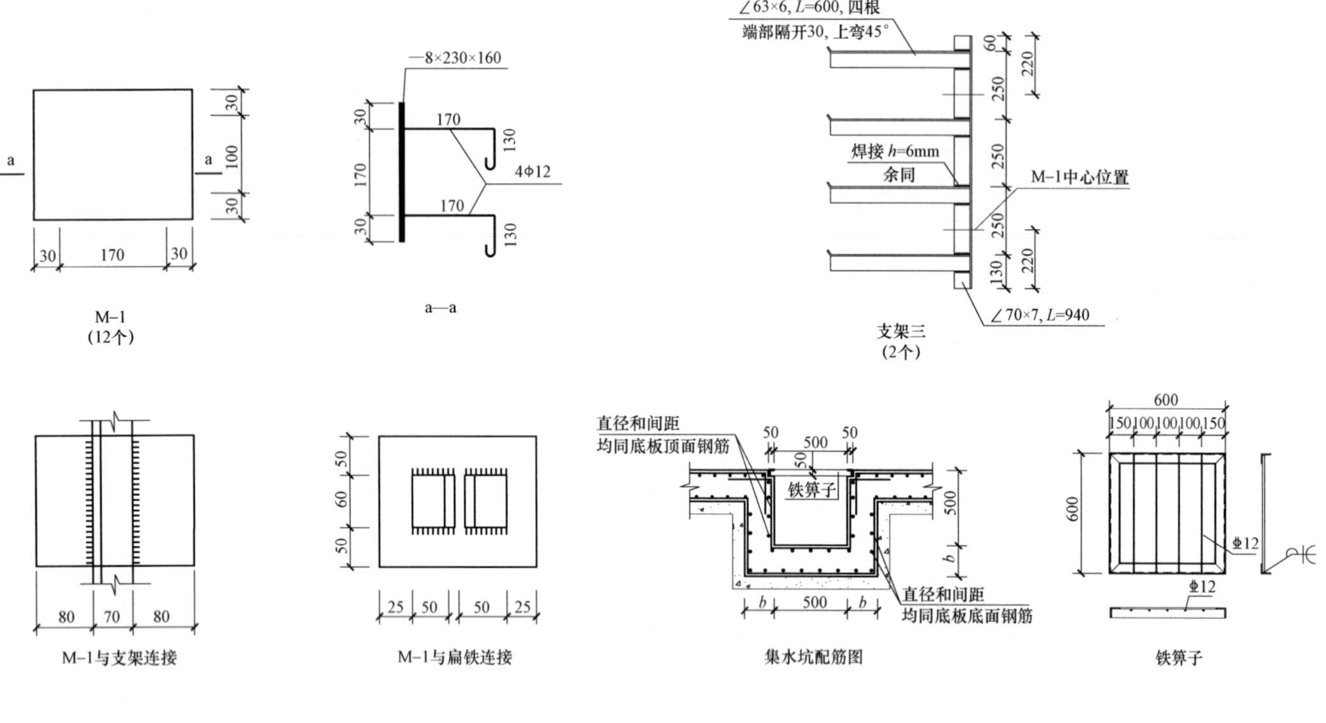

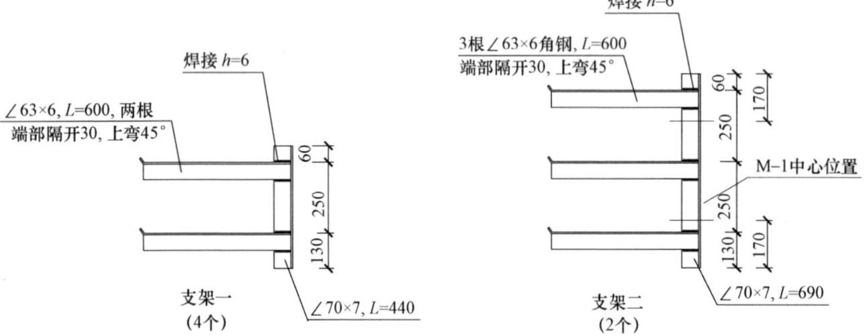

说明：1. 铁箅子采用 Q235B 钢材焊接，焊条采用 E43 型，焊缝厚度为 5mm，满焊。

2. 铁箅子钢材应除锈，除锈等级不低于 St2，涂铁红环氧酯底漆一道。

3. 排水坡度按 0.5% 坡向集水井。

5.0×1.6×1.9 三通电缆井材料表

<table>
<tr><th>编号</th><th colspan="3">简图</th><th>型号</th><th>长度（mm）</th></tr>
<tr><td>①</td><td colspan="3">250 2340～3840 250</td><td>16@120</td><td>2840～4340</td></tr>
<tr><td>②</td><td colspan="3">250 2340～5740 250</td><td>16@150</td><td>2840～6240</td></tr>
<tr><td>③</td><td colspan="3">250 600 按实放样 按实放样 250</td><td>16@150</td><td>按实放样</td></tr>
<tr><td>④</td><td colspan="3">900 260 R1250 1963 460 900</td><td>16@160</td><td>4483</td></tr>
<tr><td>⑤</td><td colspan="3">250 260 R1470 2309 460 250</td><td>16@160</td><td>3529</td></tr>
<tr><td>⑥</td><td colspan="3">250 2140 250</td><td>16@160</td><td>2640</td></tr>
<tr><td>⑦</td><td colspan="3">250 2160 250</td><td>16@160</td><td>2660</td></tr>
<tr><td>⑧</td><td colspan="3">250 5540 250</td><td>14@200</td><td>6040</td></tr>
<tr><td>⑨</td><td colspan="3">250 5560 250</td><td>14@200</td><td>6060</td></tr>
<tr><td>⑩</td><td colspan="3">300 1000 300</td><td>12@200</td><td>1600</td></tr>
<tr><td>⑪</td><td colspan="3">250 250 250 250</td><td>8@200</td><td>1300</td></tr>
<tr><td>⑫</td><td colspan="3">100 230 100</td><td>8@500</td><td>430</td></tr>
<tr><td>⑬</td><td colspan="3">450 5540 450</td><td>7Φ22</td><td>6440</td></tr>
<tr><td>⑭</td><td colspan="3">400 5540 400</td><td>4Φ18</td><td>6340</td></tr>
<tr><td>⑮</td><td colspan="3">400 5540 400</td><td>4Φ12</td><td>6340</td></tr>
<tr><td>⑯</td><td colspan="3">230 530 530 230</td><td>8@100</td><td>1820</td></tr>
<tr><td>C30混凝土</td><td>17.3m³</td><td>C15 混凝土垫层</td><td>2.3m³</td><td>钢筋</td><td>3687kg</td></tr>
<tr><td>铁箅子</td><td>12kg</td><td>支架及埋件</td><td>164kg</td><td>Q235</td><td>176kg</td></tr>
<tr><td colspan="4">道路用防水防盗井盖（外径ϕ950）</td><td colspan="2">2 套</td></tr>
</table>

注 表中列出的材料为统计工程量时的参考值，准确材料量以施工时的实际用量为准。

图 11-18 5.0×1.6×1.9 钢筋混凝土三通电缆井（四） E-3-3

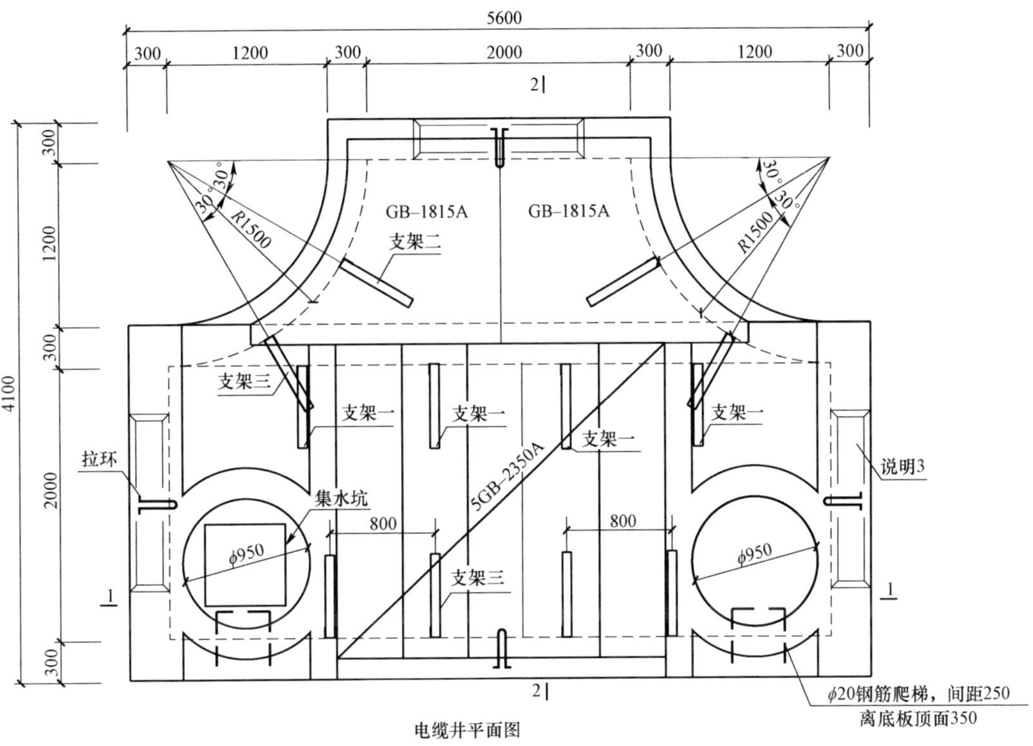

电缆井平面图

说明：1. Φ 表示 HPB300 钢筋，Φ 表示 HRB400 钢筋，受力钢筋保护层厚度除侧墙外侧、底板底部为 40mm，其他部位为 25mm。未标注的纵向钢筋搭接锚固不小于 35*d*。

2. 图中除垫层混凝土等级为 C15 外，其余混凝土等级均 C30。混凝土抗渗等级为 P6。

3. 排管底部宜高于电缆井底部 100mm。

4. 井壁钢筋遇洞口切断并弯折，洞口每边附加钢筋为被切断钢筋面积的 0.75 倍，伸过洞边各 30*d*。侧壁设梅花布置@＝500 的 Φ8 拉结筋，底板设马凳筋。

5. 井内壁用 1:2.5 防水砂浆抹面（掺 5% 防水剂），井内壁与预埋管结合处抹成 45° 喇叭口，且应做好防水处理。井底向集水坑方向应有 0.5%的坡度。

6. 铁件外露部分均进行热镀锌防腐，所有焊缝焊后都需刷两道防锈漆，两道银粉漆。

7. 预埋铁 M－1 面与沟壁抹灰面平，电缆支架面应与沟壁贴紧。要求满焊，焊缝高度不小于 5mm，焊条 E4303。

图 11－19　5.0×2.0×1.9 钢筋混凝土三通电缆井（一）　E－3－5

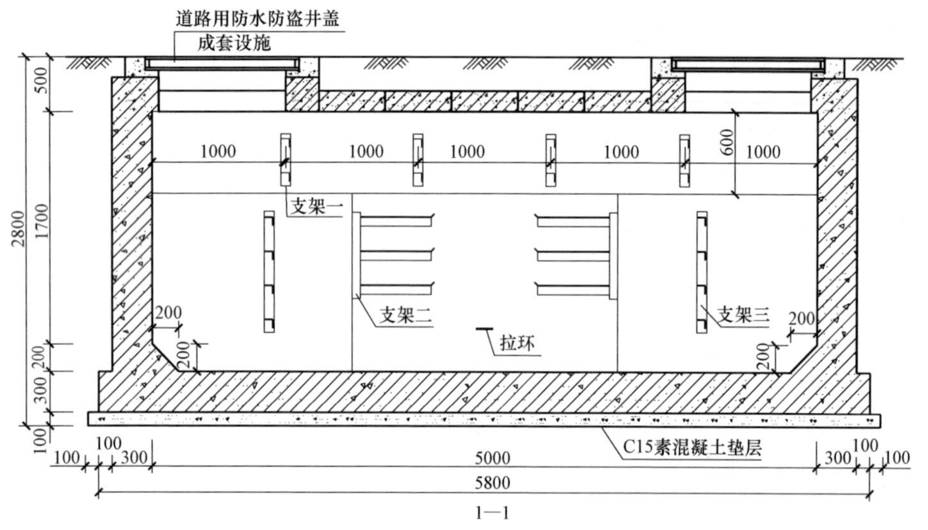

1—1

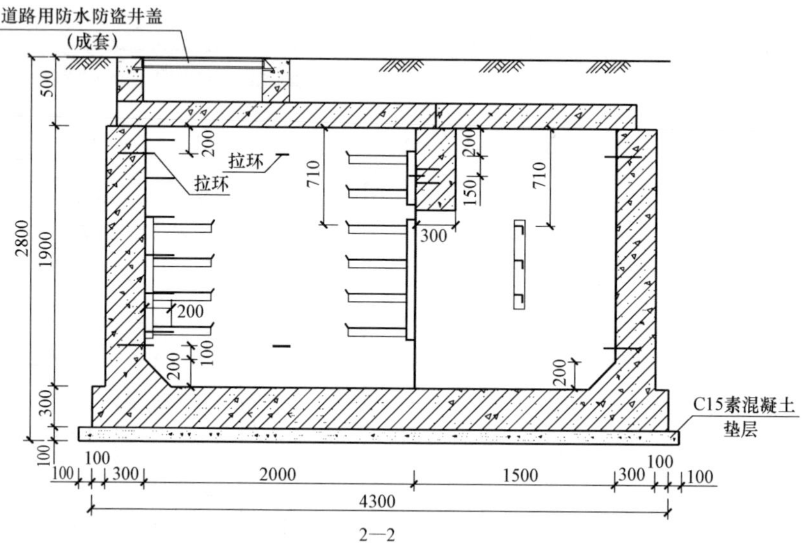

2—2

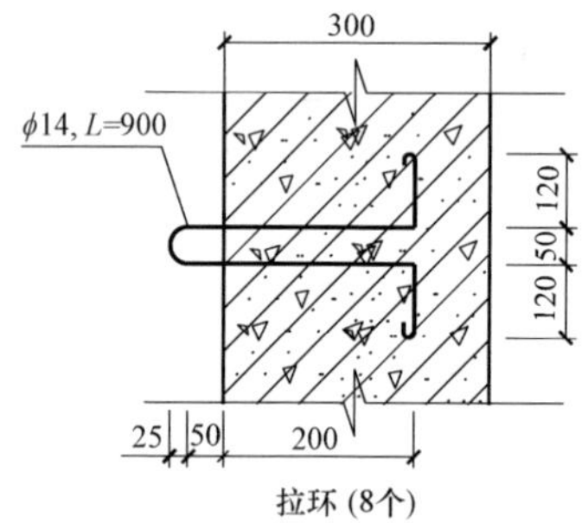

拉环 (8个)

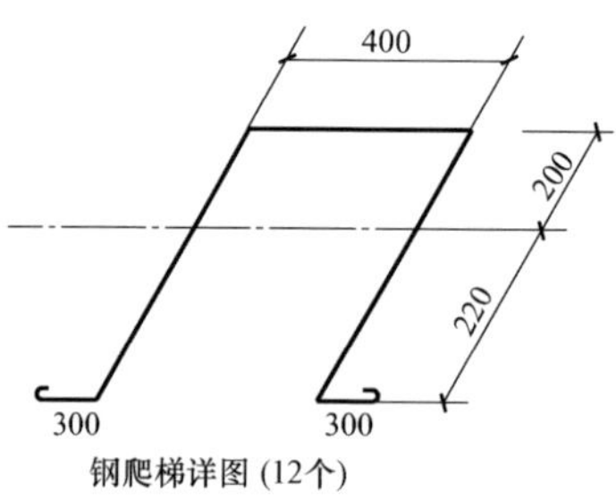

钢爬梯详图 (12个)

图 11-20　5.0×2.0×1.9 钢筋混凝土三通电缆井（二）　E-3-5

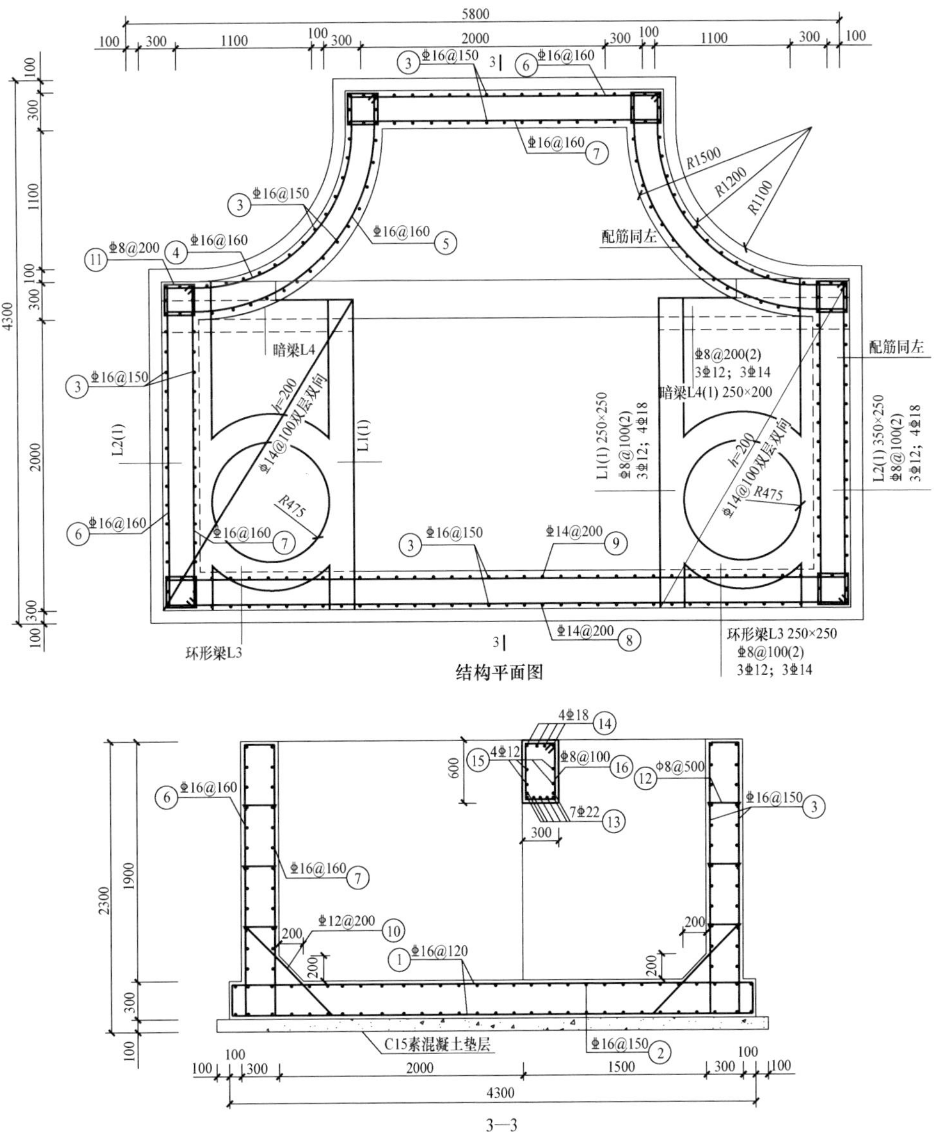

图 11-21　5.0×2.0×1.9 钢筋混凝土三通电缆井（三）　E-3-5

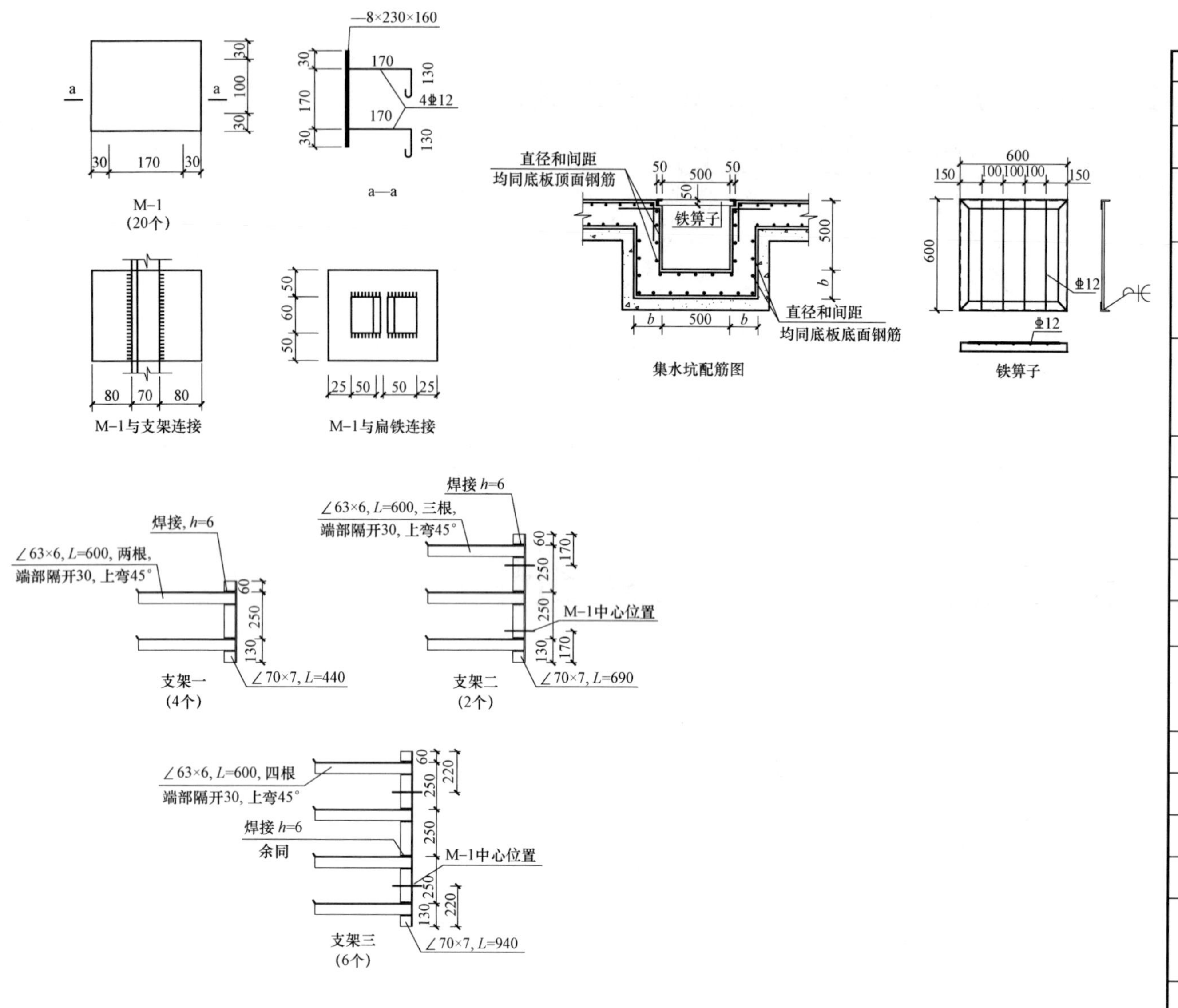

说明：1. 铁箅子采用 Q235B 钢材焊接，焊条采用 E43 型，焊缝厚度为 5mm，满焊。
2. 铁箅子钢材应除锈，除锈等级不低于 St2，涂铁红环氧酯底漆一道。
3. 排水坡度按 0.5% 坡向集水井。

5.0×2.0×1.9 三通电缆井材料表

编号	简图	型号	长度（mm）
①	250 2740～4240 250	Φ16@120	3240～4740
②	250 2740～5740 250	Φ16@150	3240～6240
③	按实放样 250 600 250 250 按实放样	Φ16@150	按实放样
④	900 260 R1250 1963 260 900	Φ16@160	4283
⑤	250 260 R1470 2309 260 250	Φ16@160	3329
⑥	250 2540 250	Φ16@160	3040
⑦	250 2560 250	Φ16@160	3060
⑧	250 5540 250	Φ14@200	6040
⑨	250 5560 250	Φ14@200	6060
⑩	300 1000 300	Φ12@200	1600
⑪	250 250 250 250	Φ8@200	1300
⑫	100 230 100	Φ8@500	430
⑬	450 5540 450	7Φ22	6440
⑭	400 5540 400	4Φ18	6340
⑮	400 5540 400	4Φ12	6340
⑯	230 530 530 230	Φ8@100	1820

C30 混凝土	18.9m³	C15 混凝土垫层	2.6m³	钢筋	4010kg
铁箅子	12kg	支架及埋件	284kg	Q235	296kg
道路用防水防盗井盖（外径 ϕ950）				2 套	

注　表中列出的材料为统计工程量时的参考值，准确材量以施工时的实际用量为准。

图 11－22　5.0×2.0×1.9 钢筋混凝土三通电缆井（四）　E－3－5

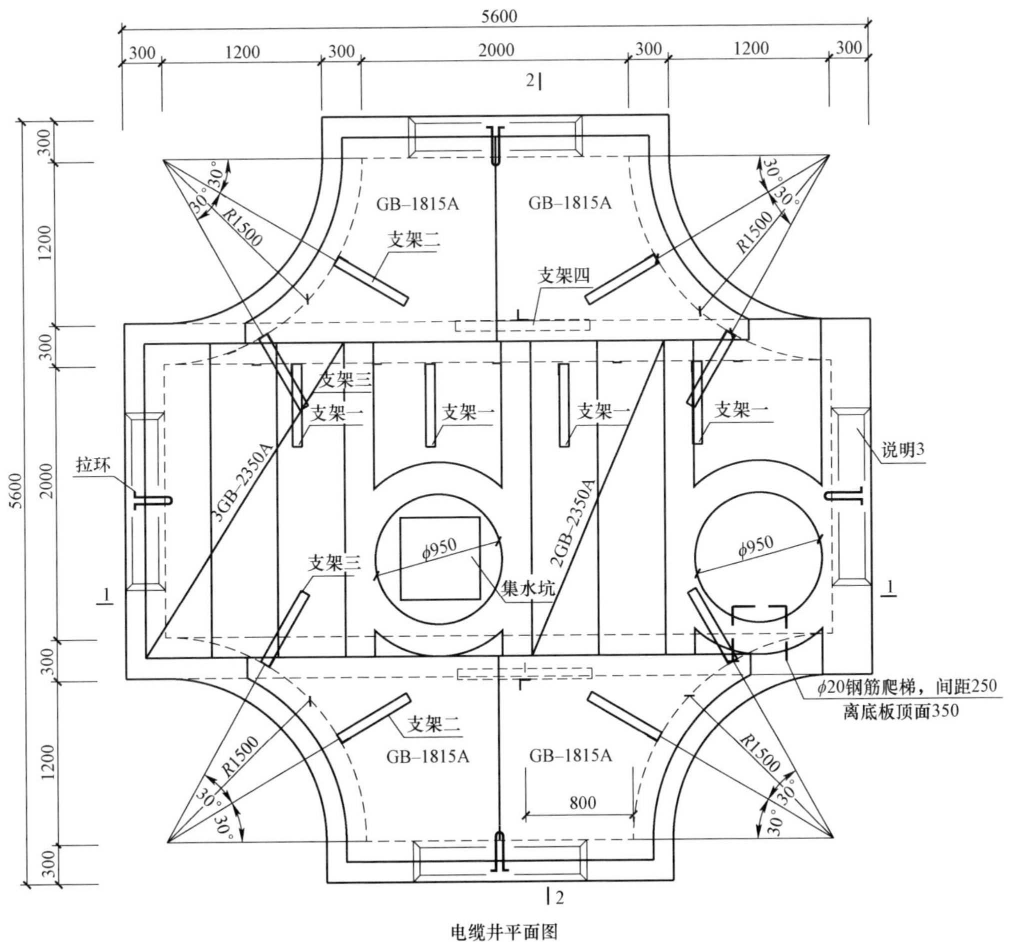

电缆井平面图

说明：1. Φ 表示 HPB300 钢筋，Φ 表示 HRB400 钢筋，受力钢筋保护层厚度除侧墙外侧、底板底部为 40mm，其他部位为 25mm。未标注的纵向钢筋搭接锚固不小于 35*d*。

2. 图中除垫层混凝土等级为 C15 外，其余混凝土等级均 C30。混凝土抗渗等级为 P6。

3. 排管底部宜高于电缆井底部 100mm。

4. 井壁钢筋遇洞口切断并弯折，洞口每边附加钢筋为被切断钢筋面积的 0.75 倍，伸过洞边各 30*d*。侧壁设梅花布置@=500 的 Φ8 拉结筋，底板设马凳筋。

5. 井内壁用 1:2.5 防水砂浆抹面（掺 5% 防水剂），井内壁与预埋管结合处抹成 45°喇叭口，且应做好防水处理。井底向集水坑方向应有 0.5% 的坡度。

6. 铁件外露部分均进行热镀锌防腐，所有焊缝焊后都需刷两道防锈漆，两道银粉漆。

7. 预埋铁 M－1 面与沟壁抹灰面平，电缆支架面应与沟壁贴紧。要求满焊，焊缝高度不小于 5mm，焊条 E4303。

图 11－23　5.0×（2.0/2.0）×1.9 钢筋混凝土四通电缆井（一）　E－4－5

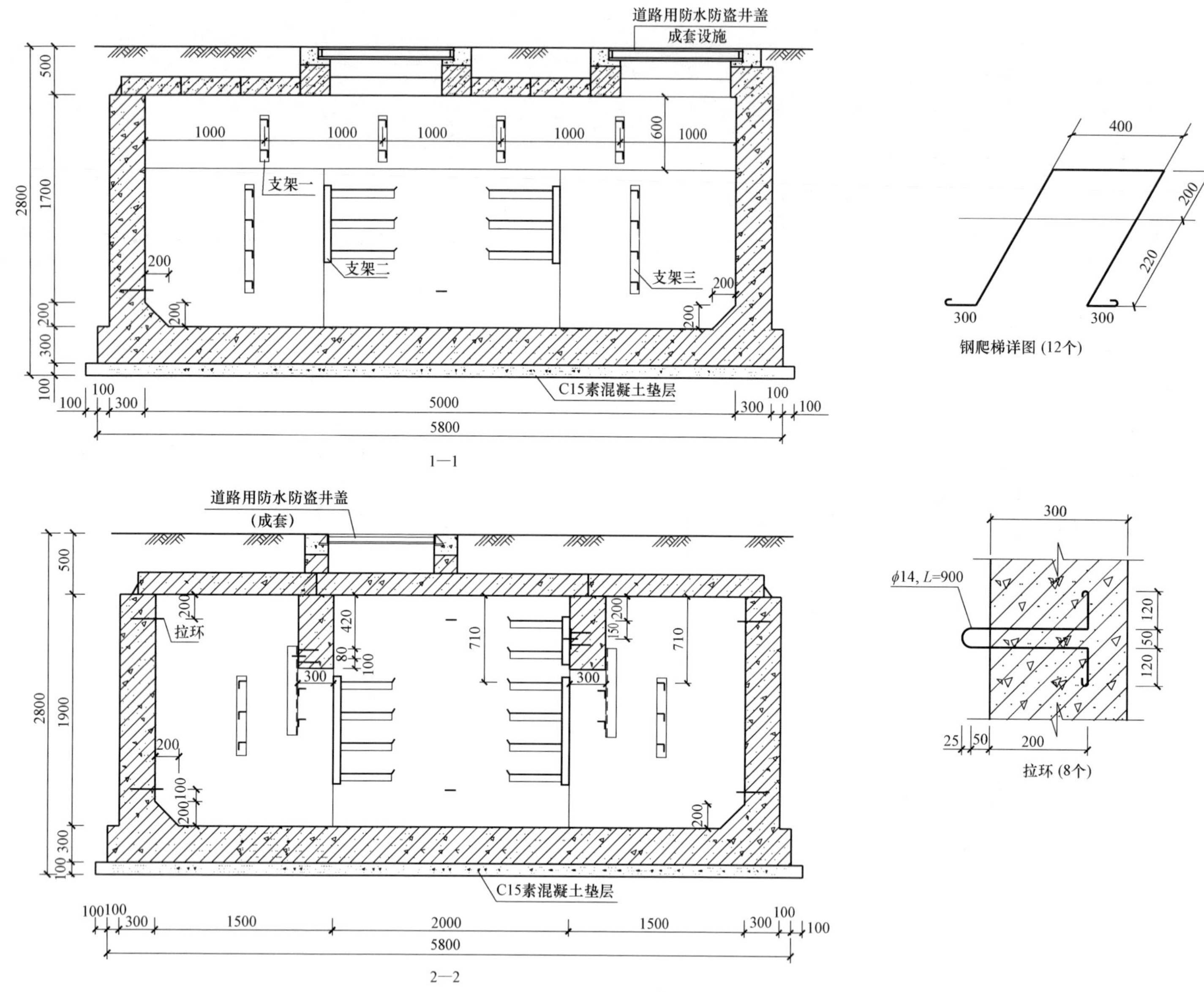

图 11－24　5.0×（2.0/2.0）×1.9 钢筋混凝土四通电缆井（二）　E－4－5

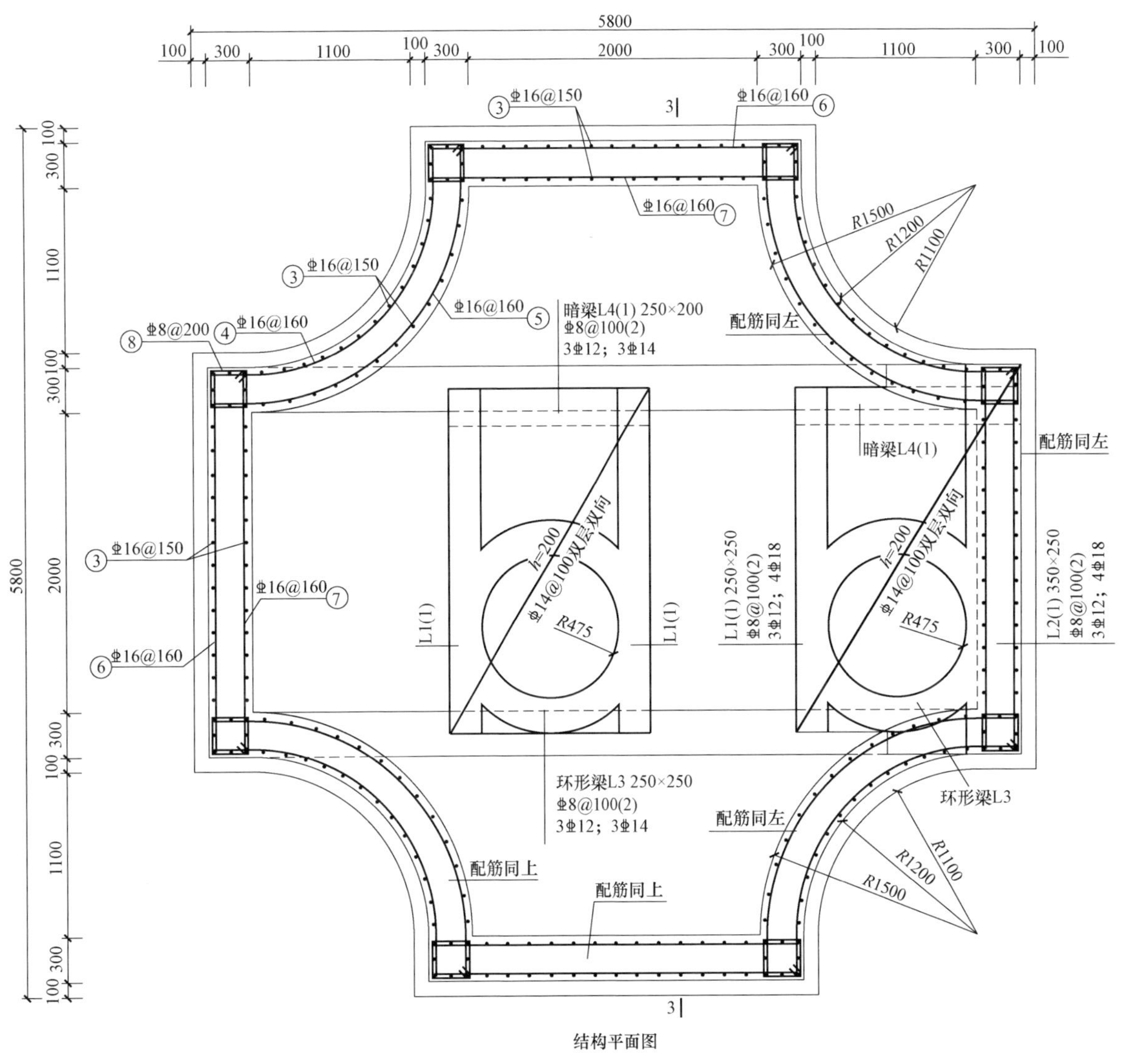

图 11-25　5.0×（2.0/2.0）×1.9 钢筋混凝土四通电缆井（三）　E-4-5

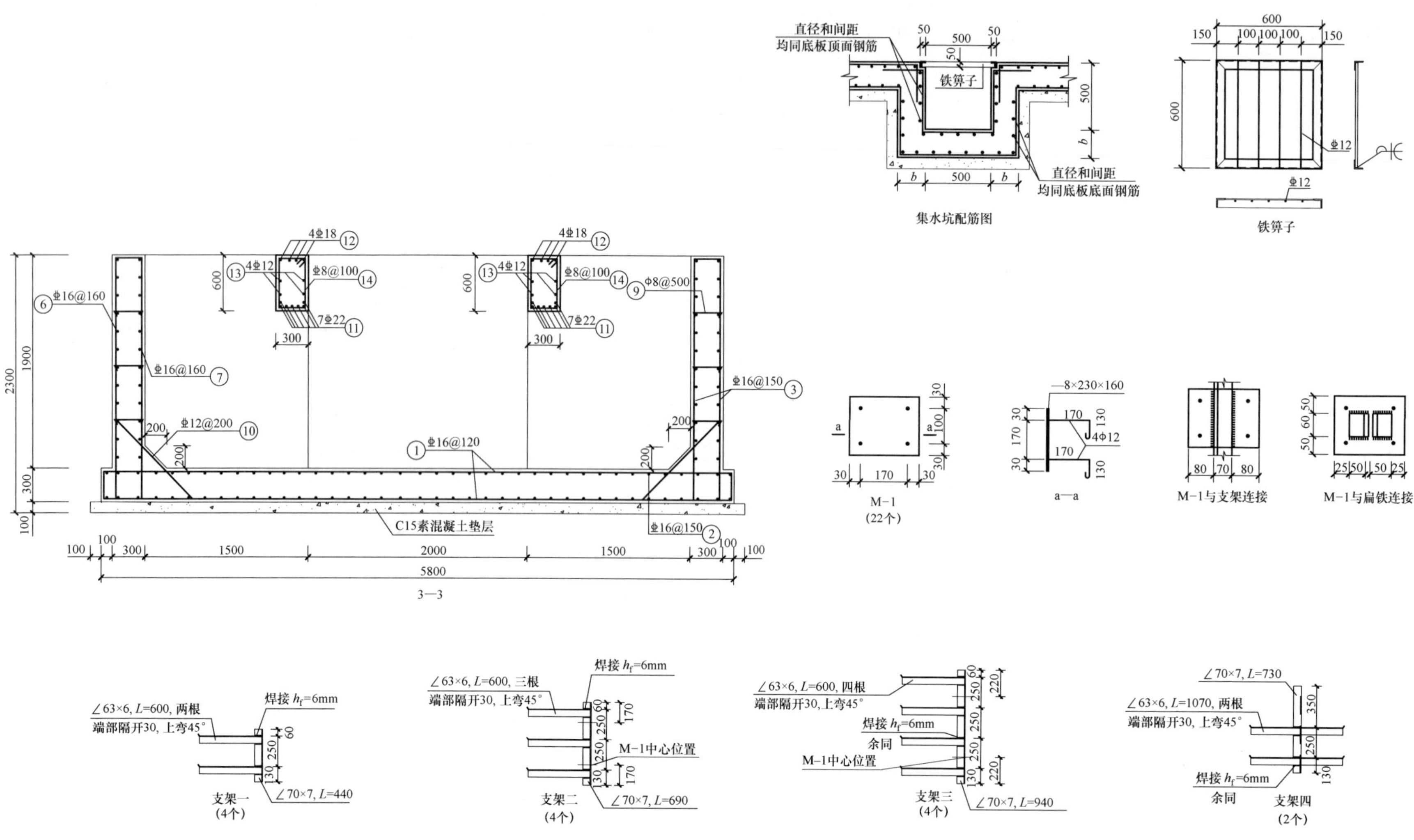

说明：1. 铁箅子采用 Q235B 钢材焊接，焊条采用 E43 型，焊缝厚度为 5mm，满焊。

2. 铁箅子钢材应除锈，除锈等级不低于 St2，涂铁红环氧酯底漆一道。

3. 排水坡度按 0.5%坡向集水井。

图 11－26　5.0×（2.0/2.0）×1.9 钢筋混凝土四通电缆井（四）　E－4－5

5.0×(2.0/2.0)×1.9 四通电缆井材料表

<table>
<tr><th>编号</th><th colspan="3">简图</th><th>型号</th><th>长度（mm）</th></tr>
<tr><td>①</td><td colspan="3"> 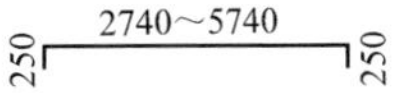250 2740～5740 250</td><td>Φ16@120</td><td>3240～6240</td></tr>
<tr><td>②</td><td colspan="3"> 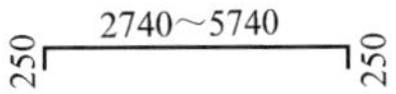250 2740～5740 250</td><td>Φ16@150</td><td>3240～6240</td></tr>
<tr><td>③</td><td colspan="3"> 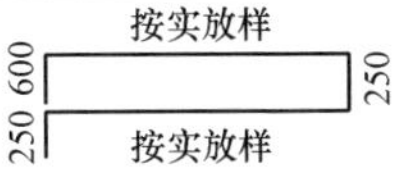按实放样 250 600 250 按实放样</td><td>Φ16@150</td><td>按实放样</td></tr>
<tr><td>④</td><td colspan="3"> 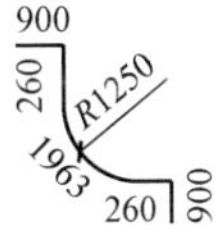900 260 R1250 1963 260 900</td><td>Φ16@160</td><td>4283</td></tr>
<tr><td>⑤</td><td colspan="3"> 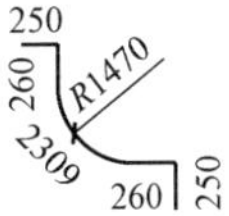250 260 R1470 2309 260 250</td><td>Φ16@160</td><td>3329</td></tr>
<tr><td>⑥</td><td colspan="3"> 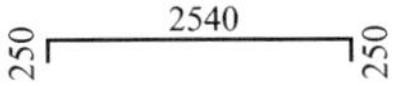250 2540 250</td><td>Φ16@160</td><td>3040</td></tr>
<tr><td>⑦</td><td colspan="3"> 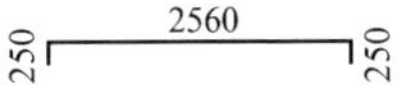250 2560 250</td><td>Φ16@160</td><td>3060</td></tr>
<tr><td>⑧</td><td colspan="3"> 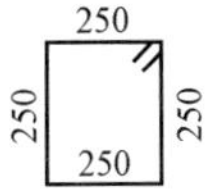250 250 250 250</td><td>Φ8@200</td><td>1300</td></tr>
<tr><td>⑨</td><td colspan="3"> 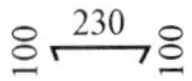100 230 100</td><td>φ8@500</td><td>430</td></tr>
<tr><td>⑩</td><td colspan="3"> 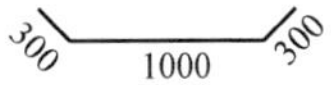300 1000 300</td><td>Φ12@200</td><td>1600</td></tr>
<tr><td>⑪</td><td colspan="3"> 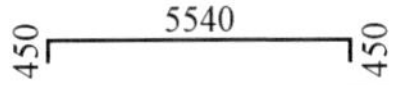450 5540 450</td><td>14Φ22</td><td>6440</td></tr>
<tr><td>⑫</td><td colspan="3"> 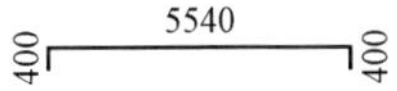400 5540 400</td><td>8Φ18</td><td>6340</td></tr>
<tr><td>⑬</td><td colspan="3"> 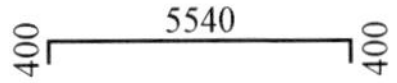400 5540 400</td><td>8Φ12</td><td>6340</td></tr>
<tr><td>⑭</td><td colspan="3"> 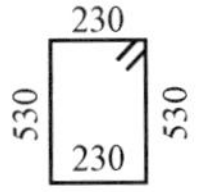230 530 530 230</td><td>Φ8@100</td><td>1820</td></tr>
<tr><td>C30 混凝土</td><td>21.6m^3</td><td>C15 混凝土垫层</td><td>3.1m^3</td><td>钢筋</td><td>4907kg</td></tr>
<tr><td>铁箅子</td><td>12kg</td><td>支架及埋件</td><td>314kg</td><td>Q235</td><td>326kg</td></tr>
<tr><td colspan="4">道路用防水防盗井盖（外径ϕ950）</td><td colspan="2">2 套</td></tr>
</table>

注　表中列出的材料为统计工程量时的参考值，准确材料量以施工时的实际用量为准。

图 11－27　5.0×（2.0/2.0）×1.9 钢筋混凝土四通电缆井（五）　E－4－5

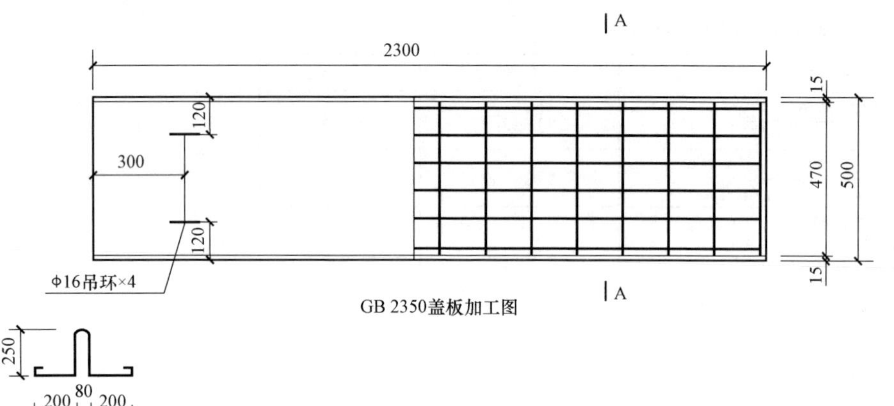

GB 2350盖板加工图

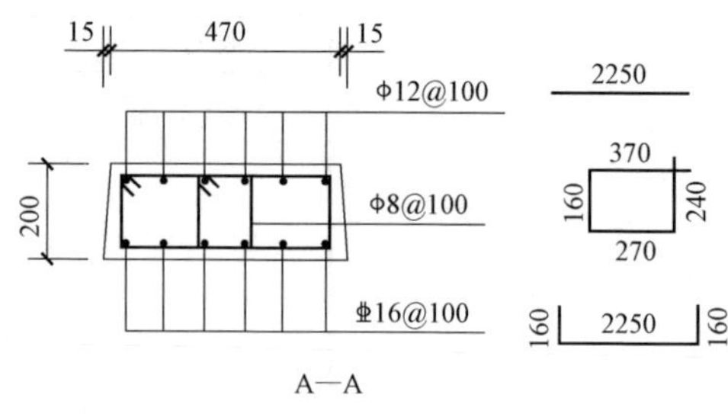

A—A

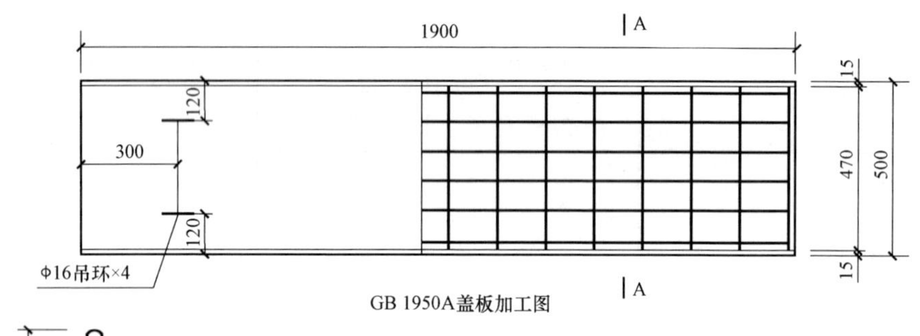

GB 1950A盖板加工图

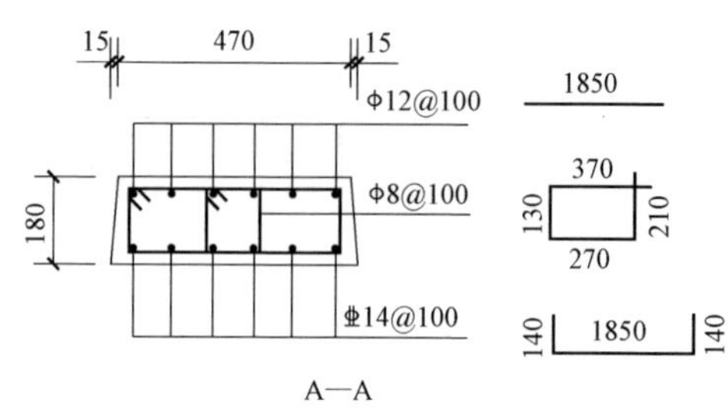

A—A

<table>
<tr><td colspan="4">GB 2350A</td></tr>
<tr><td>C30 混凝土</td><td>0.23m³</td><td>钢筋</td><td>65kg</td></tr>
<tr><td colspan="4">GB 1950A</td></tr>
<tr><td>C30 混凝土</td><td>0.18m³</td><td>钢筋</td><td>49kg</td></tr>
</table>

说明：1. 混凝土材料等级：C30。混凝土保护层厚度为 25mm。
2. 钢筋等级：Φ 为 HPB300 级，Φ 为 HRB400 级。吊环应与主筋焊接。
3. 所有尺寸按实际放样确定。
4. 盖板必需按照设计图纸制作，安装应注意正反面，吊环一侧在上面。
5. 预制盖板板端与侧壁及板缝用热沥青砂浆密实，预制盖板在井壁上部用 1:2 水泥砂浆坐浆 20mm 厚，在板端与侧壁间用 1:2 水泥砂浆灌缝密实。
6. 表中列出的材料为统计工程量时的参考值，准确材料量以施工时的实际用量为准。
7. 盖板表面宜与城市道路环境相融合。

图 11－28　GB2350A、GB1950A 盖板加工图　E－T－4、E－T－8

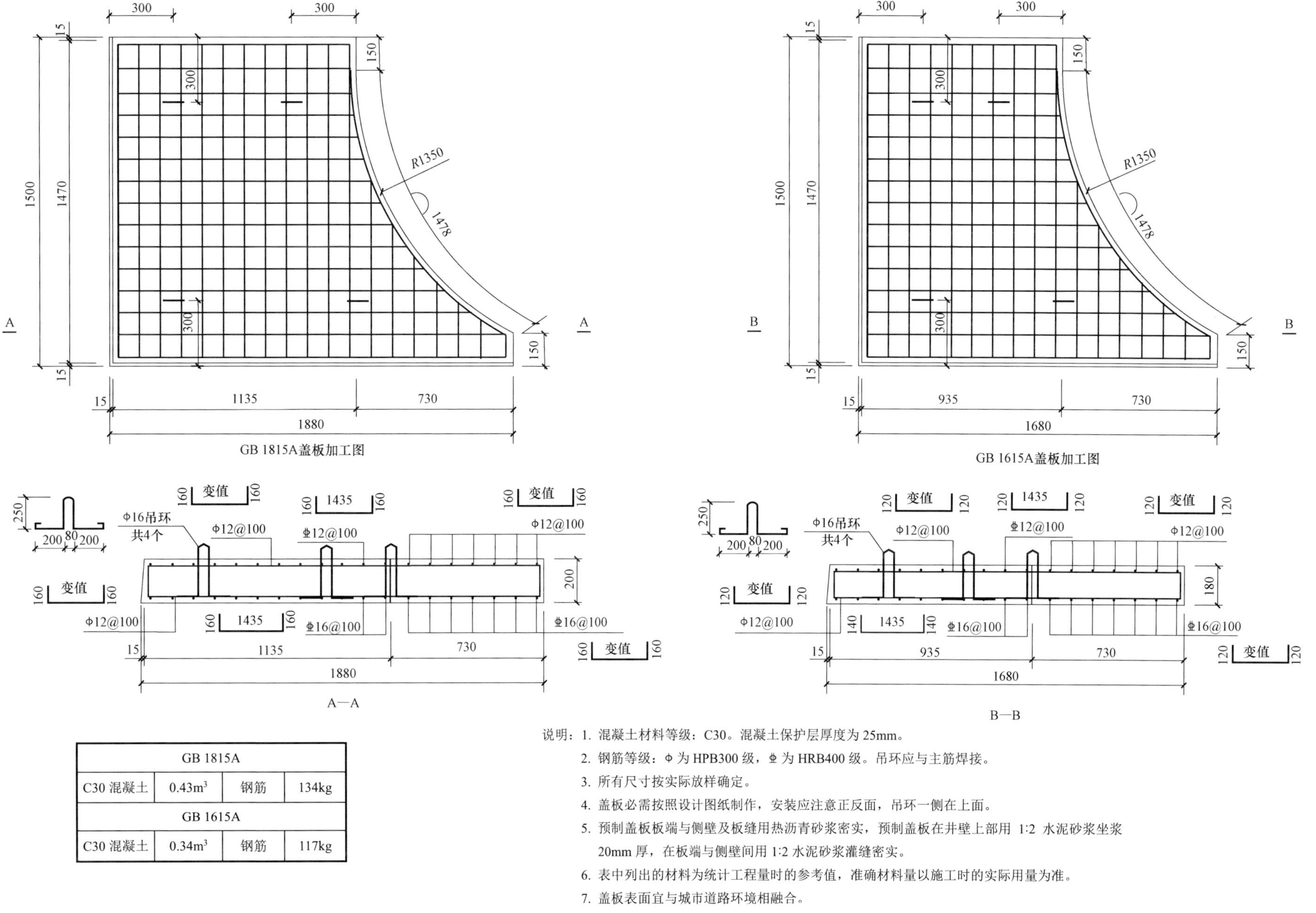

GB 1815A			
C30 混凝土	0.43m³	钢筋	134kg
GB 1615A			
C30 混凝土	0.34m³	钢筋	117kg

说明：1. 混凝土材料等级：C30。混凝土保护层厚度为 25mm。

2. 钢筋等级：Φ 为 HPB300 级，Φ 为 HRB400 级。吊环应与主筋焊接。

3. 所有尺寸按实际放样确定。

4. 盖板必需按照设计图纸制作，安装应注意正反面，吊环一侧在上面。

5. 预制盖板板端与侧壁及板缝用热沥青砂浆密实，预制盖板在井壁上部用 1:2 水泥砂浆坐浆 20mm 厚，在板端与侧壁间用 1:2 水泥砂浆灌缝密实。

6. 表中列出的材料为统计工程量时的参考值，准确材料量以施工时的实际用量为准。

7. 盖板表面宜与城市道路环境相融合。

图 11－29　GB1815A、GB1615A 盖板加工图　E－T－11、E－T－12

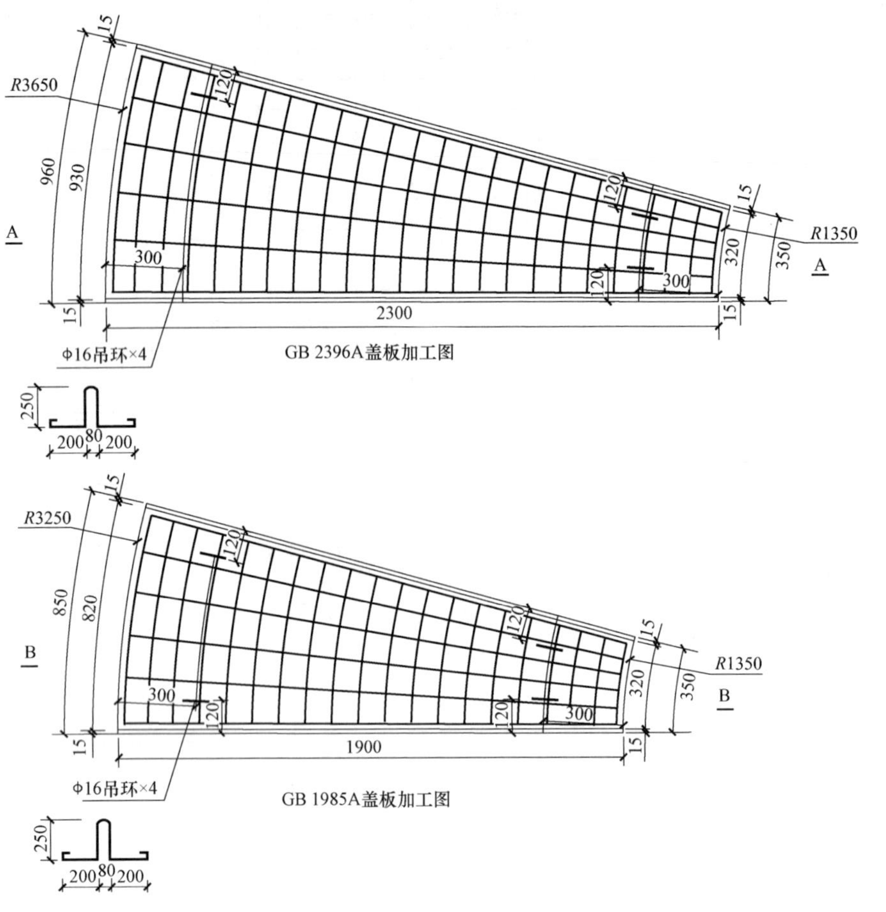

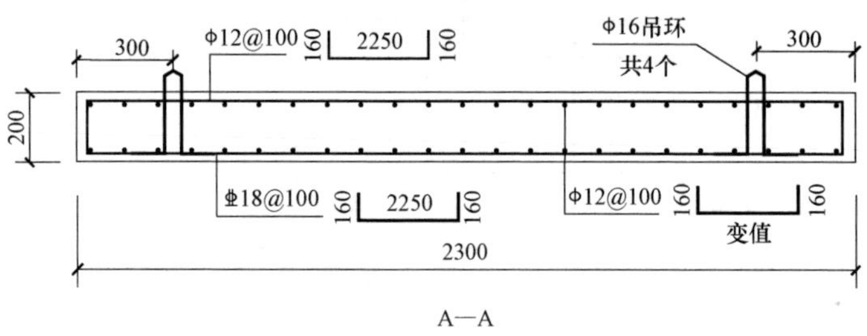

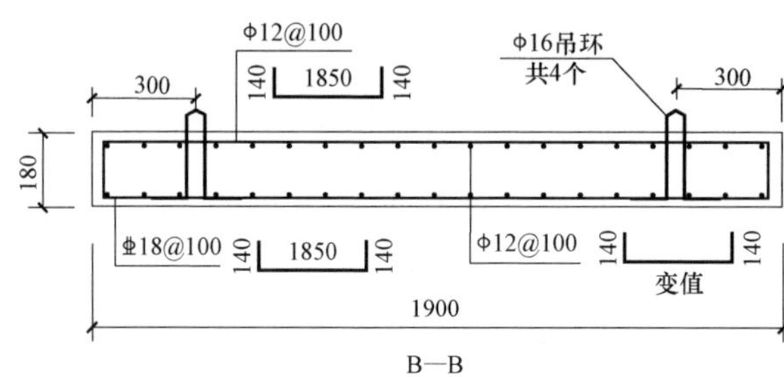

GB 2396A			
C30 混凝土	0.31m³	钢筋	109kg
GB 1985A			
C30 混凝土	0.21m³	钢筋	89kg

说明：1. 混凝土材料等级：C30。混凝土保护层厚度为25mm。

2. 钢筋等级：Φ 为 HPB300 级，Φ 为 HRB400 级。吊环应与主筋焊接。

3. 所有尺寸按实际放样确定。

4. 盖板必需按照设计图纸制作，安装应注意正反面，吊环一侧在上面。

5. 预制盖板板端与侧壁及板缝用热沥青砂浆密实，预制盖板在井壁上部用 1:2 水泥砂浆坐浆 20mm 厚，在板端与侧壁间用 1:2 水泥砂浆灌缝密实。

6. 表中列出的材料为统计工程量时的参考值，准确材料量以施工时的实际用量为准。

7. 盖板表面宜与城市道路环境相融合。

图 11－30　GB2396A、GB1985A 盖板加工图　E－T－9

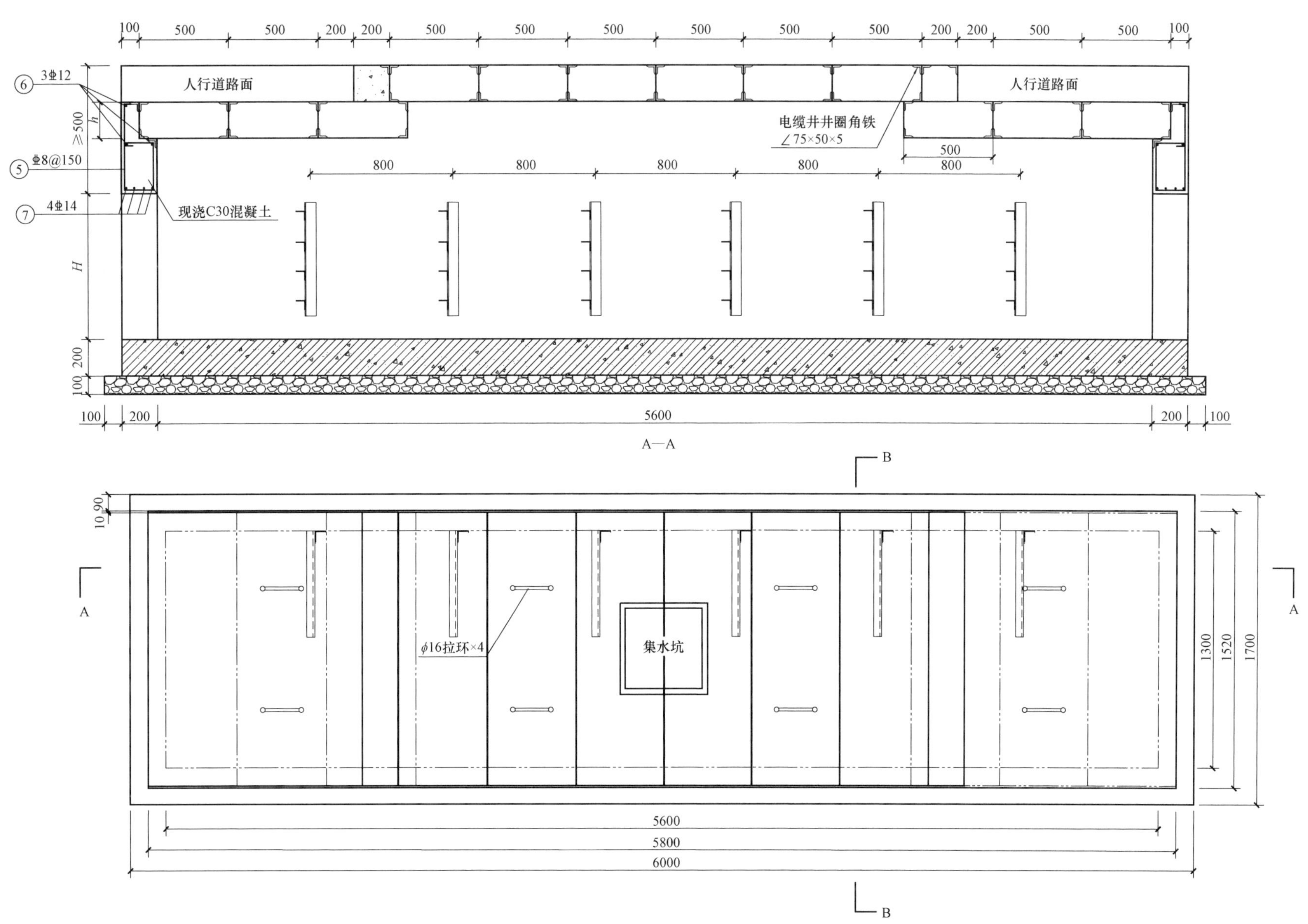

图 11－31　6×1.3×1.8 直线井（钢筋混凝土）盖板开启式（一）　E－1－18

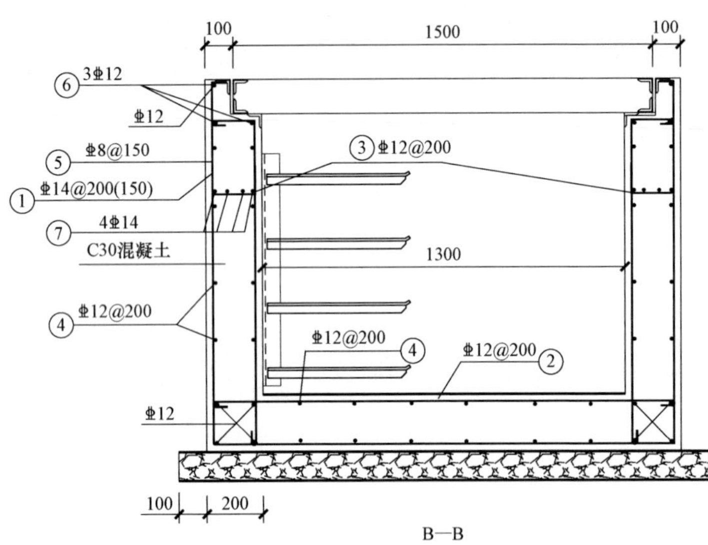

B—B

6×1.3×1.8 直线井钢筋表

编号	直径	型式	长度（mm）	数量（根）	总长度（mm）	质量（kg）
①	⌀14	90 90 1740 1740 1240	4900	41	200900	242.77
②	⌀12	1300	1300	31	40300	35.79
③	⌀12	170 1650（1570）	1820（1740）	62	112840（107880）	100.18（95.78）
④	⌀12		6000	50	300000	266.34
⑤	⌀8	510 170 190 280	1150	22	25300	9.99
⑥	⌀12	1650	1650	6	9900	8.79
⑦	⌀14	1650	1650	8	13200	15.97
总质量（kg）：679.83（675.43）						

盖板选择

h（mm）	适用范围	盖板规格
120	人行横道，绿化带	GYB－1
200	车行道	GYB－3

说明：1. 图中 *H* 的尺寸根据同沟体电缆排管的孔数及埋深而定，通常状况 *H* 为 1000、1300mm。*H* 为 1000mm 时，选用 4×500mm 支架；*H* 为 1300mm 时，选用 5×500mm 支架。

2. 盖板均设置拉环，拉环需热镀锌。

图 11－32　6×1.3×1.8 直线井（钢筋混凝土）盖板开启式（二）　E－1－18

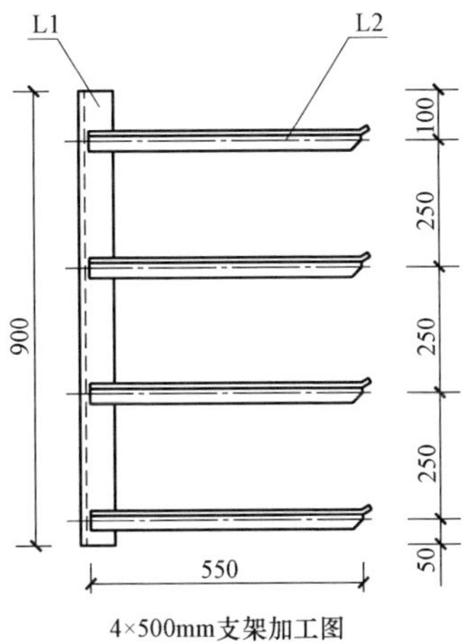

4×500mm支架加工图

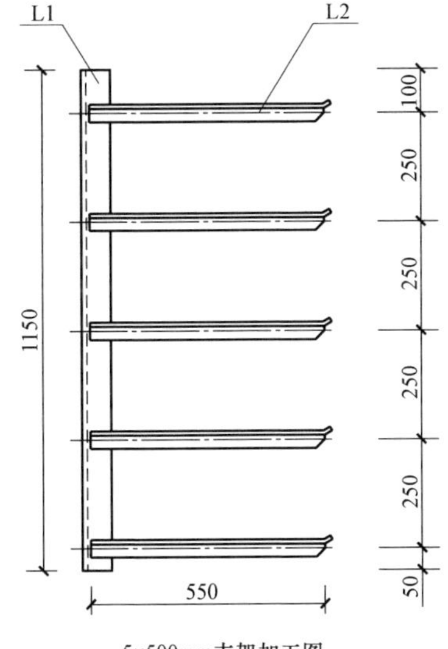

5×500mm支架加工图

电缆沟支架材料表

序号	模块	支架类型	规格	长度（mm）	数量	单重（kg）	小计（kg）	合计（kg）
1	4×500mm支架	L1	∠63mm×6mm	900	6	5.15	30.9	80.82
		L2	∠50mm×5mm	550	24	2.08	49.92	
2	5×500mm支架	L1	∠63mm×6mm	1150	6	6.58	39.48	101.88
		L2	∠50mm×5mm	550	30	2.08	62.4	

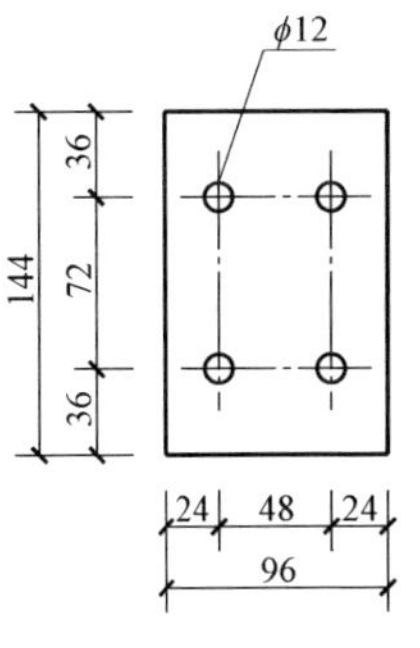

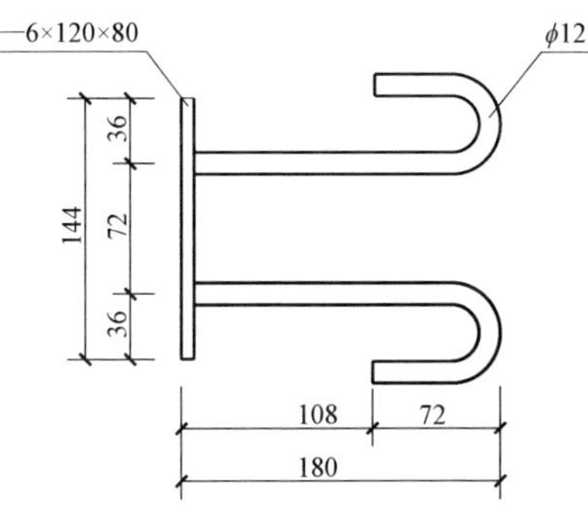

图 11－33　6×1.3×1.8 直线井（钢筋混凝土）盖板开启式（三）　E－1－18

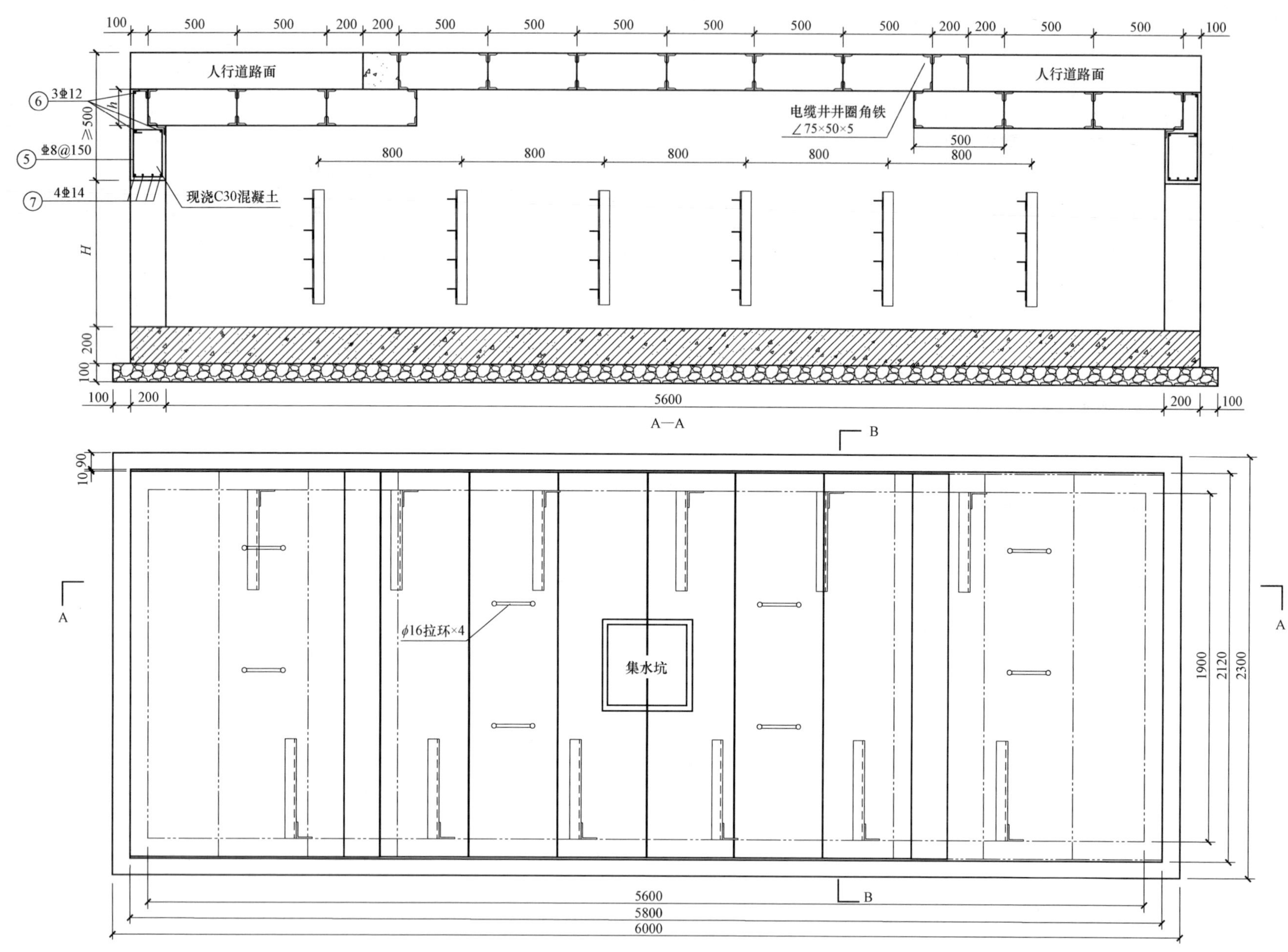

图 11-34　6×1.9×1.8 直线井（钢筋混凝土）盖板开启式（一）　E-1-20

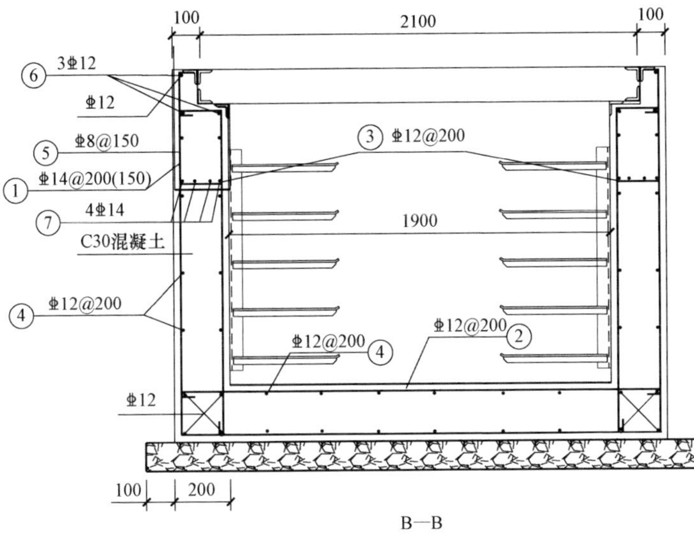

B—B

盖板选择

h（mm）	适用范围	盖板规格
120	人行横道，绿化带	GYB－9
200	车行道	GYB－10

说明：1. 图中H的尺寸根据同沟体电缆排管的孔数及埋深而定，通常状况H为1000mm、1300mm。H为1000mm时，选用4×500mm支架；H为1300mm时，选用5×500mm支架。

2. 盖板均设置拉环，拉环需热镀锌。

6×1.9×1.8 直线井钢筋表（一）

编号	直径	型式	长度（mm）	数量（根）	总长度（mm）	质量（kg）
①	Φ14	90 90 1440 1440 2240	5300	31	164300	198.54
②	Φ12	2300	2300	31	71300	63.30
③	Φ12	170 1350（1270）	1520（1440）	62	94240（89280）	83.69（79.28）
④	Φ12		6000	52	312000	277.06
⑤	Φ8	510 170 190 280	1150	30	34500	13.63
⑥	Φ12	2250	2250	6	13500	12.0
⑦	Φ14	2250	2250	8	18000	21.78
总质量（kg）：670（665.59）						

6×1.9×1.8 直线井钢筋表（二）

编号	直径	型式	长度（mm）	数量（根）	总长度（mm）	质量（kg）
①	Φ14	90 90 1740 1740 2240	5900	41	241900	292.31
②	Φ12	2300	2300	31	71300	63.30
③	Φ12	170 1650（1570）	1820（1740）	62	112840（107880）	100.18（95.78）
④	Φ12		6000	52	312000	277.06
⑤	Φ8	510 170 190 280	1150	30	34500	13.63
⑥	Φ12	2250	2250	6	13500	12.0
⑦	Φ14	2250	2250	8	18000	21.78
总质量（kg）：780.26（775.86）						

图 11－35 6×1.9×1.8 直线井（钢筋混凝土）盖板开启式（二） E－1－20

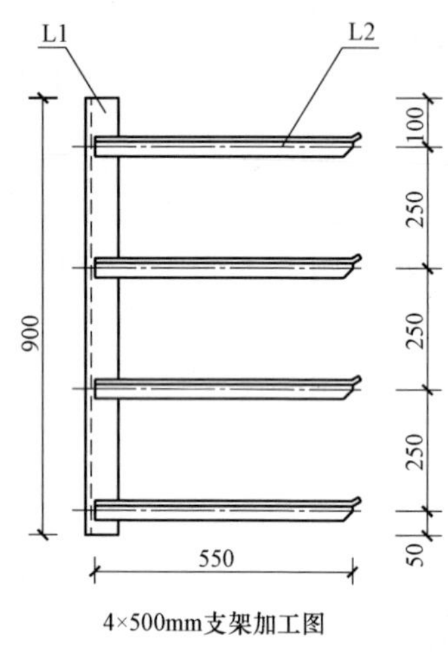

4×500mm支架加工图

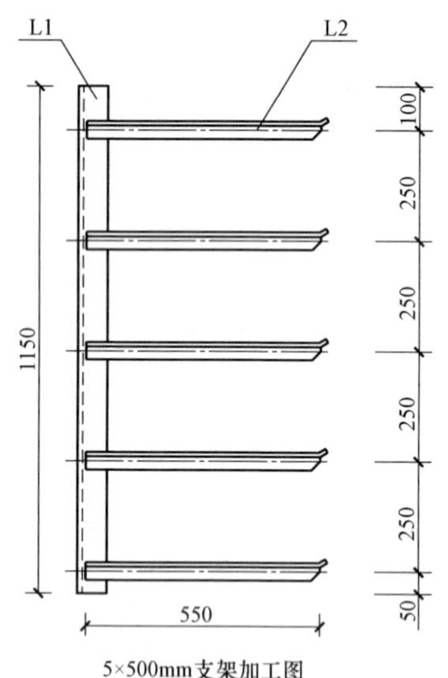

5×500mm支架加工图

电缆沟支架材料表

序号	模块	支架类型	规格	长度（mm）	数量	单重（kg）	小计（kg）	合计（kg）
1	4×500mm支架	L1	∠63mm×6mm	900	12	5.15	61.8	161.64
		L2	∠50mm×5mm	550	48	2.08	99.84	
2	5×500mm支架	L1	∠63mm×6mm	1150	12	6.58	78.96	203.76
		L2	∠50mm×5mm	550	60	2.08	124.8	

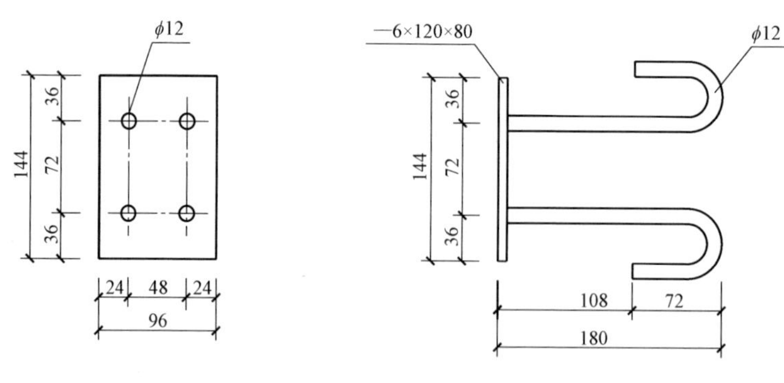

图 11－36　6×1.9×1.8 直线井（钢筋混凝土）盖板开启式（三）　E－1－20

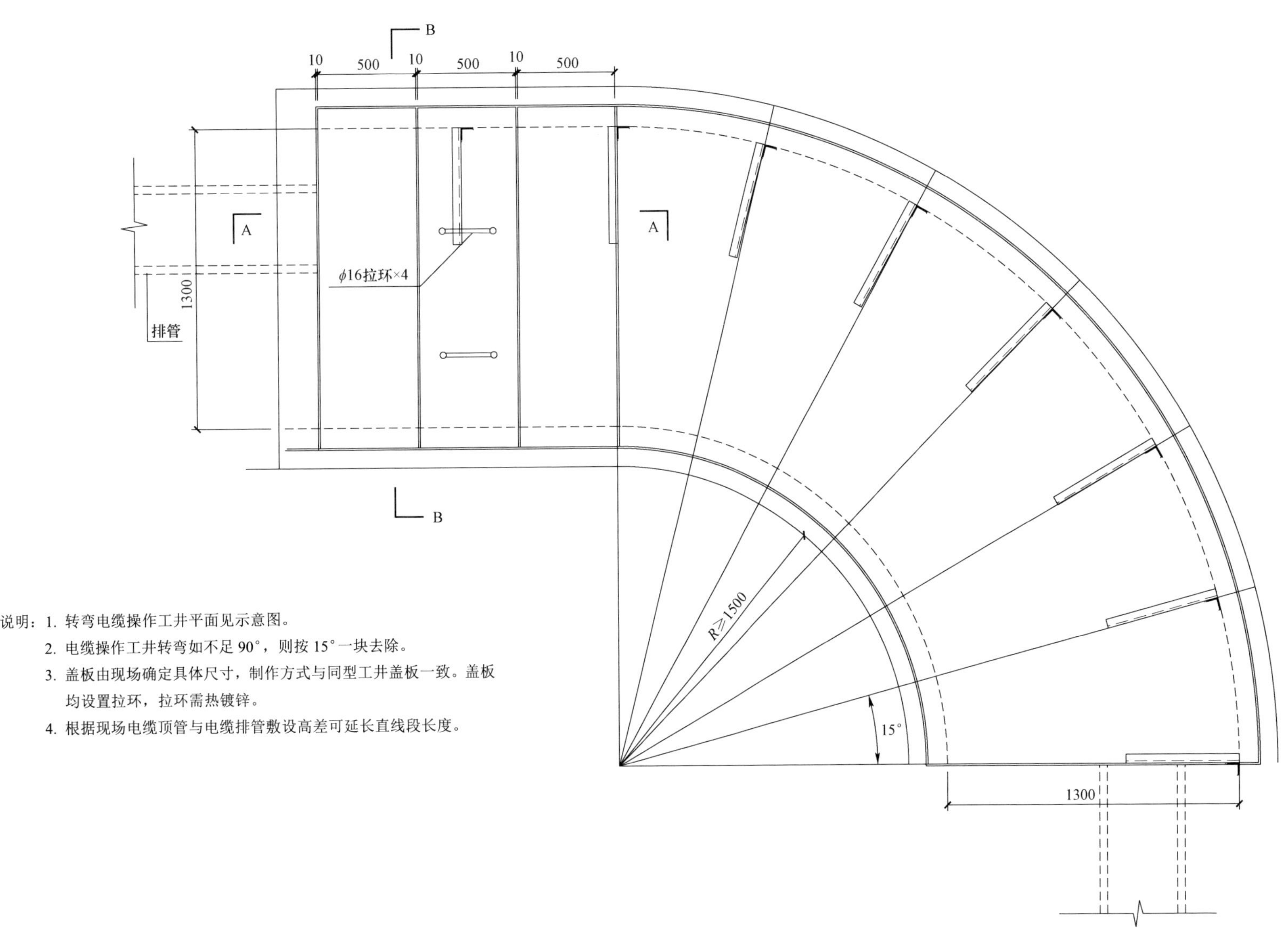

说明：1. 转弯电缆操作工井平面见示意图。

2. 电缆操作工井转弯如不足90°，则按15°一块去除。

3. 盖板由现场确定具体尺寸，制作方式与同型工井盖板一致。盖板均设置拉环，拉环需热镀锌。

4. 根据现场电缆顶管与电缆排管敷设高差可延长直线段长度。

图 11－37　（6～10）×1.3×1.8 转角井（钢筋混凝土）盖板开启式（一）　E－2－7

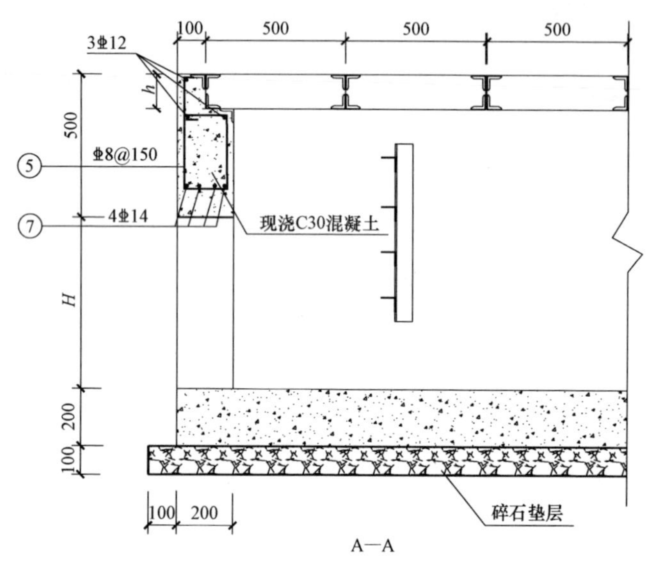

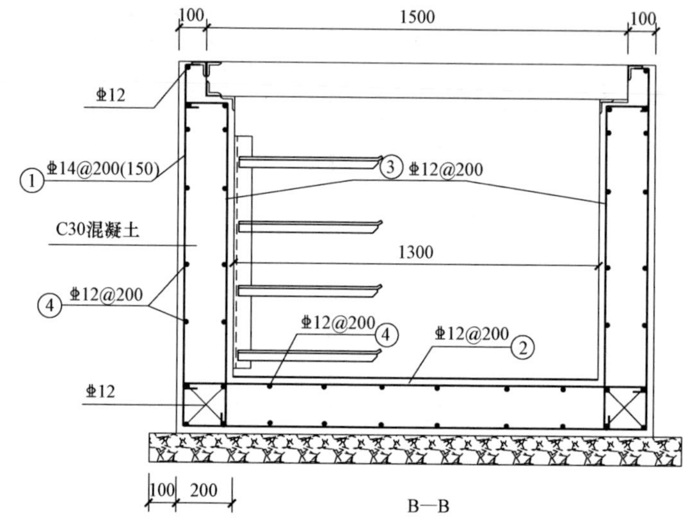

盖板选择

h（mm）	适用范围	盖板规格
120	人行横道，绿化带	GYB－1
200	车行道	GYB－3

说明：图中 *H* 的尺寸根据同沟体电缆排管的孔数及埋深而定，通常状况 *H* 为 1000、1300mm；*H* 为 1000mm 时，选用 4×500mm 支架；*H* 为 1300mm 时，选用 5×500mm 支架。

图 11－38　（6～10）×1.3×1.8 转角井（钢筋混凝土）盖板开启式（二）　E－2－7

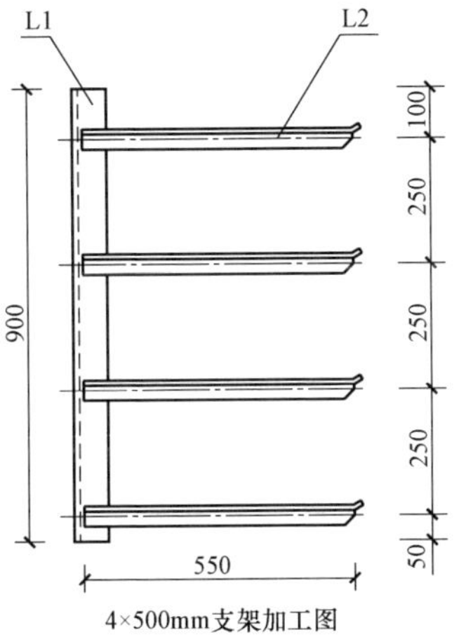

4×500mm支架加工图

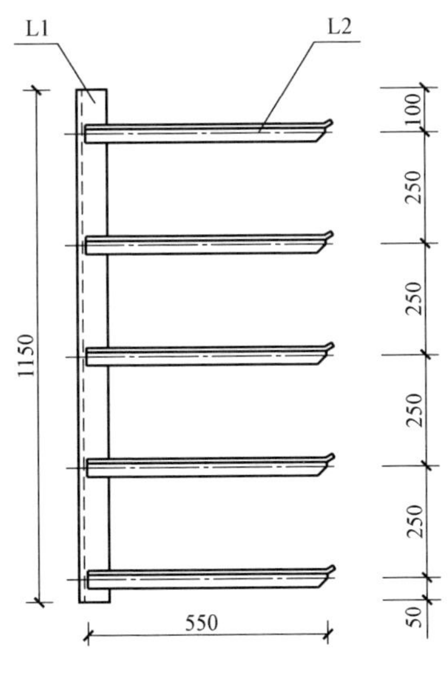

5×500mm支架加工图

电缆沟支架材料表

序号	模块	支架类型	规格	长度（mm）	数量	单重（kg）	小计（kg）	合计（kg）
1	4×500mm支架	L1	∠63mm×6mm	900	8	5.15	41.2	107.76
		L2	∠50mm×5mm	550	32	2.08	66.56	
2	5×500mm支架	L1	∠63mm×6mm	1150	8	6.58	52.64	135.84
		L2	∠50mm×5mm	550	40	2.08	83.2	

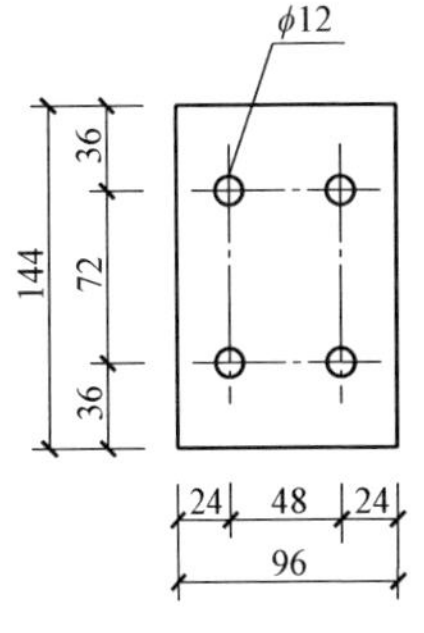

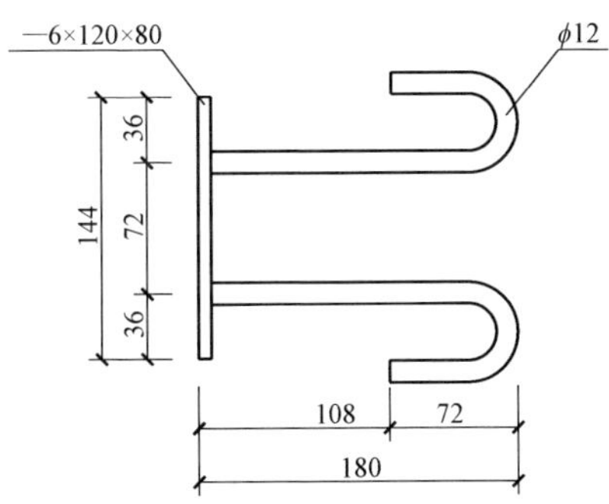

图 11–39　（6～10）×1.3×1.8 转角井（钢筋混凝土）盖板开启式（三）　E–2–7

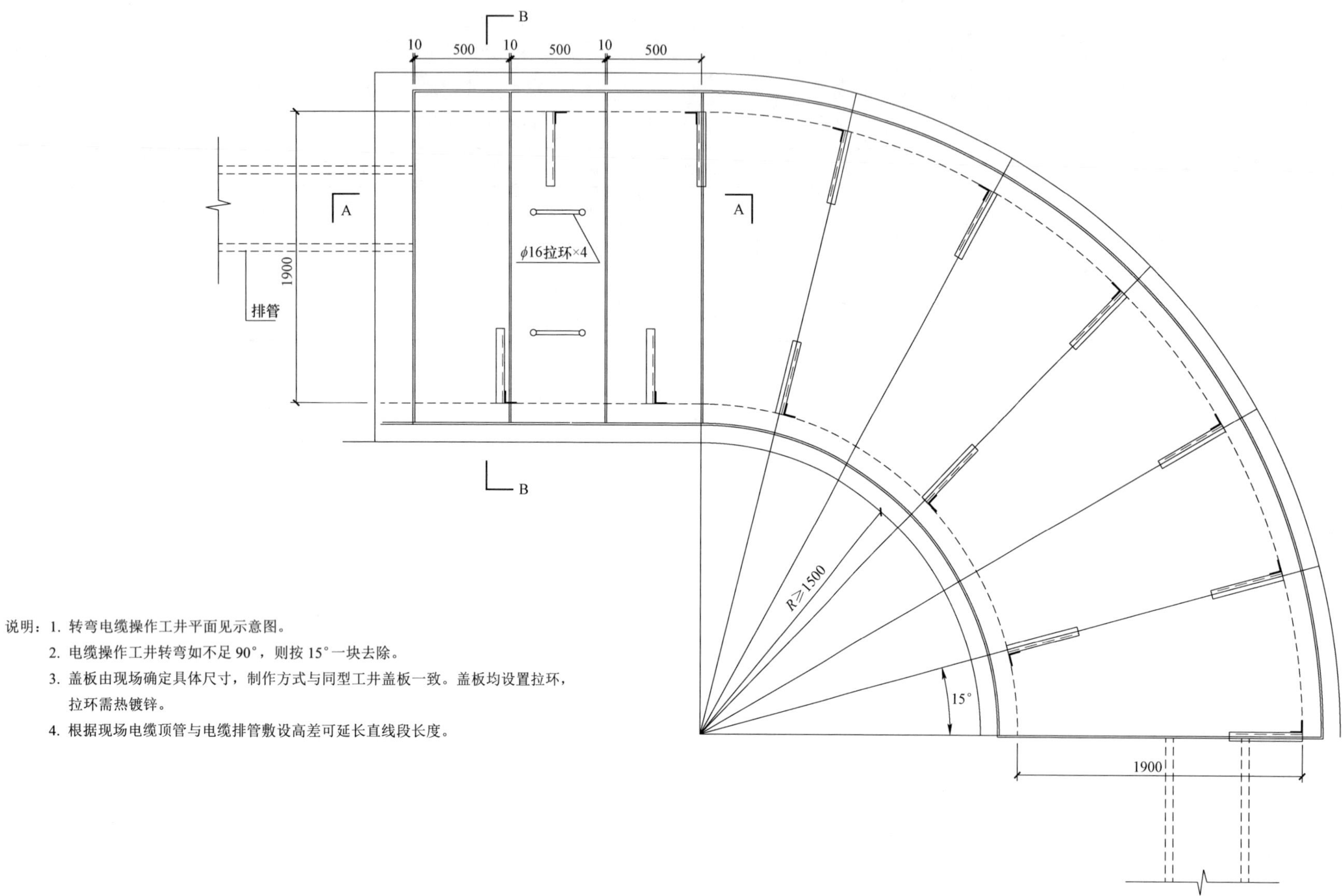

说明：1. 转弯电缆操作工井平面见示意图。

2. 电缆操作工井转弯如不足 90°，则按 15°一块去除。

3. 盖板由现场确定具体尺寸，制作方式与同型工井盖板一致。盖板均设置拉环，拉环需热镀锌。

4. 根据现场电缆顶管与电缆排管敷设高差可延长直线段长度。

图 11－40　（6～10）×1.9×1.8 转角井（钢筋混凝土）盖板开启式（一）　E－2－8

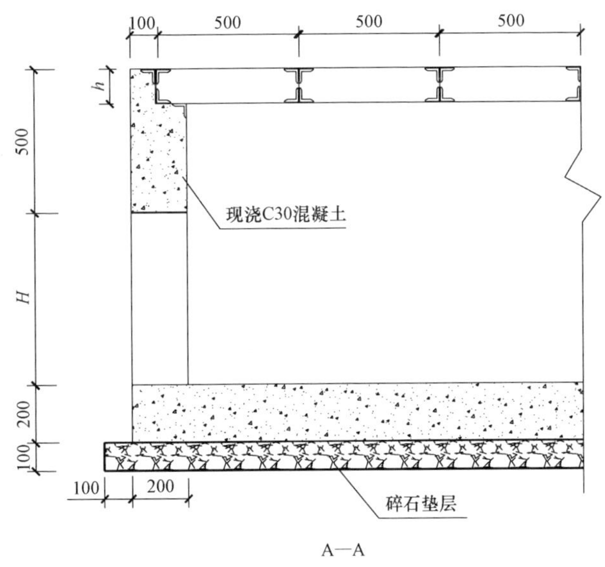

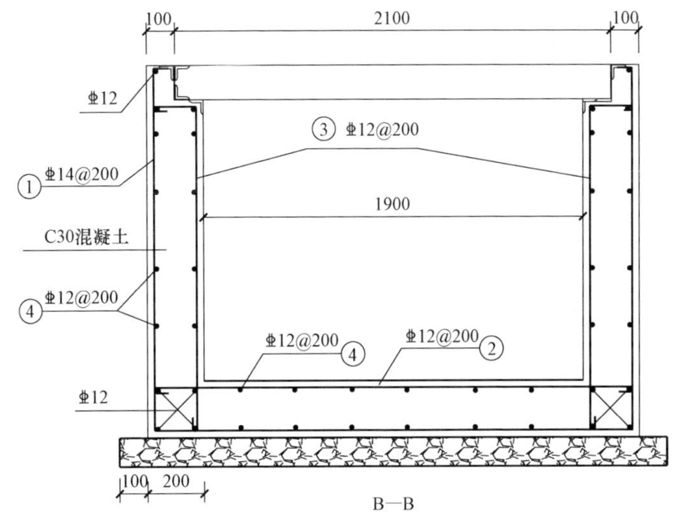

盖板选择

h（mm）	适用范围	盖板规格
120	人行横道，绿化带	GYB－9
200	车行道	GYB－10

说明：图中 H 的尺寸根据同沟体电缆排管的孔数及埋深而定，通常状况 H 为 1000、1300mm。H 为 1000mm 时，选用 4×500mm 支架；H 为 1300mm 时，选用 5×500mm 支架。

图 11－41　（6～10）×1.9×1.8 转角井（钢筋混凝土）盖板开启式（二）　E－2－8

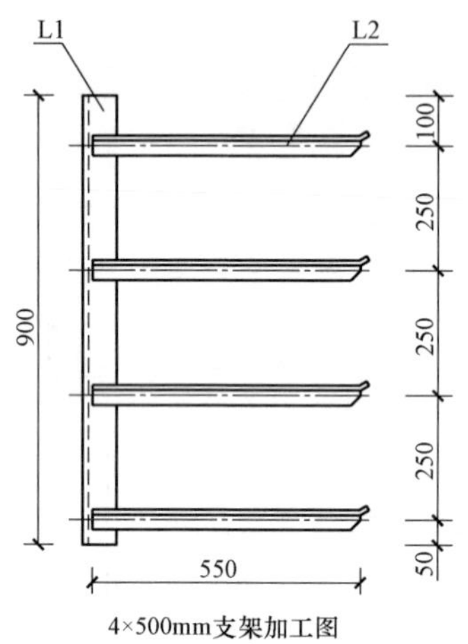

4×500mm支架加工图

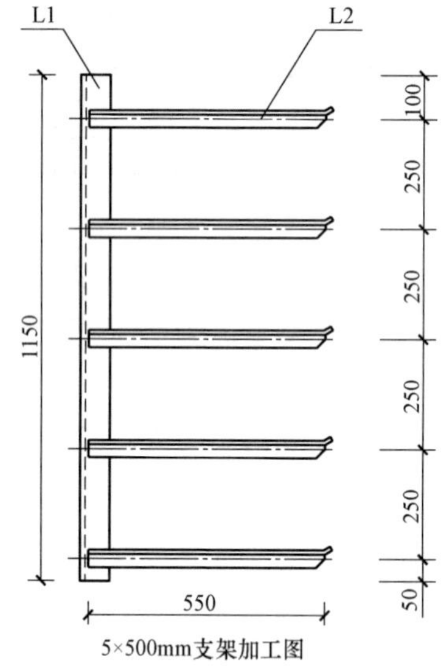

5×500mm支架加工图

电缆沟支架材料表

序号	模块	支架类型	规格	长度（mm）	数量	单重（kg）	小计（kg）	合计（kg）
1	4×500mm支架	L1	∠63mm×6mm	900	13	5.15	66.95	175.11
		L2	∠50mm×5mm	550	52	2.08	108.16	
2	5×500mm支架	L1	∠63mm×6mm	1150	13	6.58	85.54	220.74
		L2	∠50mm×5mm	550	65	2.08	135.2	

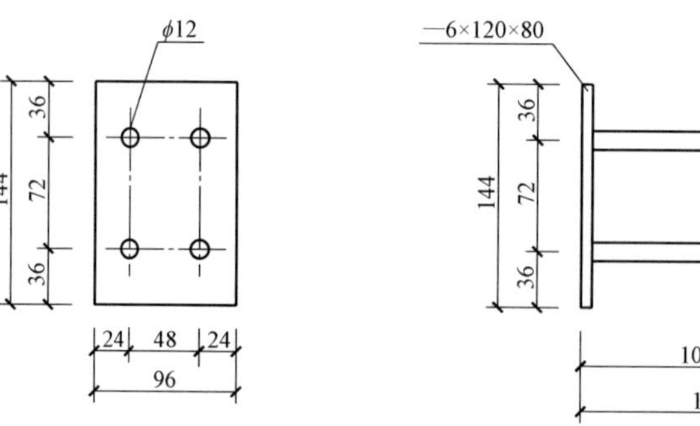

图 11－42　（6～10）×1.9×1.8 转角井（钢筋混凝土）盖板开启式（三）　E－2－8

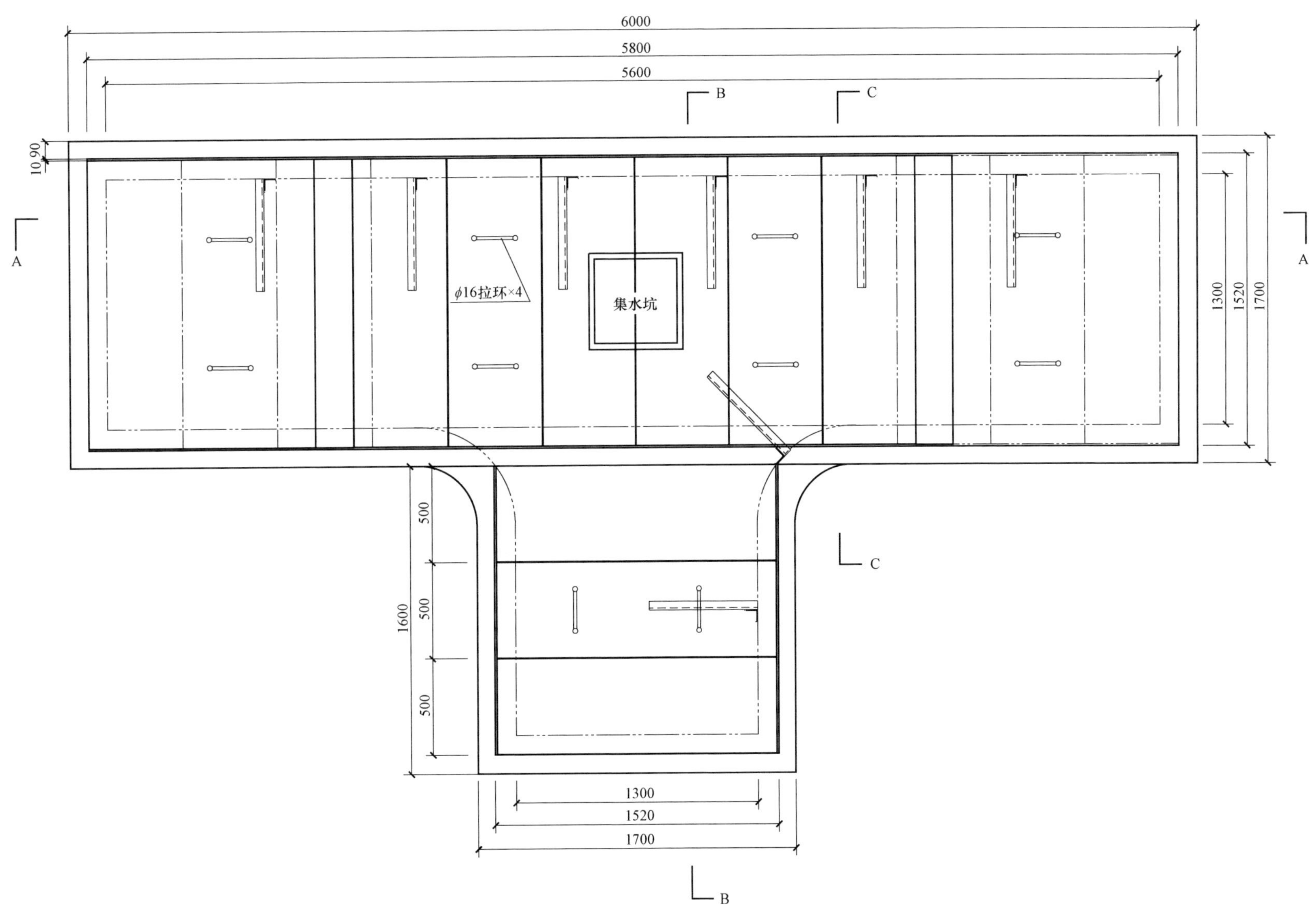

图 11-43　6×1.3×1.8 三通井（钢筋混凝土）盖板开启式（一）　E-3-7

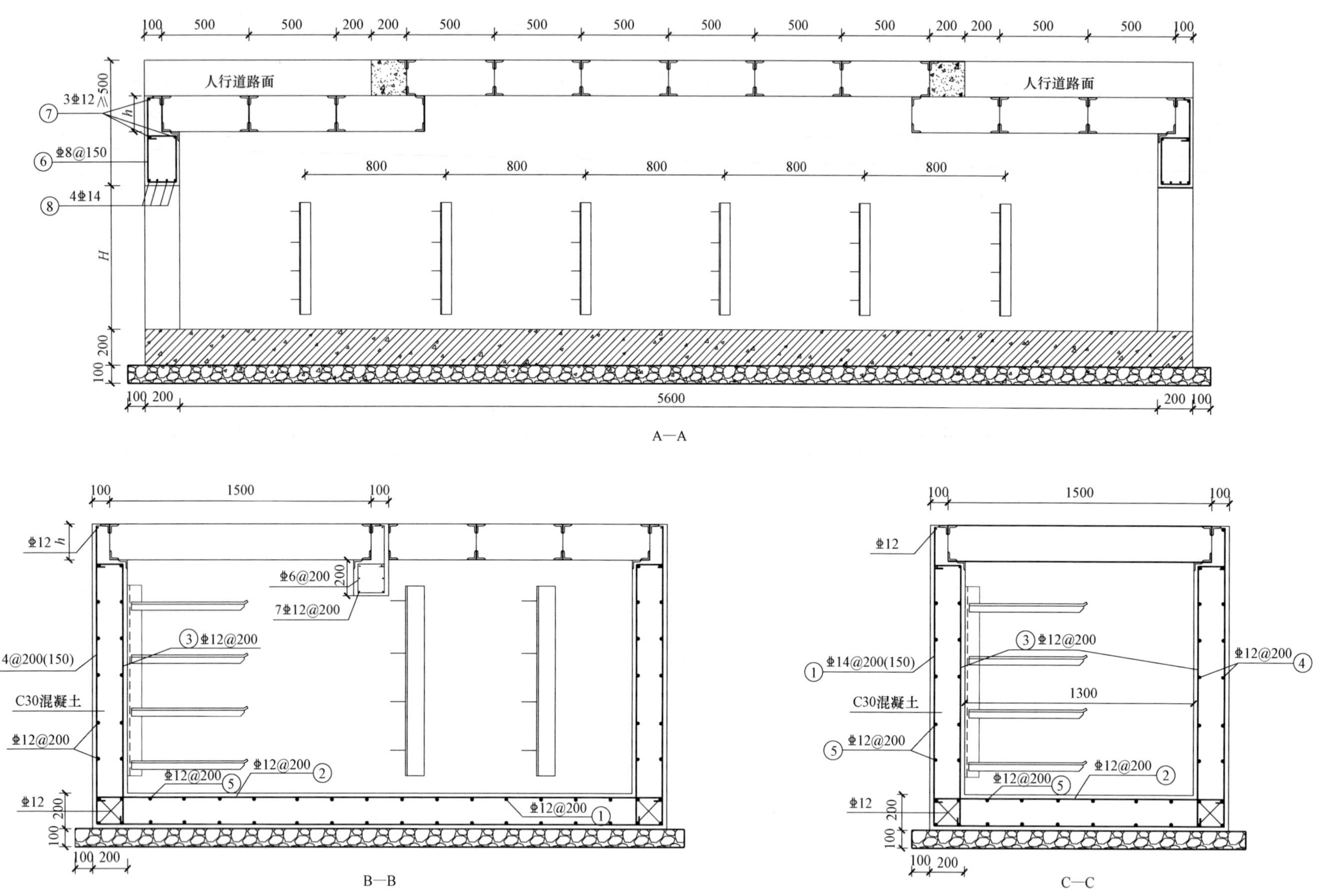

图 11-44 6×1.3×1.8 三通井（钢筋混凝土）盖板开启式（二） E-3-7（一）

6×1.3×1.5 三通井钢筋表

编号	直径	型式	长度（mm）	数量（根）	总长度（mm）	质量（kg）
①	Φ14	90 90 1440 1440 1640	4700	38	178600	215.82
②	Φ12	1700	1700	38	64600	57.35
③	Φ12	170 1350 (1270)	1520（1440）	75	114000（108000）	101.23（95.90）
④	Φ12		1500	46	69000	61.27
⑤	Φ12		6000	46	276000	245.09
⑥	Φ8	510 170 190 280	1150	22	25300	9.99
⑦	Φ12	1650	1650	6	9900	8.79
⑧	Φ14	1650	1650	8	13200	15.97
总质量（kg）：715.51（710.18）						

6×1.3×1.8 三通井钢筋表

编号	直径	型式	长度（mm）	数量（根）	总长度（mm）	质量（kg）
①	Φ14	90 90 1740 1740 1640	5300	38	201400	243.37
②	Φ12	1700	1700	38	64600	57.35
③	Φ12	170 1650 (1570)	1820（1740）	75	136500（130500）	121.18（115.86）
④	Φ12		1500	54	81000	71.91
⑤	Φ12		6000	50	300000	266.34
⑥	Φ8	510 170 190 280	1150	22	25300	9.99
⑦	Φ12	1650	1650	6	9900	8.79
⑧	Φ14	1650	1650	8	13200	15.97
总质量（kg）：794.9（789.58）						

盖板选择

h（mm）	适用范围	盖板规格
120	人行横道，绿化带	GYB-1
200	车行道	GYB-3

说明：1. 图中 *H* 的尺寸根据同沟体电缆排管的孔数及埋深而定，通常状况 *H* 为 1000、1300mm。*H* 为 1000mm 时，选用 4×500mm 支架；*H* 为 1300mm 时，选用 5×500mm 支架。

2. 盖板均设置拉环，拉环需热镀锌。

图 11-44　6×1.3×1.8 三通井（钢筋混凝土）盖板开启式（二）　E-3-7（二）

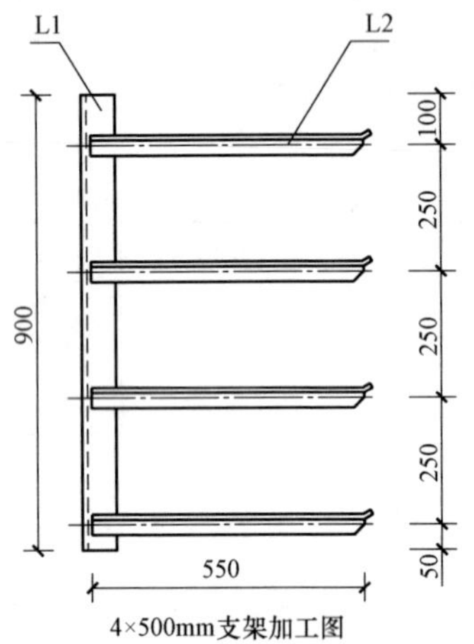

4×500mm支架加工图

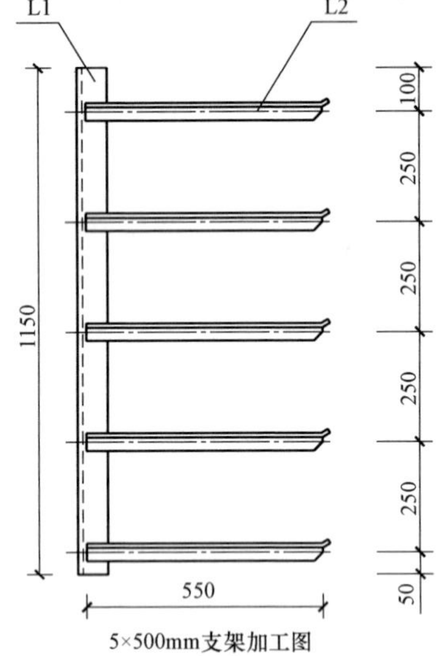

5×500mm支架加工图

电缆沟支架材料表

序号	模块	支架类型	规格	长度（mm）	数量	单重（kg）	小计（kg）	合计（kg）
1	4×500mm支架	L1	∠63mm×6mm	900	8	5.15	41.2	107.76
		L2	∠50mm×5mm	550	32	2.08	66.56	
2	5×500mm支架	L1	∠63mm×6mm	1150	8	6.58	52.64	135.84
		L2	∠50mm×5mm	550	40	2.08	83.2	

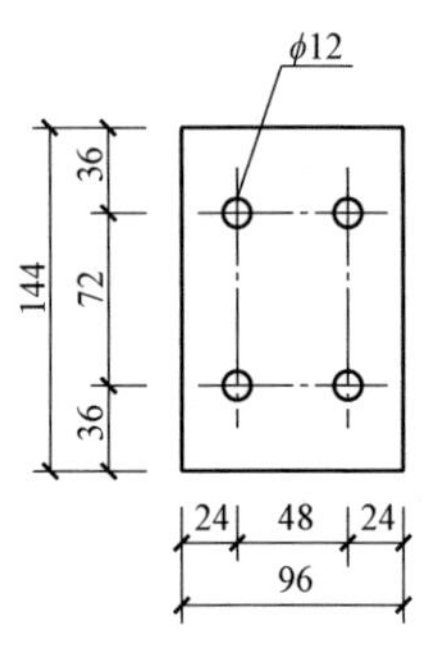

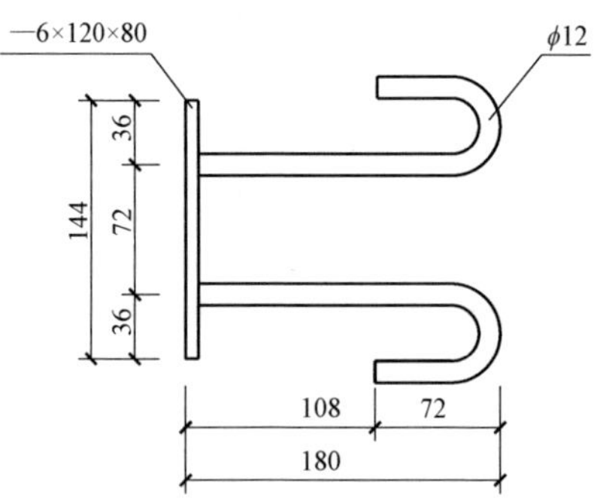

图 11－45　6×1.3×1.8 三通井（钢筋混凝土）盖板开启式（三）　E－3－7

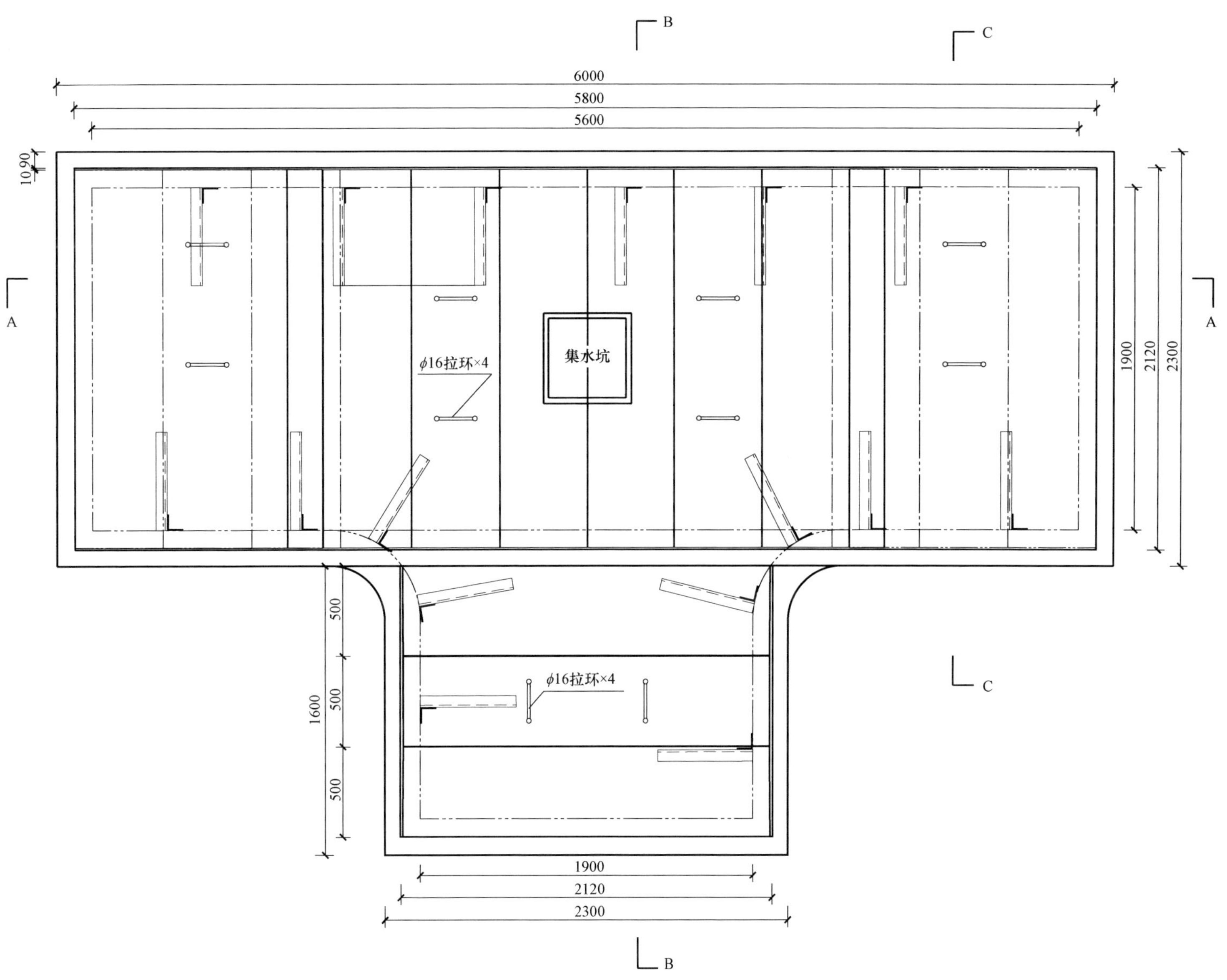

图 11-46　6×1.9×1.8 三通井（钢筋混凝土）盖板开启式（一）　E-3-8

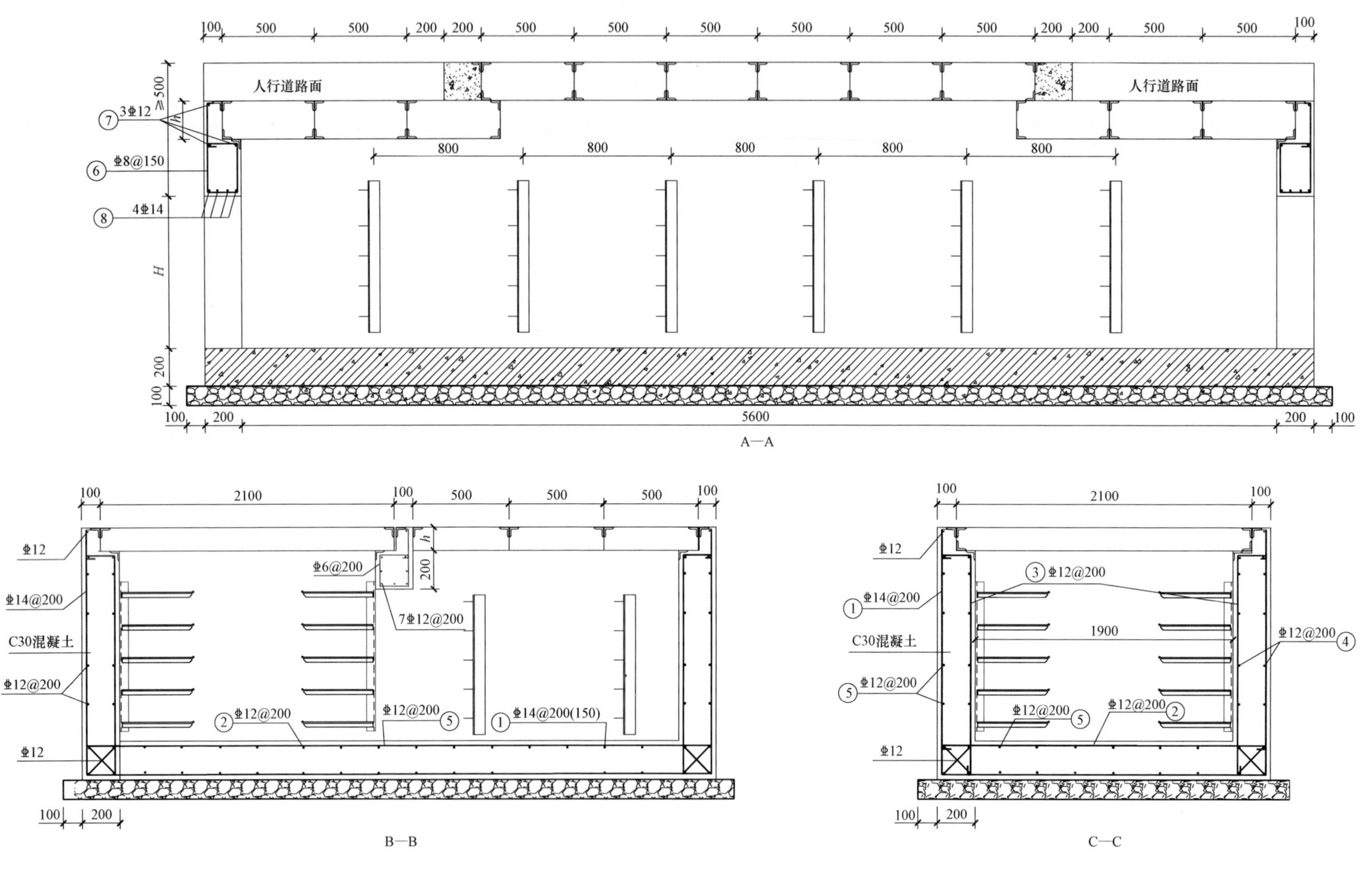

图 11－47　6×1.9×1.8 三通井（钢筋混凝土）盖板开启式（二）　E－3－8（一）

6×1.9×1.5 三通井钢筋表

编号	直径	型式	长度（mm）	数量(根)	总长度（mm）	质量（kg）
①	⌀14	90 90 1440 1440 2240	5300	38	201400	243.37
②	⌀12	2300	2300	38	87400	77.59
③	⌀12	170 1350(1270)	1520 （1440）	75（1	114000 （108000）	101.23 （95.90）
④	⌀12		1500	52	78000	69.26
⑤	⌀12		6000	52	312000	277.06
⑥	⌀8	510 170 190 280	1150	30	34500	13.63
⑦	⌀12	2250	2250	6	13500	12.0
⑧	⌀14	2250	2250	8	18000	21.78
总质量（kg）：815.92（810.59）						

6×1.9×1.8 三通井钢筋表

编号	直径	型式	长度（mm）	数量（根）	总长度（mm）	质量（kg）
①	⌀14	90 90 1740 1740 2240	5900	51	300900	363.61
②	⌀12	2300	2300	38	87400	77.59
③	⌀12	170 1650(1570)	1820 （1740）	75	136500 （130500）	121.18 （115.86）
④	⌀12		1500	60	90000	79.90
⑤	⌀12		6000	56	336000	298.30
⑥	⌀8	510 170 190 280	1150	30	34500	13.63
⑦	⌀12	2250	2250	6	13500	12.0
⑧	⌀14	2250	2250	8	18000	21.78
总质量（kg）：987.99（982.67）						

盖板选择

h（mm）	适用范围	盖板规格
120	人行横道，绿化带	GYB－9
200	车行道	GYB－10

说明：1. 图中 H 的尺寸根据同沟体电缆排管的孔数及埋深而定，通常状况 H 为 1000、1300mm。H 为 1000mm 时，选用 4×500mm 支架；H 为 1300mm 时，选用 5×500mm 支架。

2. 盖板均设置拉环，拉环需热镀锌。

图 11－47　6×1.9×1.8 三通井（钢筋混凝土）盖板开启式（二）　E－3－8（二）

电缆沟支架材料表

序号	模块	支架类型	规格	长度（mm）	数量	单重（kg）	小计（kg）	合计（kg）
1	4×500mm 支架	L1	∠63mm×6mm	900	16	5.15	82.4	215.52
		L2	∠50mm×5mm	550	64	2.08	133.12	
2	5×500mm 支架	L1	∠63mm×6mm	1150	16	6.58	105.28	271.68
		L2	∠50mm×5mm	550	80	2.08	166.4	

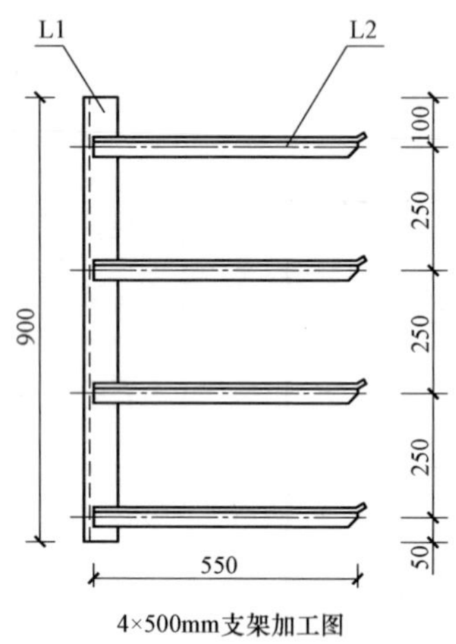

4×500mm支架加工图

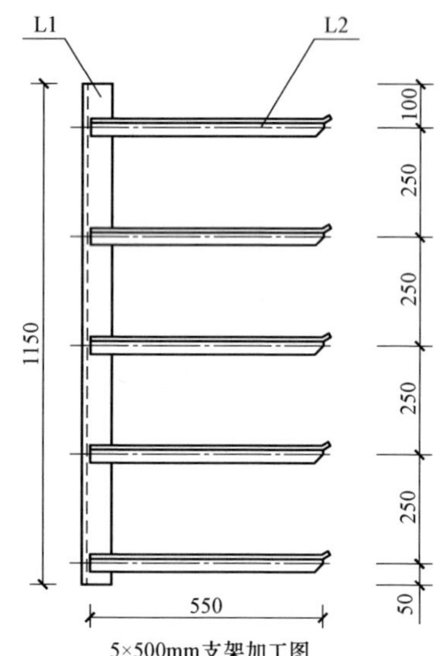

5×500mm支架加工图

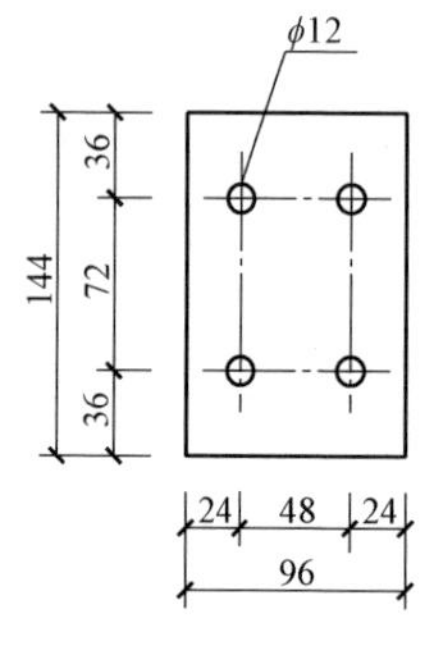

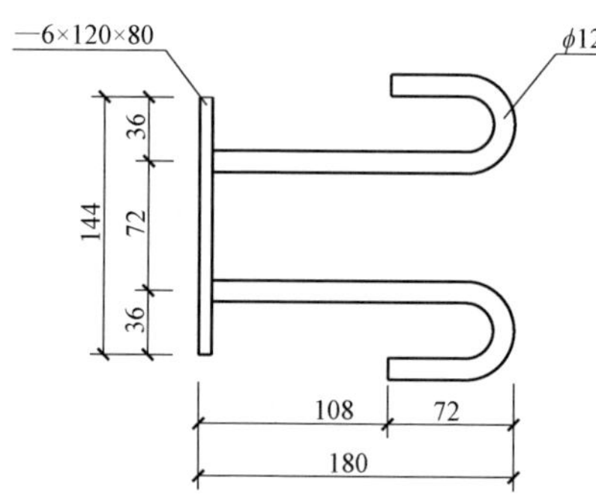

图 11－48　6×1.9×1.8 三通井（钢筋混凝土）盖板开启式（三）　E－3－8

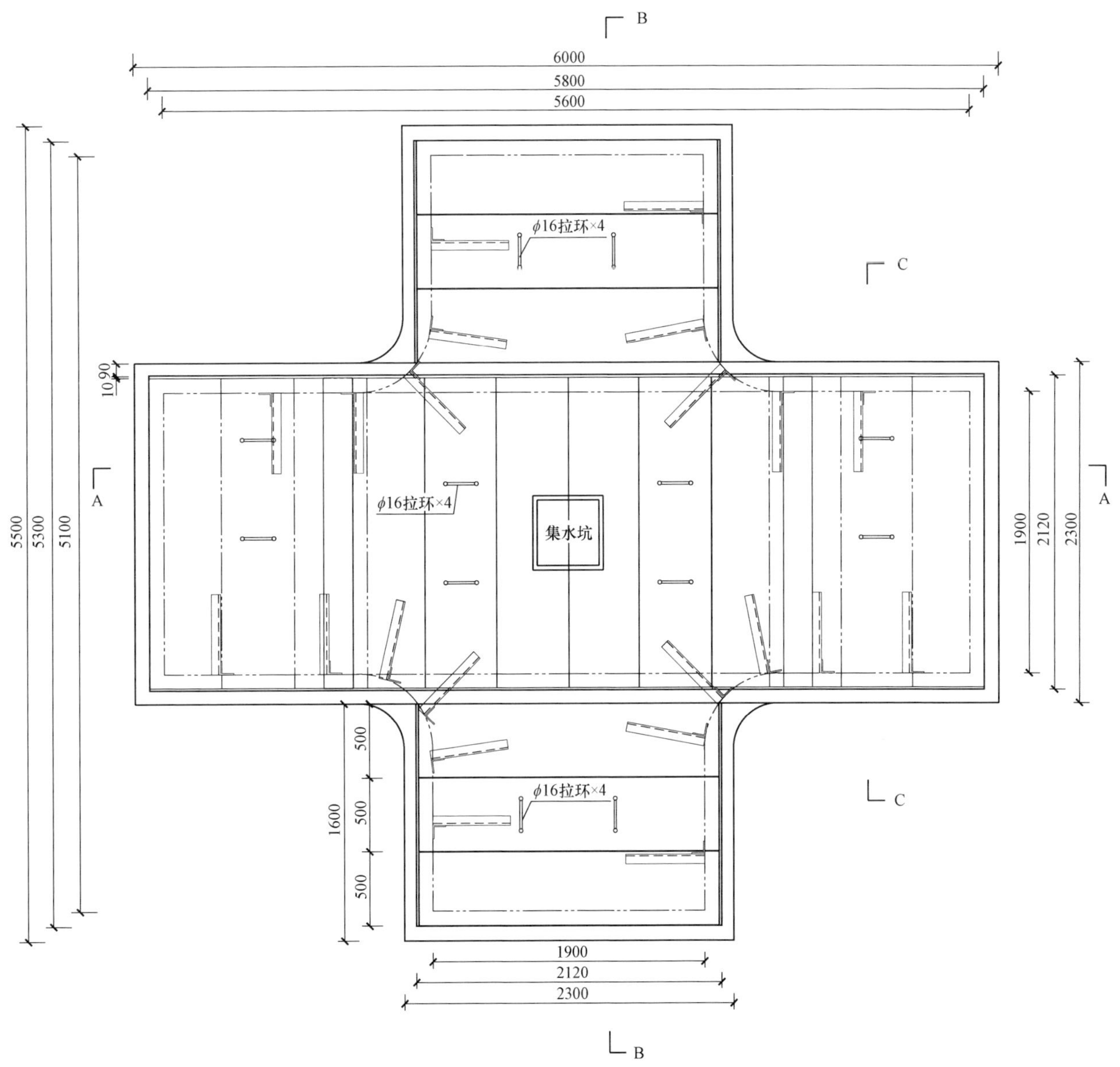

图 11－49　6×（1.9/1.9）×1.8 四通井（钢筋混凝土）盖板开启式（一）　E－4－11

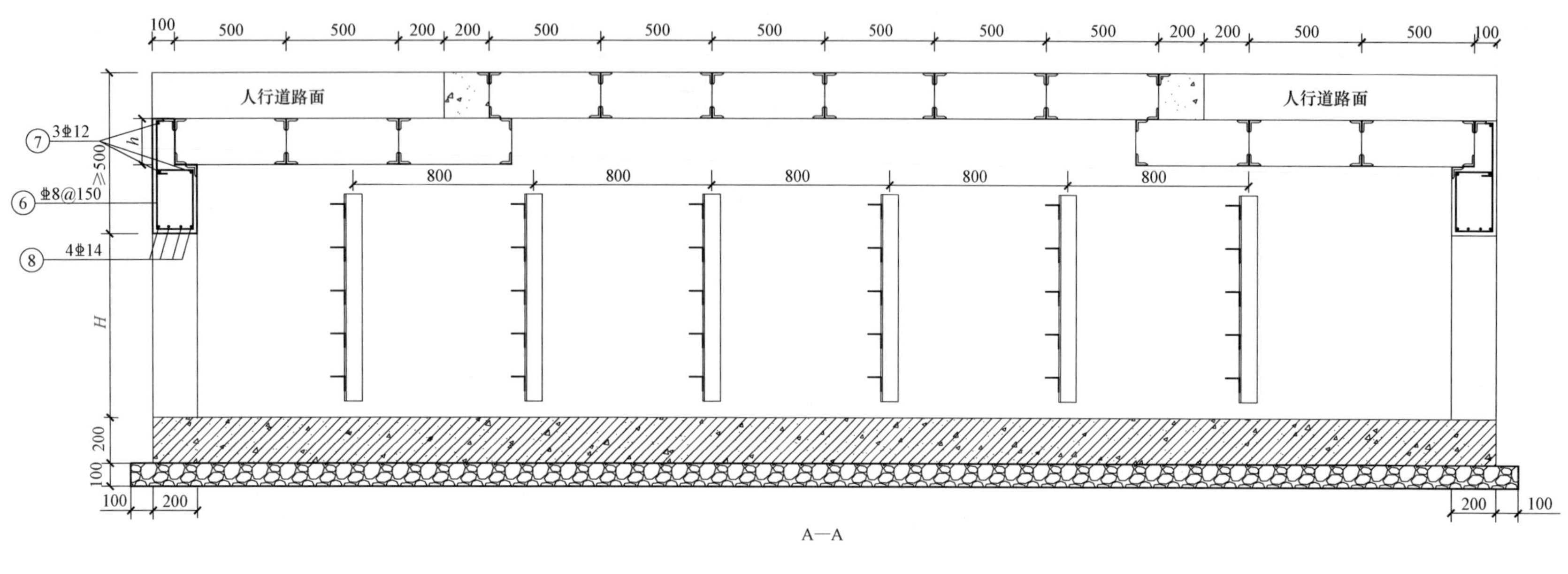

A—A

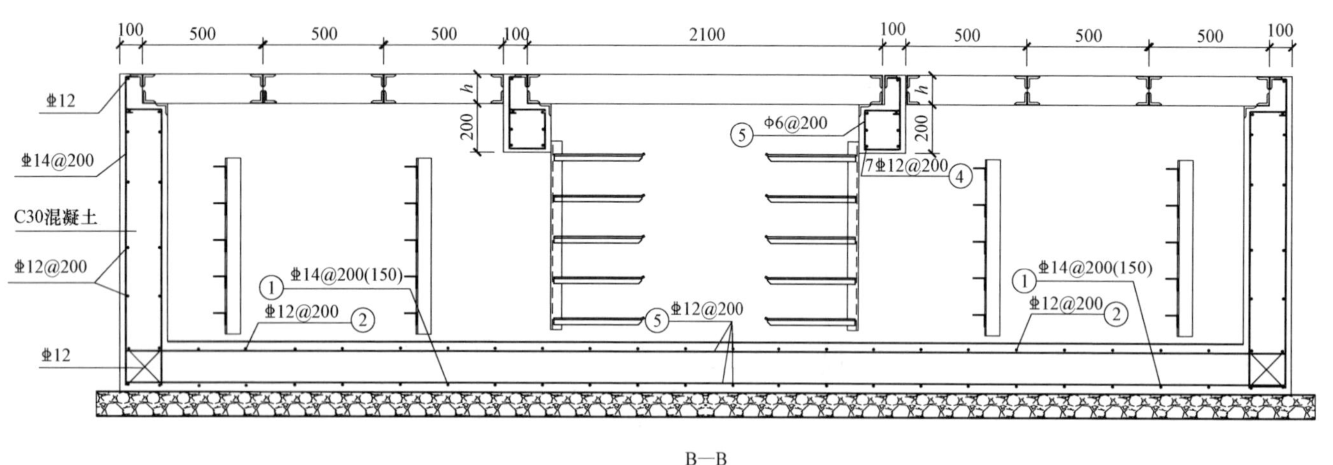

B—B

图 11－50　6×（1.9/1.9）×1.8 四通井（钢筋混凝土）盖板开启式（二）　E－4－11

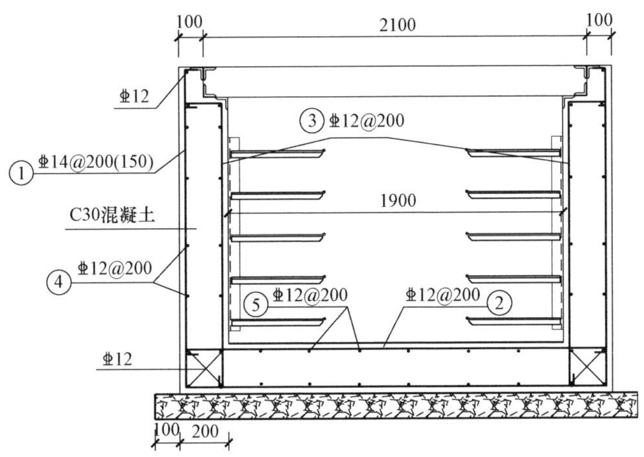

盖板选择

h（mm）	适用范围	盖板规格
120	人行横道，绿化带	GYB－9
200	车行道	GYB－10

说明：1. 图中 H 的尺寸根据同沟体电缆排管的孔数及埋深而定，通常状况 H 为 1000、1300mm。H 为 1000mm 时，选用 4×500mm 支架；H 为 1300mm 时，选用 5×500mm 支架。

2. 盖板均设置拉环，拉环需热镀锌。

6×(1.9/1.9)×1.5 四通井钢筋表

编号	直径	型式	长度（mm）	数量（根）	总长度（mm）	质量（kg）
①	ф14	90 90 1440 1440 2240	5300	44	233200	289.43
②	ф12	2300	2300	44	101200	89.85
③	ф12	170 1550（1470）	1720（1640）	80	1376000（131200）	122.16（116.61）
④	ф12		3900	72	280800	249.30
⑤	ф12		6000	34	204000	181.12
⑥	ф8	510 170 190 280	1150	30	34500	13.63
⑦	ф12	2250	2250	6	13500	12.0
⑧	ф14	2250	2250	8	18000	21.78
总质量（kg）：979.27（973.72）						

6×(1.9/1.9)×1.8 四通井钢筋表

编号	直径	型式	长度（mm）	数量（根）	总长度（mm）	质量（kg）
①	ф14	90 90 1740 1740 2240	5900	60	354000	427.78
②	ф12	2300	2300	44	101200	89.85
③	ф12	170 1850（1770）	2020（1940）	80	161600（155200）	143.47（137.79）
④	ф12		3900	72	280800	249.30
⑤	ф12		6000	34	204000	181.12
⑥	ф8	510 170 190 280	1150	30	34500	13.63
⑦	ф12	2250	2250	6	13500	12.0
⑧	ф14	2250	2250	8	18000	21.78
总质量（kg）：1138.93（1133.25）						

图 11－51　6×（1.9/1.9）×1.8 四通井（钢筋混凝土）盖板开启式（三）　E－4－11

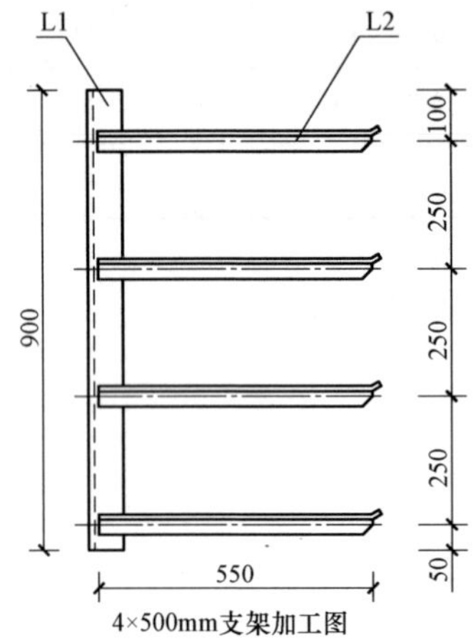

4×500mm支架加工图

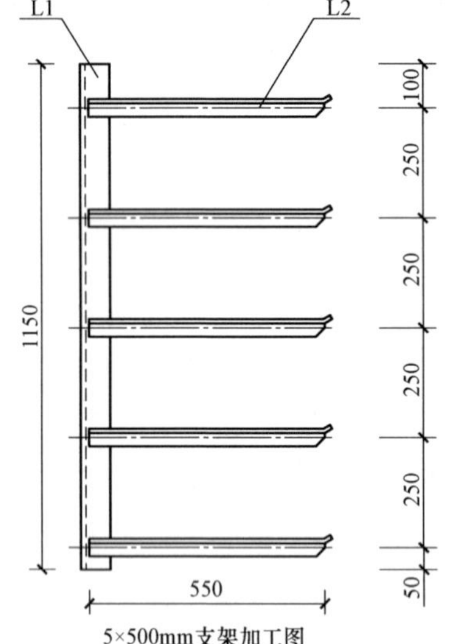

5×500mm支架加工图

电缆沟支架材料表

序号	模块	支架类型	规格	长度（mm）	数量	单重（kg）	小计（kg）	合计（kg）
1	4×500mm支架	L1	∠63mm×6mm	900	22	5.15	113.3	296.34
		L2	∠50mm×5mm	550	88	2.08	183.04	
2	5×500mm支架	L1	∠63mm×6mm	1150	22	6.58	144.76	373.56
		L2	∠50mm×5mm	550	110	2.08	228.8	

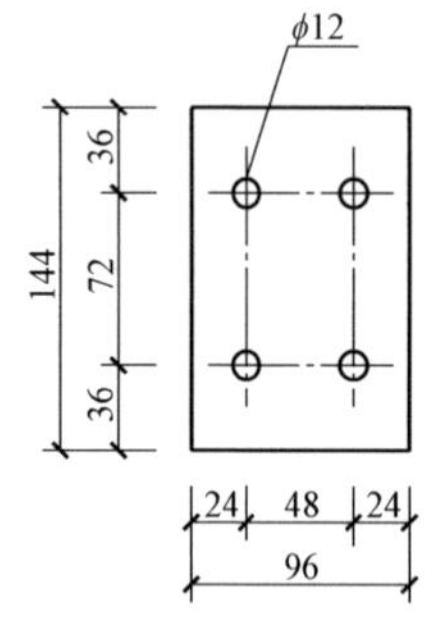

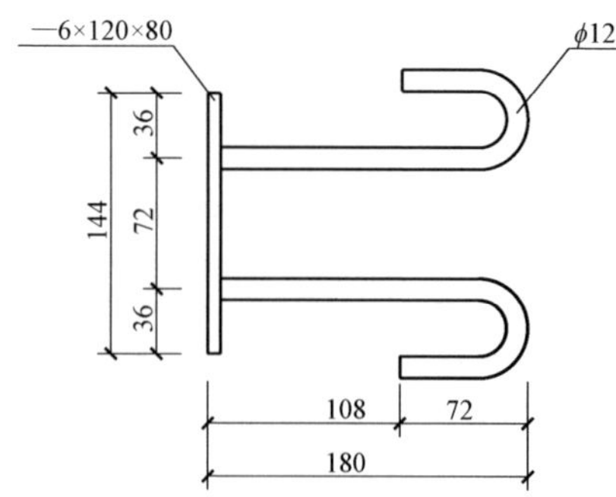

图 11－52　6×（1.9/1.9）×1.8 四通井（钢筋混凝土）盖板开启式（四）　E－4－11

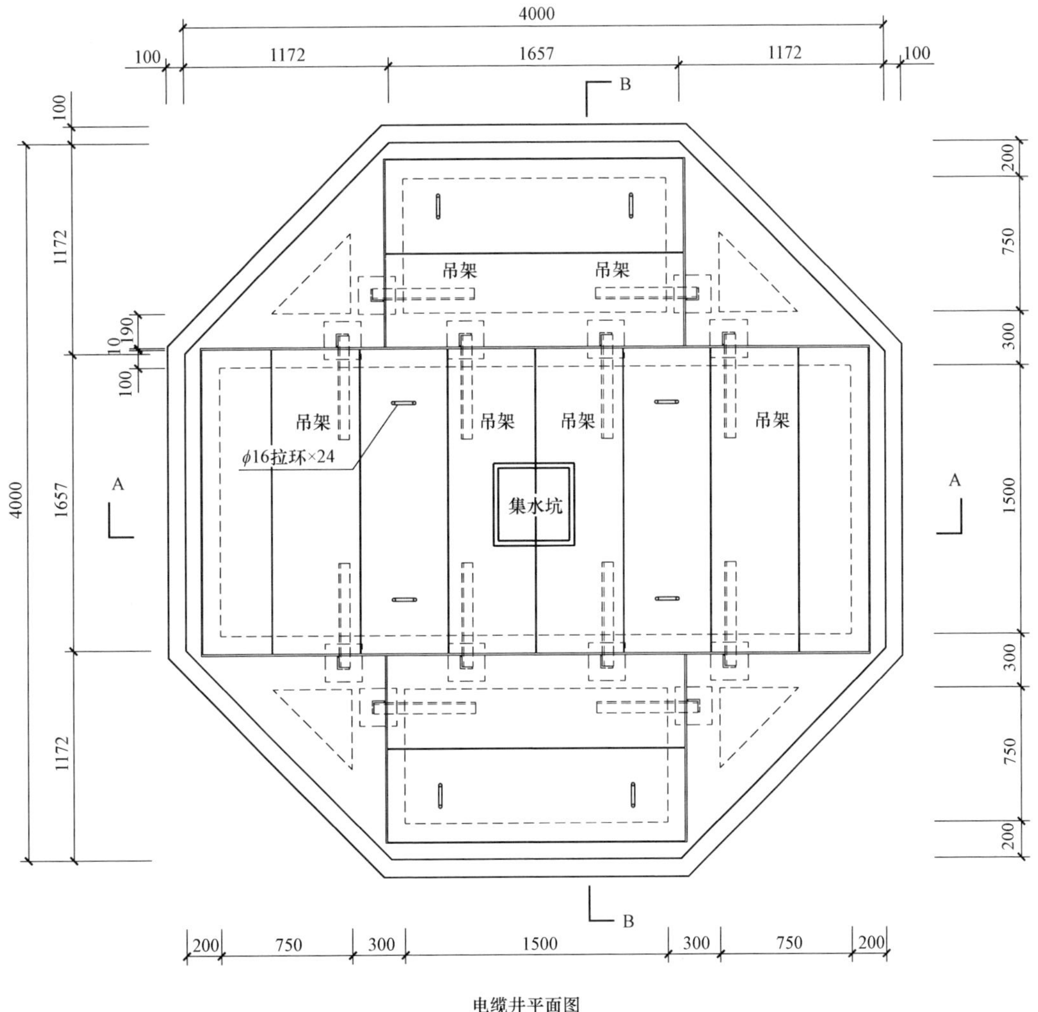

电缆井平面图

说明：1. 钢筋等级：ϕ 为 HPB300 级，⌀ 为 HRB400 级。受力钢筋保护层厚度除梁为 35mm，其余部分均为 25mm，未标注的纵筋锚固长度为 35d。

2. 图中除垫层混凝土等级为 C15 外，其余均为 C30。
3. 侧壁设拉结筋 ϕ8@400，梅花形布置，底板设马凳筋。
4. 排水坡度按 0.5% 坡向渗水井。
5. 所有外露铁均镀锌防腐。
6. 预埋铁 M1 面与梁底抹灰面平。
7. 电缆井接地布置参照图 E－T－14。
8. 根据电缆出线方向，调整电缆井方位，同时调整支架安装方向。
9. 现浇板与预制板上表面平齐。

图 11－53　3.6×3.6×1.8 八角形四通井（钢筋混凝土）盖板开启式（一）　E－5－1

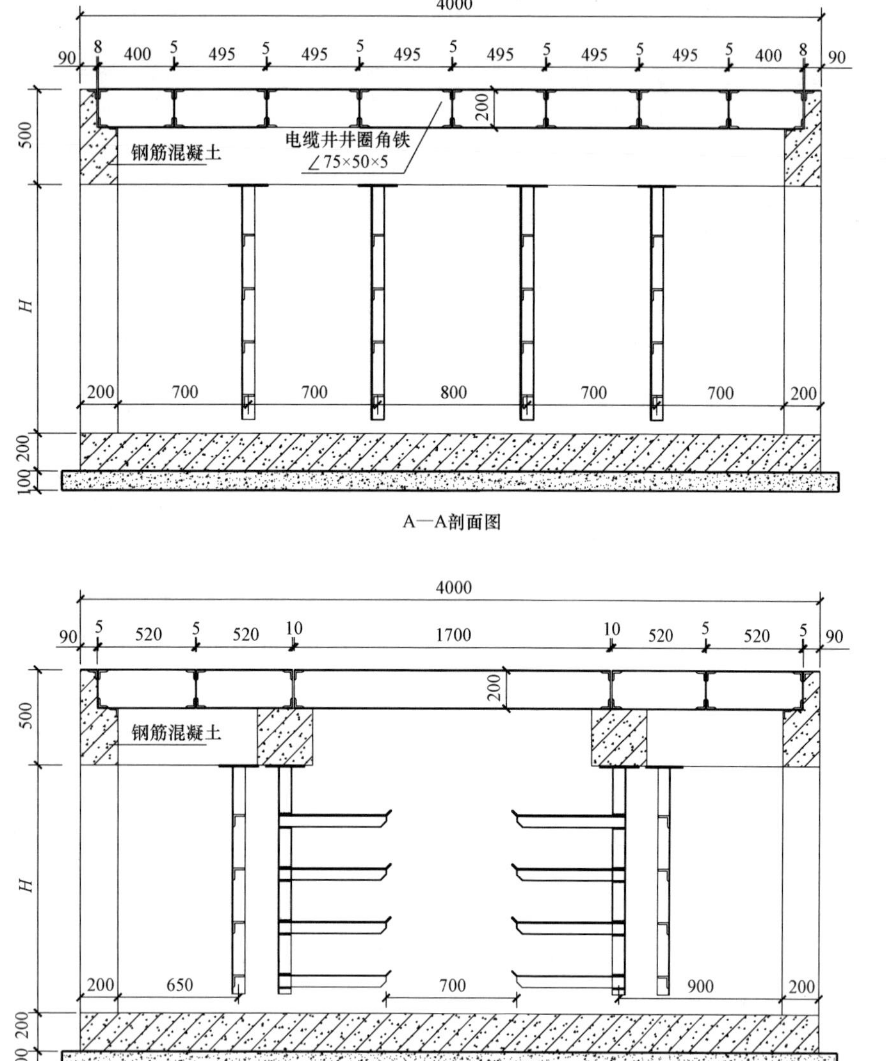

A—A剖面图

B—B剖面图

说明：图中 H 的尺寸根据同沟体电缆排管的孔数及埋深而定，通常状况 H 取值如下：四层电缆 H 为 1300mm；三层电缆 H 为 1000mm；两层电缆 H 为 700mm。

图 11－54　3.6×3.6×1.8 八角形四通井（钢筋混凝土）盖板开启式（二）　E－5－1

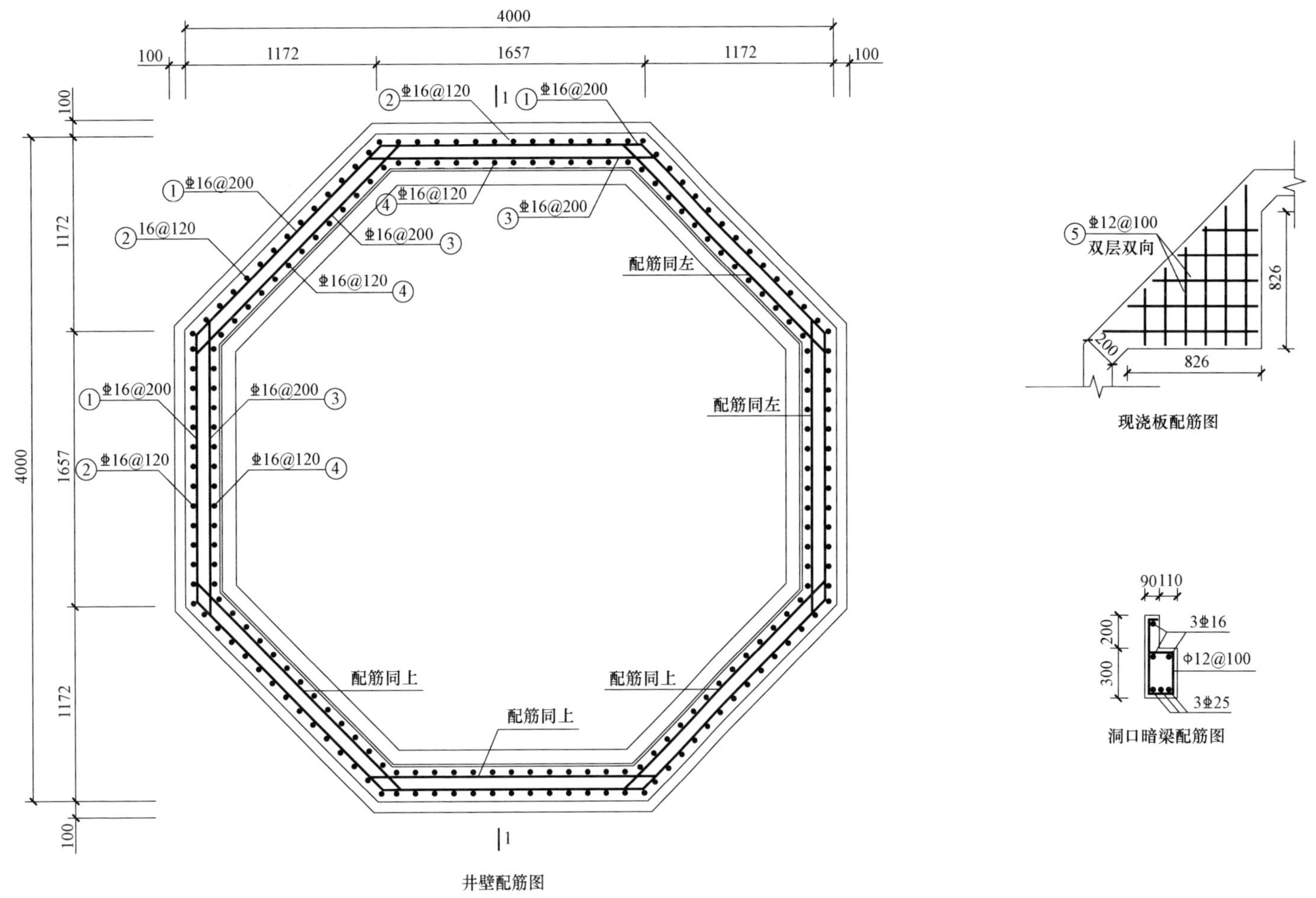

图 11-55 3.6×3.6×1.8 八角形四通井（钢筋混凝土）盖板开启式（三） E-5-1

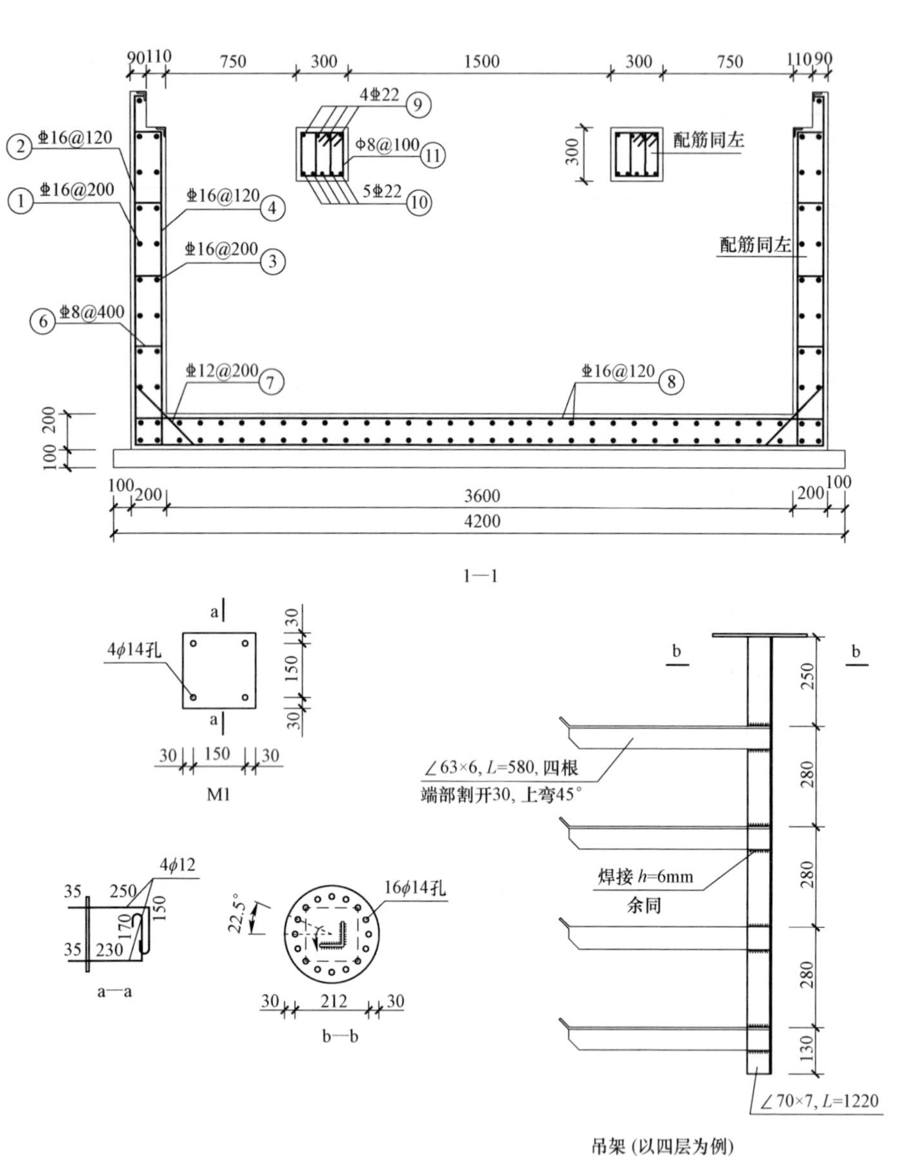

钢筋表

编号	直径	型式	长度（mm）	数量（根）	总长度（mm）	质量（kg）
①	⌀16	900 1623 900	3423	88	301224	475.9
②	⌀16	40 40 1950 1950 3950	7930	56	444080	701.6
③	⌀16	250 1936 250	2436	80	194880	307.9
④	⌀16	150 1750 250	2250	112	252000	398.2
⑤	⌀12	180 220～1020 180	1380	144	198720	176.5
⑥	⌀8	100 150 100	350	120	42000	16.6
⑦	⌀12	300 444 300	1044	66	68904	61.2
⑧	⌀16	150 1520～3950 150	4250	74	314500	496.9
⑨	⌀22	450 1190、3950 450	2040、4800	16、8	71040	211.7
⑩	⌀22	450 1190、3950 450	2090、4850	20、10	90300	347.7
⑪	ϕ8	155 230 230 155	866	264	228624	90.3

图 11－56　3.6×3.6×1.8 八角形四通井（钢筋混凝土）盖板开启式（四）　E－5－1

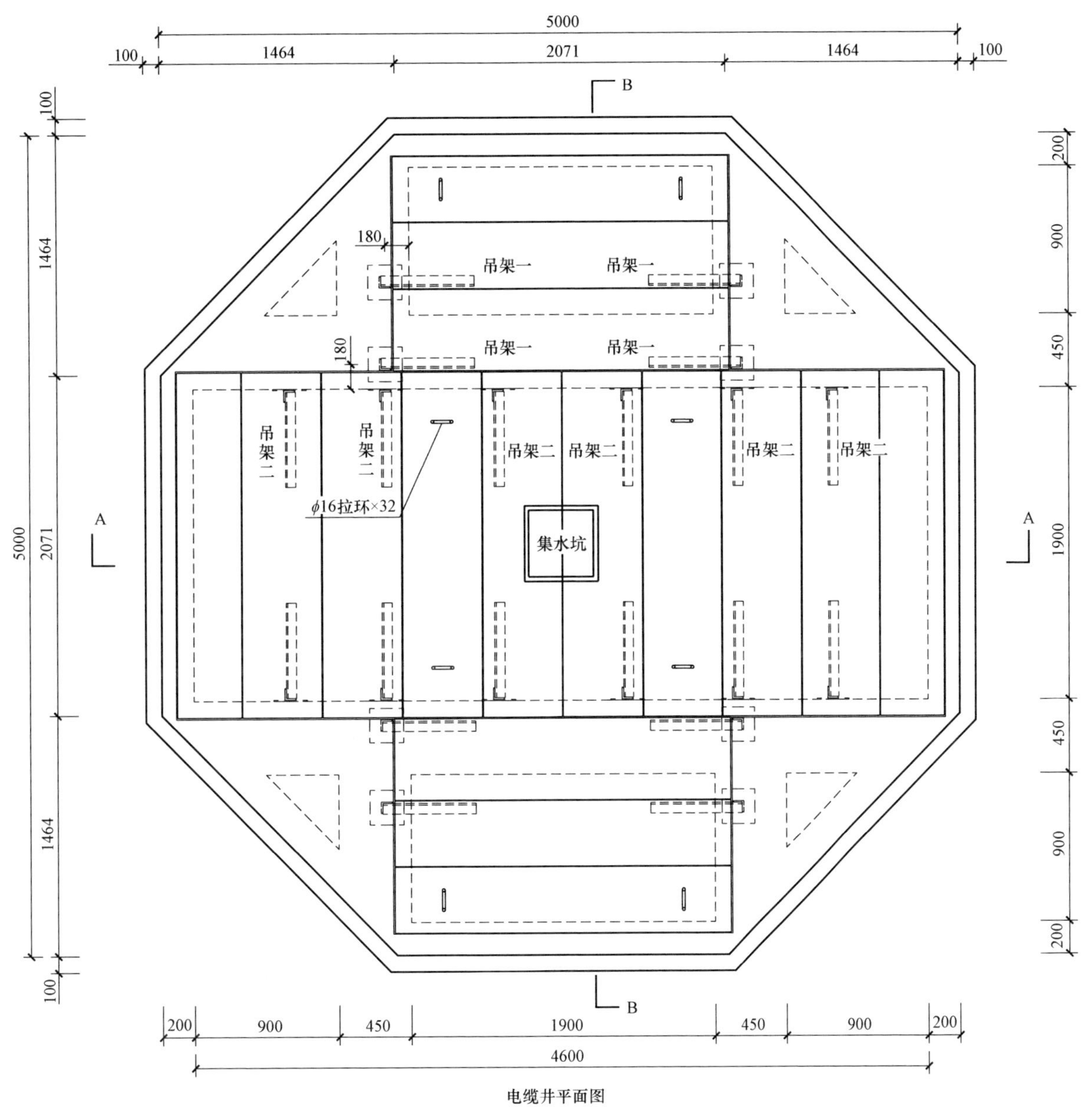

电缆井平面图

说明：1. 钢筋等级：Φ 为 HPB300 级，Φ 为 HRB400 级。受力钢筋保护层厚度除梁为 35mm，其余部分均为 25mm，未标注的纵筋锚固长度为 35*d*。
2. 图中除垫层混凝土等级为 C15 外，其余均为 C30。
3. 侧壁设拉结筋 Φ8@400，梅花形布置，底板设马凳筋。
4. 排水坡度按 0.5%坡向渗水井。
5. 所有外露铁均镀锌防腐。
6. 预埋铁 M1 面与梁底抹灰面平。
7. 电缆井接地布置参照图 E－T－14。
8. 根据电缆出线方向，调整电缆井方位，同时调整支架安装方向。
9. 现浇板与预制板上表面平齐。

图 11－57　4.6×4.6×1.8 八角形四通井（钢筋混凝土）盖板开启式（一）　E－5－2

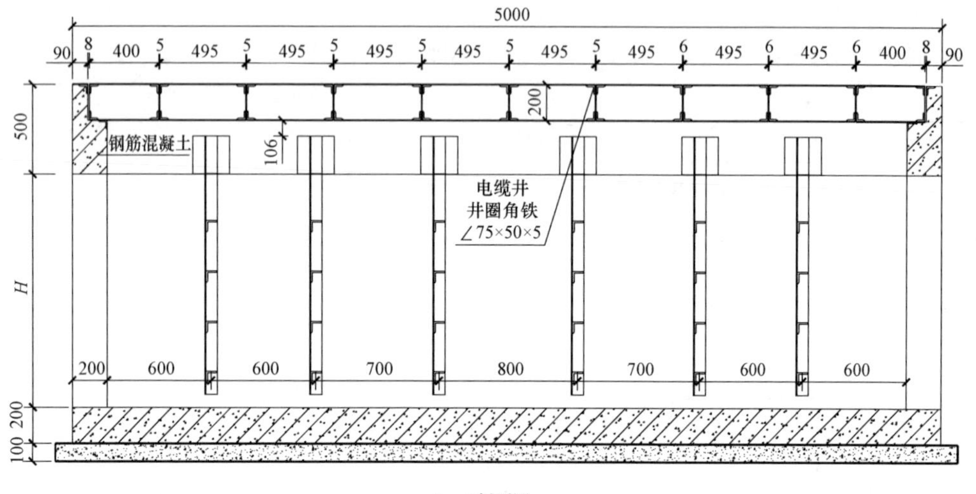

A—A剖面图

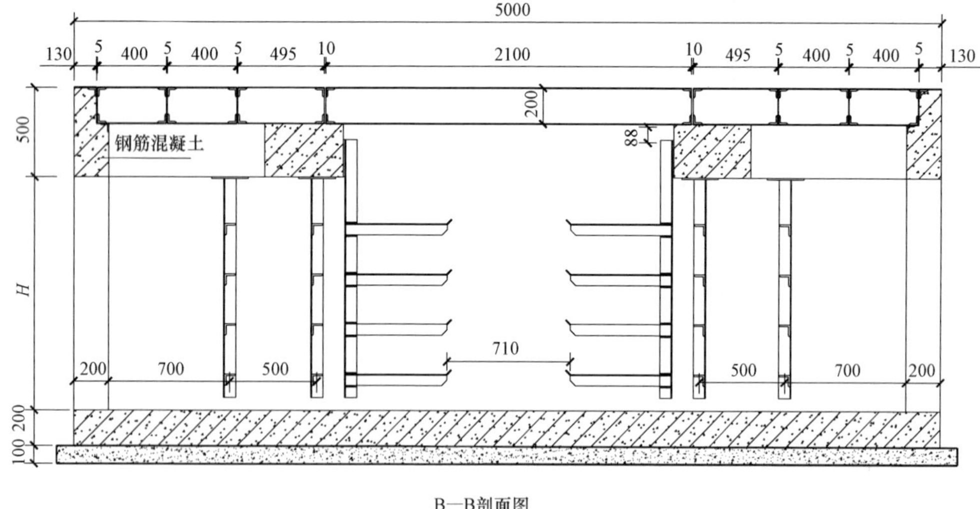

B—B剖面图

说明：图中 H 的尺寸根据同沟体电缆排管的孔数及埋深而定，通常状况 H 取值如下：四层电缆 H 为 1300mm；三层电缆 H 为 1000mm；两层电缆 H 为 700mm。

图 11－58　4.6×4.6×1.8 八角形四通井（钢筋混凝土）盖板开启式（二）　E－5－2

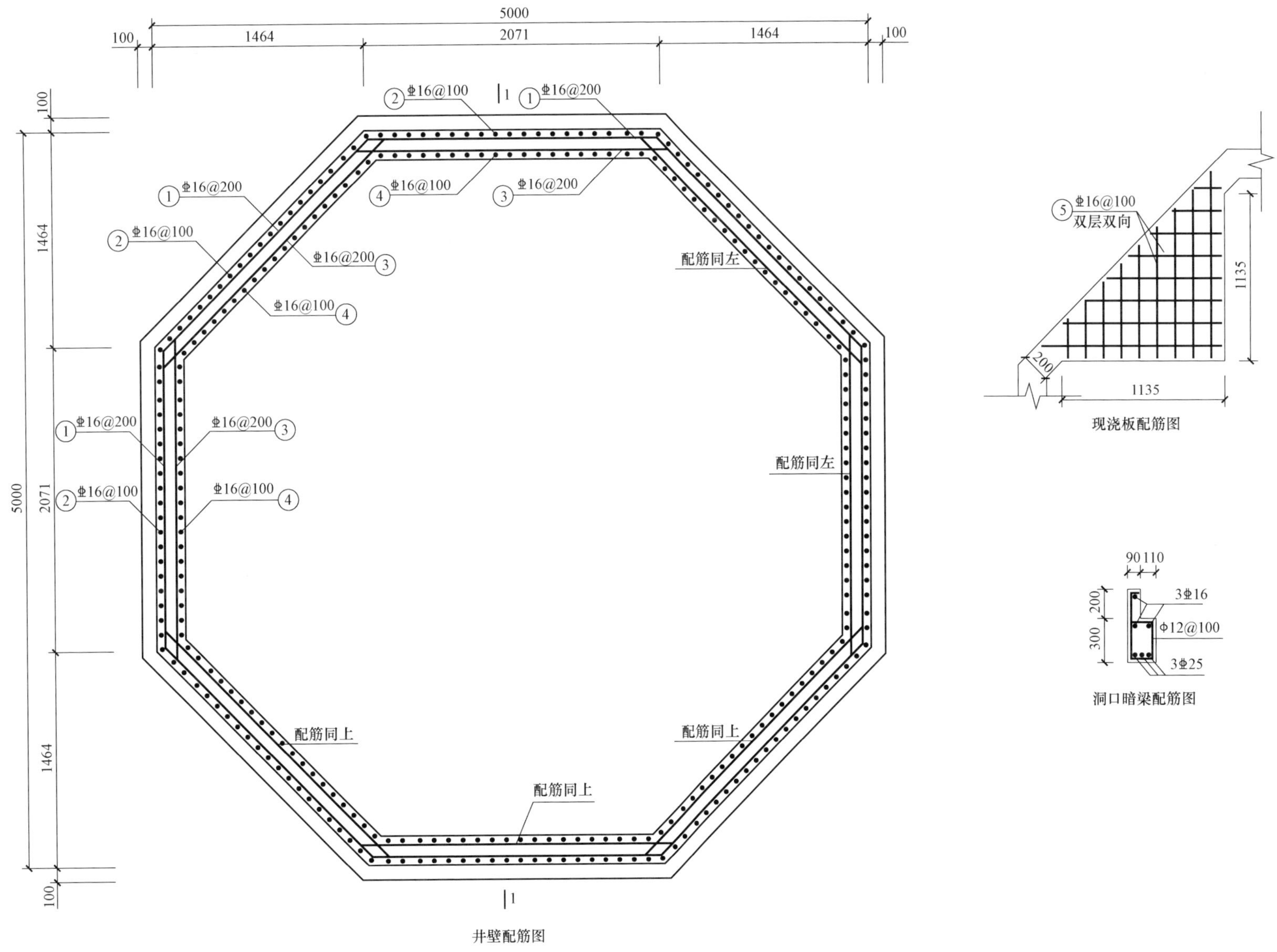

图 11-59　4.6×4.6×1.8 八角形四通井（钢筋混凝土）盖板开启式（三）　E-5-2

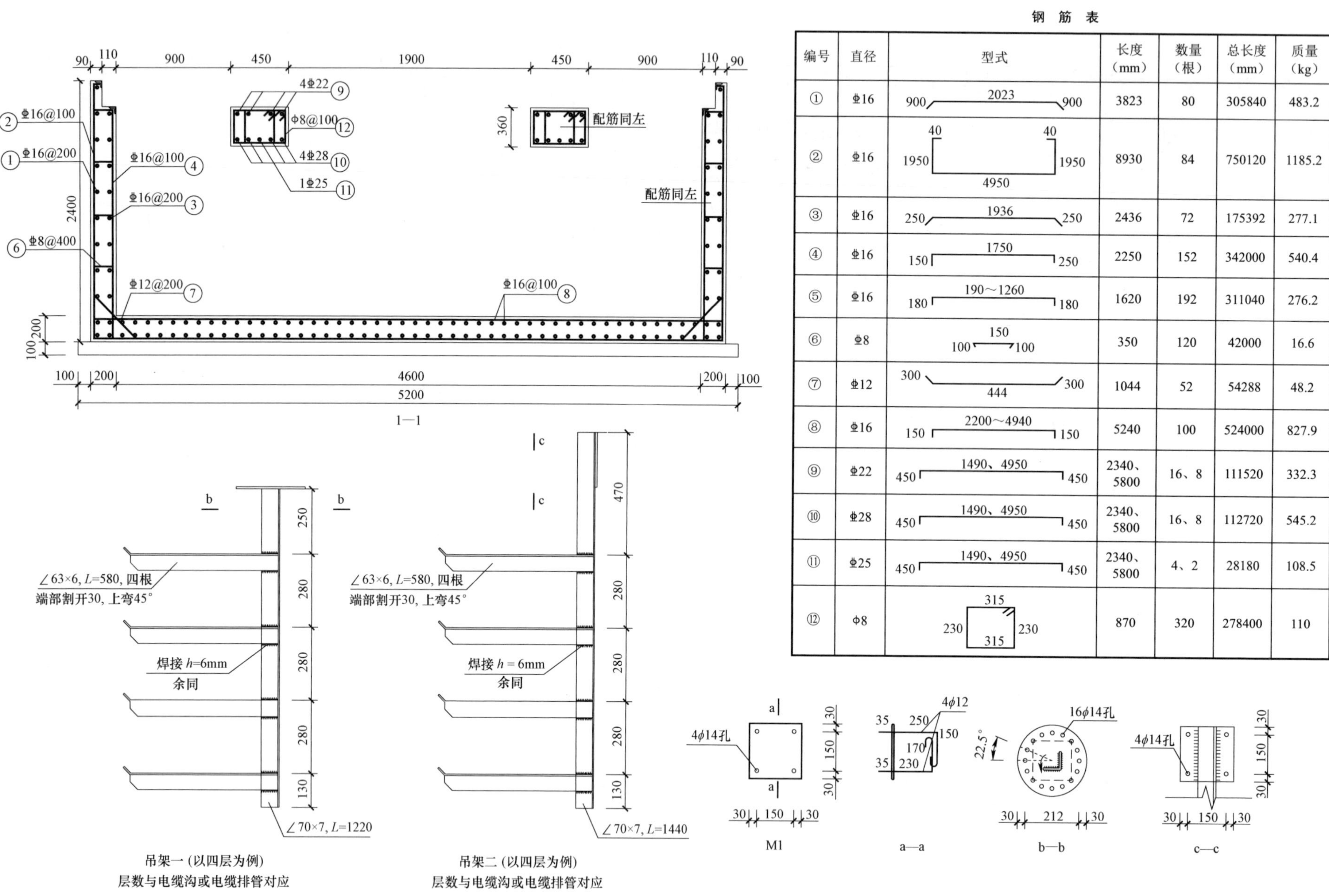

钢 筋 表

编号	直径	型式	长度（mm）	数量（根）	总长度（mm）	质量（kg）
①	Φ16	900 2023 900	3823	80	305840	483.2
②	Φ16	40 40 1950 1950 4950	8930	84	750120	1185.2
③	Φ16	250 1936 250	2436	72	175392	277.1
④	Φ16	150 1750 250	2250	152	342000	540.4
⑤	Φ16	180 190～1260 180	1620	192	311040	276.2
⑥	Φ8	100 150 100	350	120	42000	16.6
⑦	Φ12	300 444 300	1044	52	54288	48.2
⑧	Φ16	150 2200～4940 150	5240	100	524000	827.9
⑨	Φ22	450 1490、4950 450	2340、5800	16、8	111520	332.3
⑩	Φ28	450 1490、4950 450	2340、5800	16、8	112720	545.2
⑪	Φ25	450 1490、4950 450	2340、5800	4、2	28180	108.5
⑫	Φ8	315 230 230 315	870	320	278400	110

图 11－60 4.6×4.6×1.8 八角形四通井（钢筋混凝土）盖板开启式（四） E－5－2

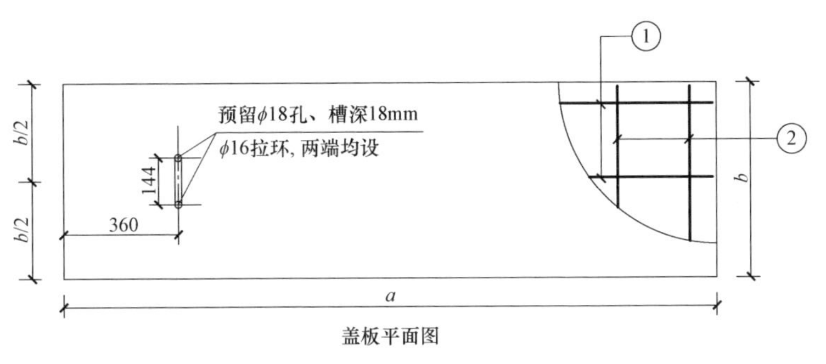

盖板平面图

均匀布置 ①

均匀布置 ②

a

1—1

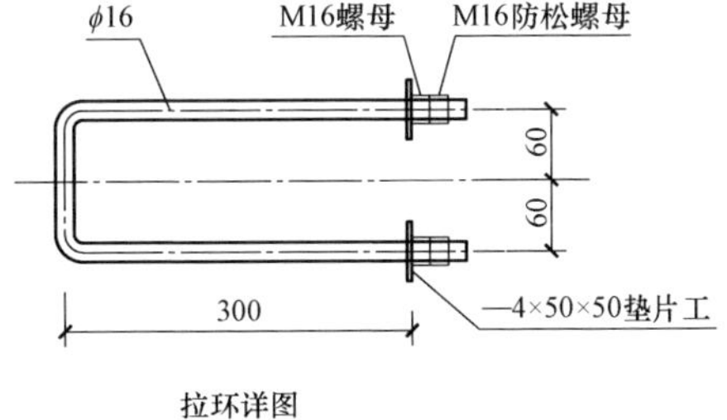

拉环详图

材料明细表

序号	沟净宽（mm）	编号	规格尺寸（mm）			编号及钢筋规格				备注
			a	b	h	①		②		
1	1200/1300	GYB–1	1500	495	120	12⊈14	L=1440	228	L=450	人行横道绿化带
2	1700	GYB–2	2000	495	120	12⊈14	L=1940	288	L=450	
3	1200/1300	GYB–3	1500	495	200	12⊈18	L=1440	228	L=450	车行道
4	1700	GYB–4	2000	495	200	12⊈18	L=1940	288	L=450	
5	1500	GYB–5	1700	400	200	8⊈18	L=1640	2412	L=340	
6	1500	GYB–6	1700	495	200	10⊈18	L=1640	2412	L=435	
7	1500	GYB–7	1700	520	200	10⊈18	L=1640	2412	L=460	
8	1900	GYB–8	2100	400	200	8⊈18	L=2040	3012	L=340	
9	1900	GYB–9	2100	495	120	14⊈14	L=2040	308	L=450	
10	1900	GYB–10	2100	495	200	10⊈18	L=2040	3012	L=450	

说明：1. 材料采用C30混凝土，HRB400级钢筋。
2. 钢筋保护层厚度应根据环境条件和耐久性要求等确定，且不应小于30mm。
3. 材料表中钢筋长度是指单根钢筋长度。
4. 盖板采用镀锌角钢加强边角保护。
5. 每块盖板均设拉环。
6. 盖板表面宜与城市道路环境相融合。

图11–61　开启式盖板加工图　E–T–13

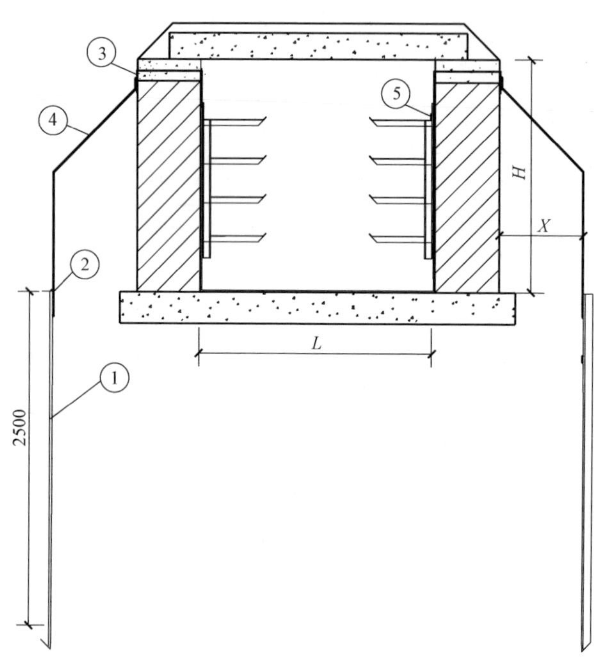

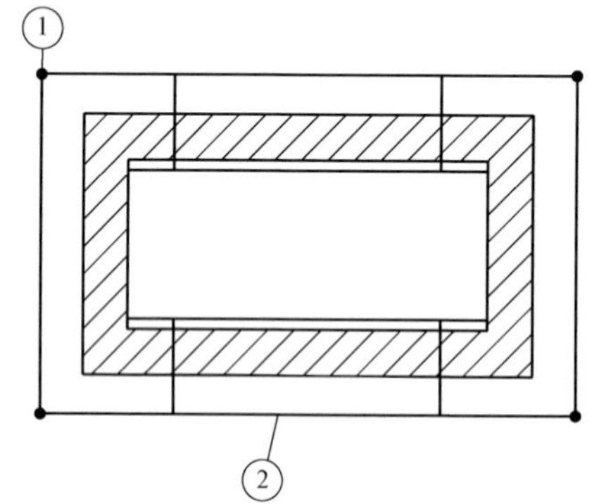

电缆接地装置材料表

编号	名称	规格	长度（m）	单位	数量	质量（kg）	备注
①	接地极	∠50mm×5mm	2.5	根	4	37.8	与外接地带焊接
②	外接地带	—5mm×50mm	—	m	1	—	与接地极焊接工井周围布置
③	预埋件	—5mm×50mm	0.9	根	4	7.1	四角各一道预埋墙台帽内
④	连接带	—5mm×50mm	2.8	根	4	22.1	与预埋件焊接、与接地极焊接
⑤	内接地带	—5mm×50mm	与内墙通长	根	2	—	与电缆支架焊接

注 外接地带长度应根据选用井型尺寸确定，沿工井四周布置。内接地带遇单侧支架布置时，根数减半。

说明：1. 部件之间、长件连接处全部双焊，焊接厚度不小于母材厚度。
2. 焊接后，清除焊渣，焊接处涂一层防腐漆，两层银色油漆。
3. 接地带沿全井内外两侧周圈敷设，工井四周各设接地极一处。
4. 外接地极处距工井 X=300mm。

图 11－62　电缆工井接地图　E－T－14

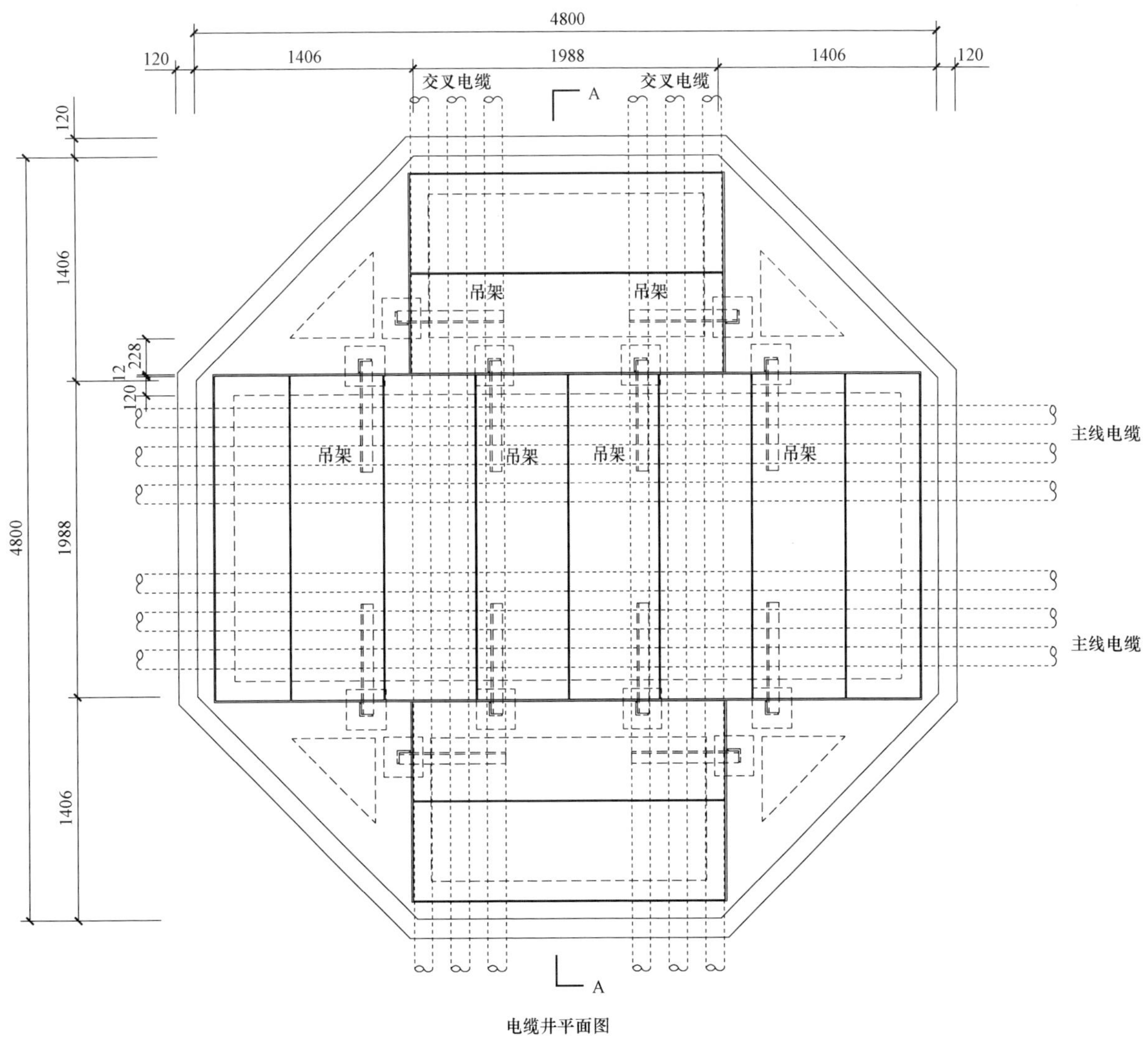

图 11－63　八角形四通井电缆交叉示意图（一）　E－T－17

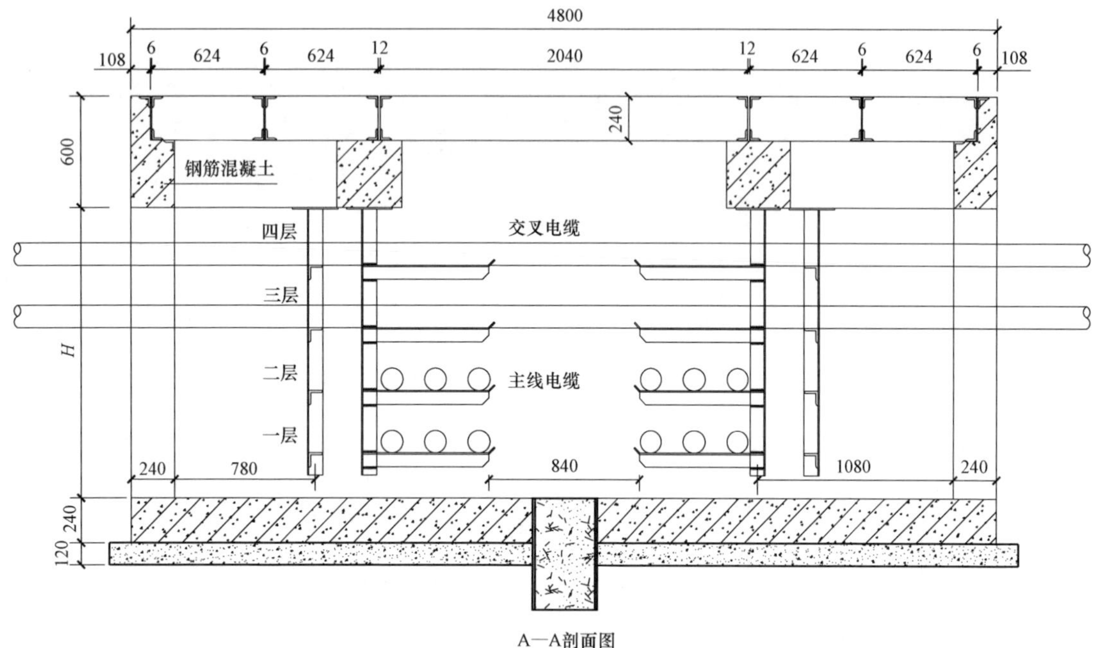

A—A剖面图

说明：相同方向电缆宜敷设于支架相邻层。当主线电缆敷设于支架一、二层时，交叉电缆敷设于支架三、四层。

图 11－64　八角形四通井电缆交叉示意图（二）　E－T－18

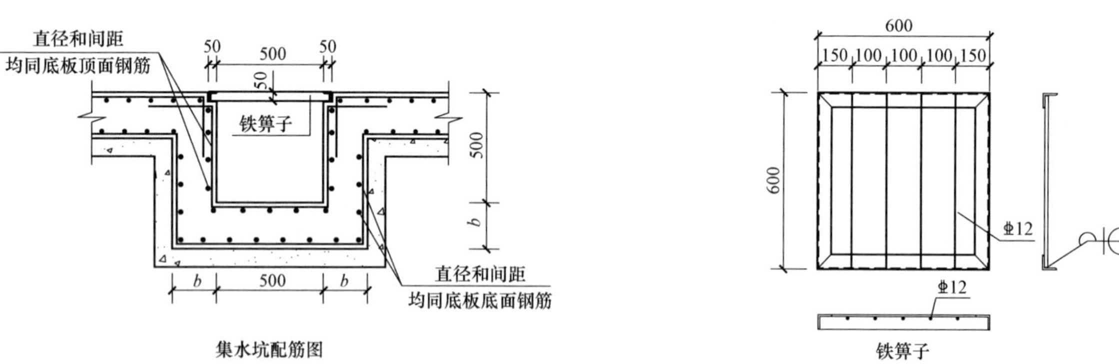

集水坑配筋图

铁箅子

说明：1. 铁箅子采用 Q235B 钢材焊接，焊条采用 E43 型，焊缝厚度为 5mm，满焊。
2. 铁箅子钢材应除锈，除锈等级不低于 St2，涂铁红环氧酯底漆一道。
3. 排水坡度按 0.5% 坡向集水井。

图 11－65　集水坑示意图　E－T－19

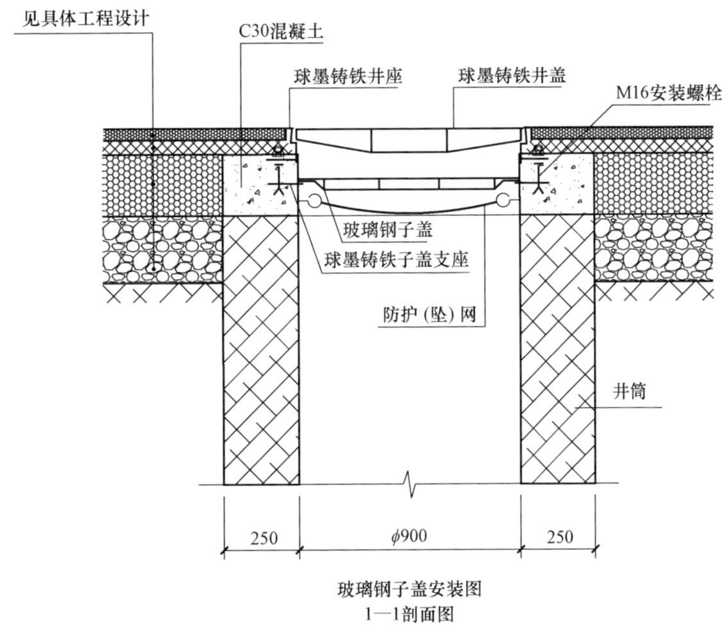

玻璃钢子盖安装图
1—1剖面图

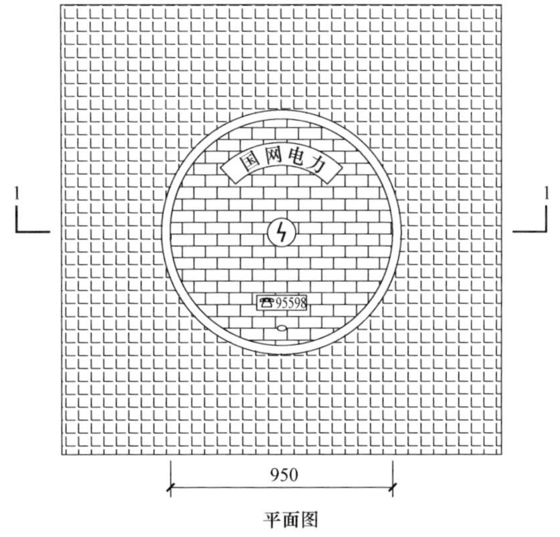

平面图

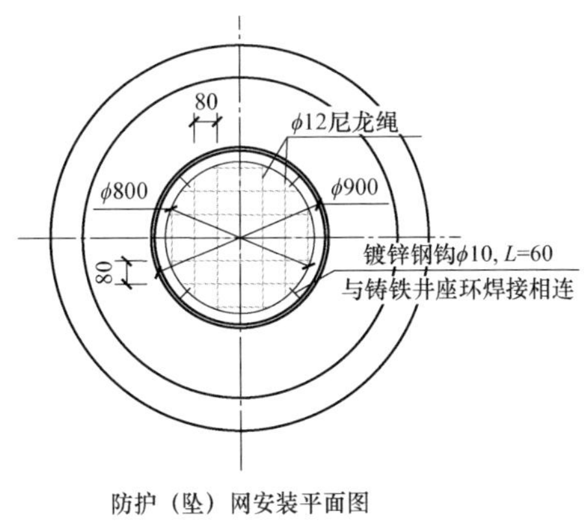

防护（坠）网安装平面图

说明：1. 本图以 mm 为单位。

2. 安装井盖设施时，井盖设施不能有任何凸起或下陷，其顶面标高须与路面标高一致。

3. 防护（坠）网由护网、固定圈、挂钩三部分组成。井挂网用材及安装方法必须满足 150kg 重物从 1m 高处堕落，挂网能够有足够的强度支撑。

4. 护网与固定圈选用 1cm 尼龙材料制成的尼龙绳。护网由若干条 1cm 尼龙绳编织而成，呈蜘蛛网状，连接在固定圈上。固定圈由 1cm 的尼龙绳制成。与检查井内壁通过 8 个平均分布的钢钩连接。

5. 防护（坠）网安装完成后需要对其进行坠落测试，参见《绳索有关物理和机械性能的测定》（GB/T 8834—2016），测试合格后方可验收。

6. 挂钩与铸铁井座环焊接相连，所有构件的焊接加工必须满足国家行业标准《建筑钢结构焊接技术规程》的技术要求。

7. 防护（坠）网应定期检修，护网应每两年更换一次。

图 11－66　双层井盖安装示意图　E－T－20